金榜時代

GLISTIME 明德·弘毅·惟精

V研客及全国各大考研培训学校指定用书

数学强化通关330题

（数学一）

答案册

编著◎李永乐 王式安 刘喜波 武忠祥 宋浩 姜晓千 铁军 李正元 蔡燧林 胡金德 陈默 申亚男

中国农业出版社
CHINA AGRICULTURE PRESS
·北京·

目录
CONTENTS

高等数学

填 空 题

1 【答案】 $\frac{1}{6}$

【分析】 因为 $\lim\limits_{x\to 0^+} x\ln\sin x=\lim\limits_{x\to 0^+}\dfrac{\ln\sin x}{\frac{1}{x}}=\lim\limits_{x\to 0^+}\dfrac{\frac{\cos x}{\sin x}}{-\frac{1}{x^2}}=0$，所以

$$\begin{aligned}\lim_{x\to 0^+}\frac{x^x-\sin^x x}{x^2\arctan x}&=\lim_{x\to 0^+}\frac{e^{x\ln x}-e^{x\ln\sin x}}{x^3}=\lim_{x\to 0^+}e^{x\ln\sin x}\cdot\frac{e^{x\ln x-x\ln\sin x}-1}{x^3}\\&=\lim_{x\to 0^+}\frac{x\ln x-x\ln\sin x}{x^3}=\lim_{x\to 0^+}\frac{\ln x-\ln\sin x}{x^2}\\&=\lim_{x\to 0^+}\frac{\frac{1}{x}-\frac{\cos x}{\sin x}}{2x}=\lim_{x\to 0^+}\frac{\sin x-x\cos x}{2x^2\sin x}=\lim_{x\to 0^+}\frac{\sin x-x\cos x}{2x^3}\\&=\lim_{x\to 0^+}\frac{\cos x-\cos x+x\sin x}{6x^2}=\frac{1}{6}.\end{aligned}$$

2 【答案】 0

【分析】 此极限为$\frac{*}{\infty}$型未定式，但若直接利用洛必达法则，则得到 $\lim\limits_{x\to+\infty}\dfrac{\sqrt{x}\cos x}{1}$，而 $\lim\limits_{x\to+\infty}\sqrt{x}\cos x$ 不存在. 因此，先积分再算极限.

$$\begin{aligned}\lim_{x\to+\infty}\frac{\int_0^x\sqrt{t}\cos t\,dt}{x}&=\lim_{x\to+\infty}\frac{\int_0^x\sqrt{t}\,d(\sin t)}{x}=\lim_{x\to+\infty}\frac{\sqrt{t}\sin t\Big|_0^x-\int_0^x\frac{\sin t}{2\sqrt{t}}dt}{x}\\&=\lim_{x\to+\infty}\frac{\sqrt{x}\sin x}{x}-\lim_{x\to+\infty}\frac{\int_0^x\frac{\sin t}{2\sqrt{t}}dt}{x}\overset{洛}{=\!=}0-\lim_{x\to+\infty}\frac{\sin x}{2\sqrt{x}}=0.\end{aligned}$$

3 【答案】 $\frac{3}{4}$

【分析】
$$\begin{aligned}\lim_{x\to 0^+}\frac{\int_0^{\ln(1+x)}tf(t)dt}{\left[\int_0^x\sqrt{f(t)}dt\right]^2}&\overset{洛}{=\!=}\lim_{x\to 0^+}\frac{\ln(1+x)f(\ln(1+x))}{2\int_0^x\sqrt{f(t)}dt\cdot\sqrt{f(x)}}\cdot\frac{1}{1+x}\\&=\lim_{x\to 0^+}\frac{\ln(1+x)f(\ln(1+x))}{2\int_0^x\sqrt{f(t)}dt\cdot\sqrt{f(x)}}.\end{aligned}$$

由 $f(0)=0, f'(0)=\frac{1}{2}$ 可得，当 $x\to 0^+$ 时，$f(x)\sim\frac{1}{2}x$，故 $f(\ln(1+x))\sim\frac{1}{2}\ln(1+$

$x) \sim \frac{1}{2}x$，又由于 $\lim\limits_{x\to0^+}\frac{f(x)}{x}=\frac{1}{2}$，故 $\lim\limits_{x\to0^+}\frac{\sqrt{f(x)}}{\sqrt{x}}=\frac{\sqrt{2}}{2}$，从而 $\sqrt{f(x)}\sim\frac{\sqrt{2}}{2}\sqrt{x}$，$\int_0^x\sqrt{f(t)}\mathrm{d}t\sim\int_0^x\frac{\sqrt{2}}{2}\sqrt{t}\mathrm{d}t=\frac{\sqrt{2}}{3}x^{\frac{3}{2}}$.

$$因此，原极限=\lim_{x\to0^+}\frac{x\cdot\frac{x}{2}}{2\cdot\frac{\sqrt{2}}{3}x^{\frac{3}{2}}\cdot\frac{\sqrt{2}}{2}\sqrt{x}}=\lim_{x\to0^+}\frac{\frac{x^2}{2}}{\frac{2}{3}x^2}=\frac{3}{4}.$$

4 【答案】 -1

【分析】 当 $x\to\infty$ 时，

$$\left[\frac{\mathrm{e}}{\left(1+\frac{1}{x}\right)^x}\right]^x-\sqrt{\mathrm{e}}=\mathrm{e}^{x\ln\frac{\mathrm{e}}{\left(1+\frac{1}{x}\right)^x}}-\sqrt{\mathrm{e}}=\mathrm{e}^{x\left[1-x\ln\left(1+\frac{1}{x}\right)\right]}-\sqrt{\mathrm{e}}$$

$$=\sqrt{\mathrm{e}}\left[\mathrm{e}^{x-x^2\ln\left(1+\frac{1}{x}\right)-\frac{1}{2}}-1\right]=\sqrt{\mathrm{e}}\left\{\mathrm{e}^{x-x^2\left[\frac{1}{x}-\frac{1}{2}\cdot\frac{1}{x^2}+\frac{1}{3}\cdot\frac{1}{x^3}+o\left(\frac{1}{x^3}\right)\right]-\frac{1}{2}}-1\right\}$$

$$=\sqrt{\mathrm{e}}\cdot\left[\mathrm{e}^{-\frac{1}{3}\cdot\frac{1}{x}+o\left(\frac{1}{x}\right)}-1\right].$$

由于 $\lim\limits_{x\to\infty}\frac{\mathrm{e}^{-\frac{1}{3}\cdot\frac{1}{x}+o\left(\frac{1}{x}\right)}-1}{\frac{1}{x}}=\lim\limits_{x\to\infty}\frac{-\frac{1}{3x}+o\left(\frac{1}{x}\right)}{\frac{1}{x}}=-\frac{1}{3}$，故 $k=-1$.

5 【答案】 $\mathrm{e}^{\frac{\beta^2-\alpha^2}{2}}$

【分析】 $\lim\limits_{x\to0}\left(\frac{1+\sin x\cos\alpha x}{1+\sin x\cos\beta x}\right)^{\cot^3x}=\lim\limits_{x\to0}\left(1+\frac{\sin x(\cos\alpha x-\cos\beta x)}{1+\sin x\cos\beta x}\right)^{\cot^3x}$，

且
$$\lim_{x\to0}\frac{\sin x(\cos\alpha x-\cos\beta x)}{1+\sin x\cos\beta x}\cdot\cot^3x=\lim_{x\to0}\frac{\sin x(\cos\alpha x-\cos\beta x)}{\sin^3x}$$
$$=\lim_{x\to0}\frac{\cos\alpha x-\cos\beta x}{x^2}$$
$$=\lim_{x\to0}\frac{-\alpha\sin\alpha x+\beta\sin\beta x}{2x}$$
$$=\frac{\beta^2-\alpha^2}{2},$$

故 $\lim\limits_{x\to0}\left(\frac{1+\sin x\cos\alpha x}{1+\sin x\cos\beta x}\right)^{\cot^3x}=\mathrm{e}^{\frac{\beta^2-\alpha^2}{2}}$.

6 【答案】 -6

【分析】 由 $\lim\limits_{x\to0}\frac{x-\sin x+f(x)}{x^4}=1$ 可知

$$\lim_{x\to0}\frac{x-\sin x+f(x)}{x^4}\cdot x=0,$$

即
$$\lim_{x\to0}\frac{x-\sin x}{x^3}+\lim_{x\to0}\frac{f(x)}{x^3}=0,$$

$$\lim_{x\to0}\frac{f(x)}{x^3}=-\lim_{x\to0}\frac{x-\sin x}{x^3}=-\lim_{x\to0}\frac{\frac{1}{6}x^3}{x^3}=-\frac{1}{6},$$

则$\lim\limits_{x\to0}\frac{x^3}{f(x)}=-6$.

7 【答案】 $\frac{1}{2}$

【分析】 令 $x_n=\frac{1}{n}\cdot|1-2+3-\cdots+(-1)^{n+1}n|$,则

$$\begin{aligned}x_{2n}&=\frac{1}{2n}\cdot|1-2+3-\cdots+(2n-1)-2n|\\&=\frac{1}{2n}\cdot|[1+3+\cdots+(2n-1)]-(2+4+\cdots+2n)|\\&=\frac{1}{2n}\cdot|n^2-(n^2+n)|=\frac{1}{2},\end{aligned}$$

$$\begin{aligned}x_{2n+1}&=\frac{1}{2n+1}\cdot|1-2+3-\cdots-2n+(2n+1)|\\&=\frac{1}{2n+1}\cdot|[1+3+\cdots+(2n+1)]-(2+4+\cdots+2n)|\\&=\frac{1}{2n+1}\cdot|(n^2+2n+1)-(n^2+n)|=\frac{n+1}{2n+1}.\end{aligned}$$

由于$\lim\limits_{n\to\infty}x_{2n}=\frac{1}{2}$,$\lim\limits_{n\to\infty}x_{2n+1}=\frac{1}{2}$,故

$$\lim_{n\to\infty}\frac{1}{n}\cdot|1-2+3-\cdots+(-1)^{n+1}n|=\lim_{n\to\infty}x_n=\frac{1}{2}.$$

8 【答案】 $\frac{1}{2}$

【分析】

$$\begin{aligned}\frac{n}{n^3+n^2}+\frac{2n}{n^3+n^2}+\cdots+\frac{n^2}{n^3+n^2}&\leqslant\left(\frac{n}{n^3+1^2}+\frac{2n}{n^3+2^2}+\cdots+\frac{n^2}{n^3+n^2}\right)\\&\leqslant\frac{n}{n^3+1^2}+\frac{2n}{n^3+1^2}+\cdots+\frac{n^2}{n^3+1^2},\end{aligned}$$

且

$$\lim_{n\to\infty}\left(\frac{n}{n^3+n^2}+\frac{2n}{n^3+n^2}+\cdots+\frac{n^2}{n^3+n^2}\right)=\lim_{n\to\infty}\frac{n\cdot\frac{1}{2}n(n+1)}{n^3+n^2}=\frac{1}{2},$$

$$\lim_{n\to\infty}\left(\frac{n}{n^3+1^2}+\frac{2n}{n^3+1^2}+\cdots+\frac{n^2}{n^3+1^2}\right)=\lim_{n\to\infty}\frac{n\cdot\frac{1}{2}n(n+1)}{n^3+1^2}=\frac{1}{2},$$

则$\lim\limits_{n\to\infty}\left(\frac{n}{n^3+1^2}+\frac{2n}{n^3+2^2}+\cdots+\frac{n^2}{n^3+n^2}\right)=\frac{1}{2}$.

9 【答案】 $\frac{\pi}{2}$

【分析】 令 $t=n\sqrt{x}$,则 $x=\frac{t^2}{n^2}$,$\mathrm{d}x=\frac{2t\mathrm{d}t}{n^2}$.

$$\lim_{n\to\infty}\int_0^1 \arctan n\sqrt{x}\,\mathrm{d}x=\lim_{n\to\infty}\frac{\int_0^n \arctan t\cdot 2t\mathrm{d}t}{n^2}=\lim_{x\to+\infty}\frac{\int_0^x 2t\arctan t\mathrm{d}t}{x^2}$$

$$\xlongequal{洛}\lim_{x\to+\infty}\frac{2x\arctan x}{2x}=\lim_{x\to+\infty}\arctan x=\frac{\pi}{2}.$$

10 【答案】 0

【分析】 显然 $f(-1)=0$，且 $f'(-1)=3x^2\Big|_{x=-1}=3$.

由复合函数链导法知，若 $f'(0)$ 存在，则 $\frac{\mathrm{d}y}{\mathrm{d}x}\Big|_{x=-1}=f'[f(x)]f'(x)\Big|_{x=-1}=f'(0)f'(-1)$.

以下考查 $f'(0)$，

$$f'_-(0)=3x^2\Big|_{x=0}=0,$$

$$f'_+(0)=\lim_{x\to0^+}\frac{\mathrm{e}^{-\frac{1}{x}}+1-1}{x}=\lim_{x\to0^+}\frac{\frac{1}{x^2}}{\mathrm{e}^{\frac{1}{x}}}=0,$$

则 $f'(0)=0$，故 $\frac{\mathrm{d}y}{\mathrm{d}x}\Big|_{x=-1}=f'(0)f'(-1)=0\times3=0$.

11 【答案】 -2

【分析】 由 $\mathrm{e}^y+6xy+x^2=1$ 知，当 $x=0$ 时，$y=0$.

方程 $\mathrm{e}^y+6xy+x^2=1$ 两端对 x 求导得

$$\mathrm{e}^y y'+6y+6xy'+2x=0, \quad ①$$

将 $x=0,y=0$ 代入 ① 式解得 $y'(0)=0$.

① 式两端对 x 求导得

$$\mathrm{e}^y y'^2+\mathrm{e}^y y''+12y'+6xy''+2=0,$$

将 $x=0,y=0,y'(0)=0$ 代入上式解得 $y''(0)=-2$.

故 $f''(0)=-2$.

12 【答案】 $-\frac{\sqrt{\pi}\mathrm{e}^{2\pi}}{2}$

【分析】 令 $t-s=u$，则 $y=\int_t^0 \sin u^2(-\mathrm{d}u)=\int_0^t \sin u^2\mathrm{d}u$，所以

$$\frac{\mathrm{d}y}{\mathrm{d}x}=\frac{\frac{\mathrm{d}}{\mathrm{d}t}\left(\int_0^t \sin u^2\mathrm{d}u\right)}{\frac{\mathrm{d}}{\mathrm{d}t}\left(2\int_0^t \mathrm{e}^{-s^2}\mathrm{d}s\right)}=\frac{\sin t^2}{2\mathrm{e}^{-t^2}}=\frac{1}{2}\mathrm{e}^{t^2}\sin t^2,$$

$$\frac{\mathrm{d}^2y}{\mathrm{d}x^2}=\frac{\mathrm{d}}{\mathrm{d}x}\left(\frac{\mathrm{d}y}{\mathrm{d}x}\right)=\frac{\mathrm{d}}{\mathrm{d}t}\left(\frac{1}{2}\mathrm{e}^{t^2}\sin t^2\right)\frac{\mathrm{d}t}{\mathrm{d}x}$$

$$=(t\mathrm{e}^{t^2}\sin t^2+t\mathrm{e}^{t^2}\cos t^2)\frac{1}{\frac{\mathrm{d}}{\mathrm{d}t}\left(2\int_0^t \mathrm{e}^{-s^2}\mathrm{d}s\right)}$$

$$=(t\mathrm{e}^{t^2}\sin t^2+t\mathrm{e}^{t^2}\cos t^2)\frac{1}{2\mathrm{e}^{-t^2}}$$

$$= \frac{t}{2}e^{2t^2}(\sin t^2 + \cos t^2),$$

则 $\left.\frac{d^2 y}{dx^2}\right|_{t=\sqrt{\pi}} = -\frac{\sqrt{\pi}e^{2\pi}}{2}$.

13 【答案】 $\frac{1}{2e^2}$

【分析】 曲线 $y = f(x)$ 在点$(0,1)$处的切线方程为

$$y - 1 = f'(0)x,$$

即 $y = f'(0)x + 1$.

设该切线与曲线 $y = \ln x$ 相切于$(x_0, \ln x_0)$,则

$$\begin{cases} f'(0)x_0 + 1 = \ln x_0, \\ f'(0) = \frac{1}{x_0}, \end{cases}$$

解得 $f'(0) = \frac{1}{e^2}$.

则 $\lim\limits_{x \to 0} \frac{f(\sin x) - 1}{x + \sin x} = \lim\limits_{x \to 0} \frac{f(\sin x) - f(0)}{2\sin x} \cdot \lim\limits_{x \to 0} \frac{2\sin x}{x + \sin x} = \frac{f'(0)}{2} = \frac{1}{2e^2}$.

14 【答案】 $\frac{1}{5\sqrt{5}}$

【分析】 将 $x = 0$ 代入已知方程可得 $y + e^y = 1$. 该方程有唯一解 $y = 0$. 于是,当 $x = 0$ 时,$y = 0$. 对已知方程两端同时关于 x 求导可得 $y + (x+1)y' - e^x + e^y y' = 0$. 整理可得

$$(x + 1 + e^y)y' + y - e^x = 0. \qquad ①$$

在 ① 式中代入 $x = 0, y(0) = 0$,可得 $2y'(0) = 1$,即 $y'(0) = \frac{1}{2}$.

对 ① 式两端关于 x 求导可得

$$(1 + e^y y')y' + (x + 1 + e^y)y'' + y' - e^x = 0. \qquad ②$$

在 ② 式中代入 $x = 0, y = 0, y'(0) = \frac{1}{2}$,可得 $y''(0) = -\frac{1}{8}$.

根据曲率的计算公式,曲线在点$(0,0)$处的曲率为 $\frac{|y''|}{(1 + y'^2)^{\frac{3}{2}}} = \frac{1}{8} \cdot \frac{1}{\left(1 + \frac{1}{4}\right)^{\frac{3}{2}}} = \frac{1}{5\sqrt{5}}$.

15 【答案】 $y = -x + \frac{1}{3}$

【分析】 由于斜渐近线存在,故 $\lim\limits_{x \to +\infty} \frac{y}{x}$ 或 $\lim\limits_{x \to -\infty} \frac{y}{x}$ 存在,不妨设 $\lim\limits_{x \to +\infty} \frac{y}{x} = k$. 方程两端同时除以 x^3 可得,

$$1 + \left(\frac{y}{x}\right)^3 = \left(\frac{y}{x}\right)^2 \cdot \frac{1}{x}.$$

令 $x \to +\infty$,可得 $1 + k^3 = 0$. 解得 $k = -1$.

下面考虑 $\lim\limits_{x \to +\infty}[y - (-x)]$,即 $\lim\limits_{x \to +\infty}(y + x)$. 由 $x^3 + y^3 = y^2$ 可得,

$$x+y=\frac{y^2}{x^2-xy+y^2}=\frac{\left(\frac{y}{x}\right)^2}{1-\frac{y}{x}+\left(\frac{y}{x}\right)^2}.$$

$$\lim_{x\to+\infty}(y+x)=\lim_{x\to+\infty}\frac{\left(\frac{y}{x}\right)^2}{1-\frac{y}{x}+\left(\frac{y}{x}\right)^2}=\frac{1}{1-(-1)+1}=\frac{1}{3}.$$

因此斜渐近线方程为 $y=-x+\frac{1}{3}$.

【评注】 实际上，由曲线方程可知，曲线过原点(0,0). 当 $x\neq 0$ 时，令 $y=tx$，则 $t=\frac{y}{x}$. 代入曲线方程可得，$(1+t^3)x^3=t^2x^2$，解得 $x=\frac{t^2}{1+t^3}$，$y=\frac{t^3}{1+t^3}$.

当 $t\to-1^-$ 时，$x\to-\infty$，$y\to+\infty$，$\lim\limits_{x\to-\infty}\frac{y}{x}=\lim\limits_{t\to-1^-}t=-1$；

当 $t\to-1^+$ 时，$x\to+\infty$，$y\to-\infty$，$\lim\limits_{x\to+\infty}\frac{y}{x}=\lim\limits_{t\to-1^+}t=-1$.

16 【答案】 $-\frac{\sqrt{1-x^2}}{x}\ln(1-x^2)-2\arcsin x+C$，其中 C 为任意常数

【分析】 **方法一** 令 $x=\sin t, t\in\left(-\frac{\pi}{2},\frac{\pi}{2}\right)$，其中

$$\int\frac{\mathrm{d}x}{x^2\sqrt{1-x^2}}=\int\frac{\cos t\mathrm{d}t}{\sin^2 t\cos t}=\int\csc^2 t\mathrm{d}t=-\cot t+C$$

$$=-\frac{\sqrt{1-x^2}}{x}+C,$$

所求积分 $\int\frac{\ln(1-x^2)}{x^2\sqrt{1-x^2}}\mathrm{d}x=\int\ln(1-x^2)\mathrm{d}\left(-\frac{\sqrt{1-x^2}}{x}\right)$

$$=-\frac{\sqrt{1-x^2}\ln(1-x^2)}{x}+\int\frac{\sqrt{1-x^2}}{x}\cdot\frac{-2x}{1-x^2}\mathrm{d}x$$

$$=-\frac{\sqrt{1-x^2}\ln(1-x^2)}{x}-2\int\frac{1}{\sqrt{1-x^2}}\mathrm{d}x$$

$$=-\frac{\sqrt{1-x^2}\ln(1-x^2)}{x}-2\arcsin x+C.$$

方法二 利用三角代换. 令 $x=\sin t, t\in\left(-\frac{\pi}{2},\frac{\pi}{2}\right)$.

$$\int\frac{\ln(1-x^2)}{x^2\sqrt{1-x^2}}\mathrm{d}x\xlongequal{x=\sin t}\int\frac{2\ln\cos t}{\sin^2 t\cos t}\cos t\mathrm{d}t=2\int\csc^2 t\ln\cos t\mathrm{d}t$$

$$=-2\int\ln\cos t\mathrm{d}(\cot t)=-2\left[\cot t\ln\cos t-\int\cot t\cdot\left(\frac{-\sin t}{\cos t}\right)\mathrm{d}t\right]$$

$$=-2\cot t\ln\cos t-2\int\cot t\tan t\mathrm{d}t$$

$$=-2\cot t\ln\cos t-2t+C，其中 C 为任意常数.$$

当 $t \in \left(-\frac{\pi}{2}, \frac{\pi}{2}\right)$ 时，$\cos t = \sqrt{1-x^2}$，$\cot t = \frac{\sqrt{1-x^2}}{x}$. 于是，

$$-2\cot t \ln \cos t - 2t = -\frac{2\sqrt{1-x^2}}{x}\ln\sqrt{1-x^2} - 2\arcsin x = -\frac{\sqrt{1-x^2}}{x}\ln(1-x^2) - 2\arcsin x.$$

原积分 $= -\frac{\sqrt{1-x^2}}{x}\ln(1-x^2) - 2\arcsin x + C$，其中 C 为任意常数.

17 【答案】 $\frac{1}{2}\sin 1$

【分析】 **方法一** 由于 $y(0)=0$，故由牛顿-莱布尼茨公式可知

$$y(x) = y(x) - y(0) = \int_0^x y'(t)\mathrm{d}t = \int_0^x \cos(1-t)^2\mathrm{d}t.$$

因此，$\int_0^1 y(x)\mathrm{d}x = \int_0^1 \mathrm{d}x\int_0^x \cos(1-y)^2\mathrm{d}y = \int_0^1 \mathrm{d}y\int_y^1 \cos(1-y)^2\mathrm{d}x$

$$= \int_0^1 (1-y)\cos(1-y)^2\mathrm{d}y = -\frac{1}{2}\int_0^1 \cos(1-y)^2\mathrm{d}[(1-y)^2]$$

$$= -\frac{1}{2}\sin(1-y)^2\Big|_0^1 = -\frac{1}{2}(0-\sin 1) = \frac{1}{2}\sin 1.$$

方法二 由于 $y(0)=0$，故由牛顿-莱布尼茨公式可知

$$y(1) = y(1) - y(0) = \int_0^1 y'(x)\mathrm{d}x = \int_0^1 \cos(1-x)^2\mathrm{d}x.$$

因此，$\int_0^1 y(x)\mathrm{d}x = xy(x)\Big|_0^1 - \int_0^1 xy'(x)\mathrm{d}x = y(1) - \int_0^1 x\cos(1-x)^2\mathrm{d}x$

$$= \int_0^1 \cos(1-x)^2\mathrm{d}x - \int_0^1 x\cos(1-x)^2\mathrm{d}x = \int_0^1 (1-x)\cos(1-x)^2\mathrm{d}x$$

$$= -\frac{1}{2}\int_0^1 \cos(1-x)^2\mathrm{d}[(1-x)^2] = -\frac{1}{2}\sin(1-x)^2\Big|_0^1$$

$$= -\frac{1}{2}(0-\sin 1) = \frac{1}{2}\sin 1.$$

18 【答案】 4

【分析】 $\int_0^{2\pi} |\sin^2 x - \cos^2 x|\mathrm{d}x = \int_0^{2\pi} |\cos 2x|\mathrm{d}x$

$$= 4\int_{-\frac{\pi}{4}}^{\frac{\pi}{4}} |\cos 2x|\mathrm{d}x \quad (|\cos 2x| \text{ 以} \tfrac{\pi}{2} \text{ 为周期})$$

$$= 8\int_0^{\frac{\pi}{4}} |\cos 2x|\mathrm{d}x \quad (|\cos 2x| \text{ 为偶函数})$$

$$= 8\int_0^{\frac{\pi}{4}} \cos 2x\mathrm{d}x = 4.$$

19 【答案】 $\frac{\pi}{4}$

【分析】 令 $x=-t$，则

$$I = \int_{-1}^1 \frac{\mathrm{d}x}{(1+\mathrm{e}^x)(1+x^2)} = \int_{-1}^1 \frac{\mathrm{d}t}{(1+\mathrm{e}^{-t})(1+t^2)} = \int_{-1}^1 \frac{\mathrm{e}^t\mathrm{d}t}{(1+\mathrm{e}^t)(1+t^2)},$$

于是 $I=\frac{1}{2}\left[\int_{-1}^{1}\frac{\mathrm{d}x}{(1+\mathrm{e}^x)(1+x^2)}+\int_{-1}^{1}\frac{\mathrm{e}^x\mathrm{d}x}{(1+\mathrm{e}^x)(1+x^2)}\right]$

$=\frac{1}{2}\int_{-1}^{1}\frac{\mathrm{d}x}{1+x^2}=\int_{0}^{1}\frac{\mathrm{d}x}{1+x^2}=\frac{\pi}{4}.$

20 【答案】 $\begin{cases}(x-1)\mathrm{e}^x+2\mathrm{e}^{-1}, & x\leqslant 0\\ -1+2\mathrm{e}^{-1}+\frac{x^2}{2}\ln x-\frac{x^2}{4}, & x>0\end{cases}$

【分析】 当 $x\leqslant 0$ 时，$\int_{-1}^{x}tf(t)\mathrm{d}t=\int_{-1}^{x}t\mathrm{e}^t\mathrm{d}t=(x-1)\mathrm{e}^x+2\mathrm{e}^{-1}$.

当 $x>0$ 时，$\int_{-1}^{x}tf(t)\mathrm{d}t=\int_{-1}^{0}t\mathrm{e}^t\mathrm{d}t+\int_{0}^{x}t\ln t\mathrm{d}t=-1+2\mathrm{e}^{-1}+\frac{x^2}{2}\ln x-\frac{x^2}{4}$.

21 【答案】 $2x(x\geqslant 0)$

【分析】 由 $f'(x)\cdot\int_{0}^{2}f(x)\mathrm{d}x=8$ 知 $f'(x)=\frac{8}{\int_{0}^{2}f(x)\mathrm{d}x}$. 从而

$$f(x)=\frac{8}{\int_{0}^{2}f(x)\mathrm{d}x}x+C.$$

由 $f(0)=0$ 知 $C=0$，$f(x)=\frac{8}{\int_{0}^{2}f(x)\mathrm{d}x}x$，等式两端在[0,2]上积分，得

$$\int_{0}^{2}f(x)\mathrm{d}x=\frac{8}{\int_{0}^{2}f(x)\mathrm{d}x}\cdot\int_{0}^{2}x\mathrm{d}x,$$

所以 $\int_{0}^{2}f(x)\mathrm{d}x=4$，$f(x)=2x(x\geqslant 0)$.

22 【答案】 $\beta+\pi\alpha$

【分析】 由定积分的几何意义可知，$a=2\int_{0}^{2}\sqrt{2x-x^2}\mathrm{d}x=2\cdot\frac{\pi}{2}=\pi$.

微分方程 $f''(x)+af'(x)+f(x)=0$ 的特征方程为

$$r^2+\pi r+1=0,$$

$$r_{1,2}=\frac{-\pi\pm\sqrt{\pi^2-4}}{2},$$

则 $f(x)=C_1\mathrm{e}^{r_1x}+C_2\mathrm{e}^{r_2x}$，其中 $r_1<0$，$r_2<0$. 由此可知

$$\lim_{x\to+\infty}f(x)=\lim_{x\to+\infty}f'(x)=0.$$

由 $f''(x)+af'(x)+f(x)=0$ 可知，$f(x)=-f''(x)-af'(x)$，则

$$\int_{0}^{+\infty}f(x)\mathrm{d}x=-\int_{0}^{+\infty}[f''(x)+\pi f'(x)]\mathrm{d}x=-[f'(x)+\pi f(x)]\Big|_{0}^{+\infty}$$

$$=f'(0)+\pi f(0)=\beta+\pi\alpha.$$

23 【答案】 $\frac{\pi^2}{2}$

【分析】 由于$\lim\limits_{x\to\infty}y=\lim\limits_{x\to\infty}\frac{x^2}{1+x^2}=1$,则该曲线有唯一渐近线 $y=1$,所求旋转体体积为

$$V=\pi\int_{-\infty}^{+\infty}\left(1-\frac{x^2}{1+x^2}\right)^2\mathrm{d}x=\pi\int_{-\infty}^{+\infty}\left(\frac{1}{1+x^2}\right)^2\mathrm{d}x=2\pi\int_0^{+\infty}\left(\frac{1}{1+x^2}\right)^2\mathrm{d}x$$

$$\xlongequal{x=\tan t}2\pi\int_0^{\frac{\pi}{2}}\frac{\sec^2 t}{\sec^4 t}\mathrm{d}t=2\pi\int_0^{\frac{\pi}{2}}\cos^2 t\mathrm{d}t=\frac{\pi^2}{2}.$$

24 【答案】 $\frac{\pi}{5(1-\mathrm{e}^{-2\pi})}$

【分析】 $y(x)=\mathrm{e}^{-x}\sqrt{\sin x}(x\geqslant 0)$ 的定义域为$[2k\pi,(2k+1)\pi]$,$k=0,1,2,\cdots$,则

$$V_x=\sum_{k=0}^{\infty}\pi\int_{2k\pi}^{(2k+1)\pi}y^2(x)\mathrm{d}x.$$

$$\int_{2k\pi}^{(2k+1)\pi}y^2(x)\mathrm{d}x=\int_{2k\pi}^{(2k+1)\pi}\mathrm{e}^{-2x}\sin x\mathrm{d}x\xlongequal{x=t+2k\pi}\mathrm{e}^{-4k\pi}\int_0^{\pi}\mathrm{e}^{-2t}\sin t\mathrm{d}t=\frac{\mathrm{e}^{-4k\pi}(1+\mathrm{e}^{-2\pi})}{5},$$

$$V_x=\frac{\pi(1+\mathrm{e}^{-2\pi})}{5}\sum_{k=0}^{\infty}\mathrm{e}^{-4k\pi}=\frac{\pi(1+\mathrm{e}^{-2\pi})}{5}\cdot\frac{1}{1-\mathrm{e}^{-4\pi}}=\frac{\pi}{5(1-\mathrm{e}^{-2\pi})}.$$

25 【答案】 $\frac{5}{6}$

【分析】 由形心公式,$\bar{x}=\dfrac{\pi\int_0^1 x\cdot(x^2)^2\mathrm{d}x}{\pi\int_0^1(x^2)^2\mathrm{d}x}=\dfrac{5}{6}$.

26 【答案】 $8a$

【分析】 $l=2\int_0^{\pi}\sqrt{r^2+r'^2}\mathrm{d}\theta=2\int_0^{\pi}\sqrt{a^2(1+\cos\theta)^2+a^2\sin^2\theta}\mathrm{d}\theta$

$$=2a\int_0^{\pi}\sqrt{2+2\cos\theta}\mathrm{d}\theta=2a\cdot\int_0^{\pi}2\cos\frac{\theta}{2}\mathrm{d}\theta=2a\cdot 4\sin\frac{\theta}{2}\Big|_0^{\pi}=8a.$$

27 【答案】 $\begin{cases}y=-\frac{3}{2}x\\ z=0\end{cases}$

【分析】 xOy 平面内过原点的直线方程为 $ax+by=0$.

又与题中直线垂直,则 $3b-2a=0$. 令 $b=1$,则 $a=\frac{3}{2}$,$y=-\frac{3}{2}x$.

28 【答案】 $x^2+z^2=\frac{5}{16}(y+1)^2$

【分析】 L_0 为经过直线 L 且与平面 Π 垂直的平面 Π_1 与 Π 的交线.

平面 Π_1 的方程为 $\begin{vmatrix}x-1 & y & z-1\\ 1 & 1 & 1\\ 1 & -1 & 2\end{vmatrix}=0$,即 $3x-y-2z-1=0$.

所以直线 L_0 的方程为

$$\begin{cases}x-y+2z-1=0,\\3x-y-2z-1=0.\end{cases}$$

将 L_0 写成参数式：

$$x=\frac{1}{2}(t+1),y=t,z=\frac{1}{4}(t+1).$$

则旋转曲面的方程为

$$x^2+z^2=\frac{5}{16}(y+1)^2.$$

29 【答案】 12

【分析】 利用偏导数的定义计算$\left.\frac{\mathrm{d}z(x,0)}{\mathrm{d}x}\right|_{x=1}$.

$$\left.\frac{\partial z}{\partial x}\right|_{(1,0)}=\left.\frac{\mathrm{d}z(x,0)}{\mathrm{d}x}\right|_{x=1}=\left.(2x^6)'\right|_{x=1}=12.$$

30 【答案】 -2

【分析】 由题设知 $f(0,0)=0$,且 $f(x,y)+3x-4y=o(\sqrt{x^2+y^2})$,

即
$$f(x,y)-f(0,0)=-3x+4y+o(\sqrt{x^2+y^2})$$
由全微分的定义知 $f'_x(0,0)=-3,f'_y(0,0)=4$. 从而 $2f'_x(0,0)+f'_y(0,0)=-2$.

31 【答案】 $2x+4y-z=5$

【分析】 曲面 $z=x^2+y^2$ 在点(x_0,y_0,z_0)处法向量为 $\boldsymbol{n}=(2x_0,2y_0,-1)$,则

$$\frac{2x_0}{2}=\frac{2y_0}{4}=\frac{-1}{-1}\Rightarrow x_0=1,y_0=2,z_0=5,$$

所求切平面方程为 $2(x-1)+4(y-2)-(z-5)=0$,即 $2x+4y-z=5$.

32 【答案】 -2

【分析】 由 $f'_x(x,y)=2x-2xy^2$,得 $f(x,y)=x^2-x^2y^2+\varphi(y)$,进而

$$f'_y(x,y)=-2x^2y+\varphi'(y),$$

再由已知 $f'_y(x,y)=4y-2x^2y$,有 $\varphi'(y)=4y$,于是

$$\varphi(y)=2y^2+C,$$

即
$$f(x,y)=x^2-x^2y^2+2y^2+C.$$

利用 $f(1,1)=0$,得 $C=-2$,故 $f(x,y)=x^2-x^2y^2+2y^2-2$.

解方程组$\begin{cases}f'_x=2x-2xy^2=0,\\f'_y=4y-2x^2y=0,\end{cases}$得驻点为$(0,0),(\pm\sqrt{2},1),(\pm\sqrt{2},-1)$.

计算 $A=f''_{xx}=2-2y^2,B=f''_{xy}=-4xy,C=f''_{yy}=4-2x^2$,

对点$(0,0)$,$AC-B^2=8>0,A=2>0$,取极小值 $f(0,0)=-2$;

对点$(\sqrt{2},\pm1)$,$AC-B^2=-32<0$,不是极值点;

对点$(-\sqrt{2},\pm1)$,$AC-B^2=-32<0$,不是极值点.

33 【答案】 $xg'(xy)\int_y^{x+y}f(v)\mathrm{d}v+g(xy)[f(x+y)-f(y)]$

【分析】 $z(x,y)=\int_0^x\mathrm{d}t\int_t^x f(t+y)g(yu)\mathrm{d}u$

$=\int_0^x\mathrm{d}u\int_0^u f(t+y)g(yu)\mathrm{d}t.$ （交换积分次序）

$$\frac{\partial z}{\partial x}=\int_0^x f(t+y)g(xy)\mathrm{d}t=g(xy)\int_0^x f(t+y)\mathrm{d}t\xlongequal{t+y=v}g(xy)\int_y^{x+y}f(v)\mathrm{d}v,$$

$$\frac{\partial^2 z}{\partial x\partial y}=xg'(xy)\int_y^{x+y}f(v)\mathrm{d}v+g(xy)[f(x+y)-f(y)].$$

34 【答案】 $a^2\left(\frac{\pi^2}{16}-\frac{1}{2}\right)$

【分析】 $\iint\limits_D\frac{\sqrt{x^2+y^2}}{\sqrt{4a^2-x^2-y^2}}\mathrm{d}x\mathrm{d}y=\int_{-\frac{\pi}{4}}^0\mathrm{d}\theta\int_0^{-2a\sin\theta}\frac{r}{\sqrt{4a^2-r^2}}r\mathrm{d}r.$

而$\int_0^{-2a\sin\theta}\frac{r^2}{\sqrt{4a^2-r^2}}\mathrm{d}r\xlongequal{r=2a\sin t}\int_0^{-\theta}\frac{4a^2\sin^2 t}{2a\cos t}2a\cos t\mathrm{d}t$

$$=4a^2\int_0^{-\theta}\sin^2 t\mathrm{d}t=2a^2\int_0^{-\theta}(1-\cos 2t)\mathrm{d}t=-2a^2\theta+a^2\sin 2\theta,$$

有$\iint\limits_D\frac{\sqrt{x^2+y^2}}{\sqrt{4a^2-x^2-y^2}}\mathrm{d}x\mathrm{d}y=\int_{-\frac{\pi}{4}}^0(-2a^2\theta+a^2\sin 2\theta)\mathrm{d}\theta=a^2\left(\frac{\pi^2}{16}-\frac{1}{2}\right).$

35 【答案】 a^2

【分析】 在由$0\leqslant x\leqslant 1,0\leqslant y-x\leqslant 1$所确定的区域$D_1$内$f(x)g(y-x)=a^2$，其余为零.设$D_1$的面积为$S$，则$\iint\limits_D f(x)g(y-x)\mathrm{d}x\mathrm{d}y=\iint\limits_{D_1}a^2\mathrm{d}x\mathrm{d}y=a^2S=a^2.$

36 【答案】 $\frac{2\pi}{3}$

【分析】 $I=\iiint\limits_\Omega(x^2+4y^2+z^2+4xy+2xz+4yz)\mathrm{d}v$

$=\iiint\limits_\Omega(x^2+4y^2+z^2)\mathrm{d}v.$ （对称性）

由变量对称性可知

$\iiint\limits_\Omega(x^2+4y^2)\mathrm{d}v=\iiint\limits_\Omega(y^2+4x^2)\mathrm{d}v=\frac{5}{2}\iiint\limits_\Omega(x^2+y^2)\mathrm{d}v$

$=\frac{5}{2}\int_0^{2\pi}\mathrm{d}\theta\int_0^1\mathrm{d}r\int_{r^2}^1 r^3\mathrm{d}z$ （柱坐标）

$=\frac{5\pi}{12}.$

$\iiint\limits_\Omega z^2\mathrm{d}v=\int_0^1 z^2\cdot\pi z\mathrm{d}z$ （先二后一）

$=\frac{\pi}{4},$

则 $I=\frac{5\pi}{12}+\frac{\pi}{4}=\frac{2\pi}{3}$.

37 【答案】 $2a^2$

【分析】 曲线 L 上任一点 (x,y) 处的线密度为 $\mu(x,y)=y$,则金属丝的质量为

$$m=\int_L\mu(x,y)\mathrm{d}s=\int_L y\mathrm{d}s$$
$$=\int_0^\pi a\sin t\sqrt{(-a\sin t)^2+(a\cos t)^2}\mathrm{d}t=a^2\int_0^\pi\sin t\mathrm{d}t=2a^2.$$

38 【答案】 4π

【分析】 挖去曲面 $\Sigma_1:x^2+y^2+z^2=\varepsilon^2$,取内侧且 ε^2 足够小使 Σ_1 包含在 Σ 内,由 $P=\frac{x}{r^3},Q=\frac{y}{r^3},R=\frac{z}{r^3}$,其中 $r=\sqrt{x^2+y^2+z^2}$.经计算得

$$\frac{\partial P}{\partial x}=\frac{1}{r^3}-\frac{3x^2}{r^5},\frac{\partial Q}{\partial y}=\frac{1}{r^3}-\frac{3y^2}{r^5},\frac{\partial R}{\partial z}=\frac{1}{r^3}-\frac{3z^2}{r^5},$$

显然 $\frac{\partial P}{\partial x}+\frac{\partial Q}{\partial y}+\frac{\partial R}{\partial z}=0$,则

$$I=\oiint_{\Sigma+\Sigma_1}-\oiint_{\Sigma_1}=0-\frac{1}{\varepsilon^3}\oiint_{\Sigma_1}(x\mathrm{d}y\mathrm{d}z+y\mathrm{d}z\mathrm{d}x+z\mathrm{d}x\mathrm{d}y)=\frac{1}{\varepsilon^3}\iiint_\Omega 3\mathrm{d}v=4\pi.$$

39 【答案】 $\left(0,0,\frac{1}{2}\right)$

【分析】 由对称性可知 $\bar{x}=\bar{y}=0$,

$$\bar{z}=\frac{\iint_\Sigma z\mathrm{d}S}{\iint_\Sigma\mathrm{d}S}=\frac{\iint_{D_{xy}}\sqrt{1-x^2-y^2}\sqrt{1+z_x'^2+z_y'^2}\mathrm{d}x\mathrm{d}y}{2\pi}$$
$$=\frac{\iint_{D_{xy}}\sqrt{1-x^2-y^2}\cdot\frac{1}{\sqrt{1-x^2-y^2}}\mathrm{d}x\mathrm{d}y}{2\pi}$$
$$=\frac{\pi}{2\pi}=\frac{1}{2}.$$

40 【答案】 $-\frac{\pi}{4}a^3$

【分析】 设上半球面 $x^2+y^2+z^2=a^2(z\geqslant0,a>0)$ 包含在柱面 $x^2+y^2=ax$ 内的部分曲面的上侧为 Σ,由 Stokes 公式得

$$I=\oint_\Gamma y^2\mathrm{d}x+z^2\mathrm{d}y+x^2\mathrm{d}z=-2\iint_\Sigma(z\cos\alpha+x\cos\beta+y\cos\gamma)\mathrm{d}S,$$

而 $\cos\alpha=\frac{x}{a},\cos\beta=\frac{y}{a},\cos\gamma=\frac{z}{a}$.

$$I=-\frac{2}{a}\iint_\Sigma(xz+xy+yz)\mathrm{d}S.$$

由于 xy,yz 都是 y 的奇函数，积分域 Σ 关于 xOz 面对称，则 $\iint\limits_{\Sigma} xy\,\mathrm{d}S=0$，$\iint\limits_{\Sigma} yz\,\mathrm{d}S=0$.

$$
\begin{aligned}
I &= -\frac{2}{a}\iint\limits_{\Sigma} xz\,\mathrm{d}S = -\frac{2}{a}\iint\limits_{x^2+y^2\leqslant ax} x\sqrt{a^2-x^2-y^2}\cdot\sqrt{\frac{a^2}{a^2-x^2-y^2}}\,\mathrm{d}x\mathrm{d}y \\
&= -\frac{2}{a}\iint\limits_{x^2+y^2\leqslant ax} ax\,\mathrm{d}x\mathrm{d}y = -2\int_{-\frac{\pi}{2}}^{\frac{\pi}{2}}\cos\theta\,\mathrm{d}\theta\int_0^{a\cos\theta} r^2\,\mathrm{d}r \\
&= -\frac{\pi}{4}a^3.
\end{aligned}
$$

41 【答案】 $\varphi(y)=\sin y+y^2-2$，$\psi(y)=\cos y+2y$

【分析】 令 $P(x,y)=2[x\varphi(y)+\psi(y)]$，$Q(x,y)=x^2\psi(y)+2xy^2-2x\varphi(y)$.

由题意知积分与路径无关，有 $\dfrac{\partial P}{\partial y}=\dfrac{\partial Q}{\partial x}$，则对任意的 (x,y) 有

$$2[x\varphi'(y)+\psi'(y)]=2x\psi(y)+2y^2-2\varphi(y),$$

即

$$x\varphi'(y)+\psi'(y)=x\psi(y)+y^2-\varphi(y).$$

$$\begin{cases}\varphi'(y)=\psi(y),\\ \psi'(y)=y^2-\varphi(y).\end{cases}\text{（比较变量 } x \text{ 同次幂的系数）}$$

于是，可以得到 $\begin{cases}\varphi'(y)-\psi(y)=0,\\ \varphi''(y)+\varphi(y)=y^2.\end{cases}$

求解二阶常系数线性非齐次微分方程 $\begin{cases}\varphi''(y)+\varphi(y)=y^2,\\ \varphi(0)=-2,\varphi'(0)=1.\end{cases}$

通解 $\varphi(y)=C_1\cos y+C_2\sin y+y^2-2$，特解 $\varphi(y)=\sin y+y^2-2$.

于是，$\psi(y)=\varphi'(y)=\cos y+2y$.

42 【答案】 $0<a<1$

【分析】 由于 $\lim\limits_{n\to\infty}\sqrt[n]{a^{n^2}}=\lim\limits_{n\to\infty}a^n=\begin{cases}0, & 0<a<1,\\ 1, & a=1,\\ +\infty, & a>1,\end{cases}$ 则 $R=\begin{cases}+\infty, & 0<a<1,\\ 1, & a=1,\\ 0, & a>1,\end{cases}$ 故 $a<1$.

43 【答案】 $\dfrac{1}{2}<p\leqslant 1$

【分析】 $\ln\left(1+\dfrac{(-1)^n}{n^p}\right)=\dfrac{(-1)^n}{n^p}-\left(\dfrac{1}{2n^{2p}}+o\left(\dfrac{1}{n^{2p}}\right)\right)$.

令 $u_n=\dfrac{(-1)^n}{n^p}$，$v_n=\dfrac{1}{2n^{2p}}+o\left(\dfrac{1}{n^{2p}}\right)\sim\dfrac{1}{2n^{2p}}$，$\sum\limits_{n=1}^{\infty}v_n$ 与 $\sum\limits_{n=1}^{\infty}\dfrac{1}{n^{2p}}$ 同敛散.

当 $p>1$ 时，$\left|\ln\left(1+\dfrac{(-1)^n}{n^p}\right)\right|\sim\dfrac{1}{n^p}$，则原级数绝对收敛.

当 $\dfrac{1}{2}<p\leqslant 1$ 时，$\ln\left(1+\dfrac{(-1)^n}{n^p}\right)=u_n-v_n$，$\sum\limits_{n=2}^{\infty}u_n$ 与 $\sum\limits_{n=2}^{\infty}v_n$ 均收敛，则原级数条件收敛.

当 $0<p\leqslant\dfrac{1}{2}$ 时，$\sum\limits_{n=2}^{\infty}u_n$ 收敛，而 $\sum\limits_{n=2}^{\infty}v_n$ 发散，则原级数是发散的.

44 【答案】 $2,\frac{5}{4},\frac{1}{2}$

【分析】 设 $S(x)$ 为函数 $f(x)$ 以 2 为周期的傅里叶级数的和函数，根据狄利克雷收敛定理，有

$$S(1)=\frac{1}{2}[f(1-0)+f(-1+0)]=\frac{1}{2}\times[(1+1^2)+(-2\times(-1))]=2.$$

$$S\left(\frac{1}{2}\right)=f\left(\frac{1}{2}\right)=\frac{5}{4}.$$

$$S(0)=\frac{1}{2}[f(0-0)+f(0+0)]=\frac{1}{2}.$$

45 【答案】 $-\frac{3}{2}$

【分析】 $S(x)$ 是将 $f(x)$ 展开成的正弦级数的和函数. $x=1$ 是 $f(x)$ 的间断点.

$$S(-1)=-S(1)=-\frac{\lim\limits_{x\to1^+}f(x)+\lim\limits_{x\to1^-}f(x)}{2}=-\frac{3}{2}.$$

46 【答案】 $-\frac{\pi}{8}$

【分析】 利用方程解出 $f(x)$ 再积分是一个基本方法，但比较复杂. 由原方程可知

$$f(x)=xf'(x)-\sqrt{2x-x^2},$$

那么 $$\int_0^1 f(x)\mathrm{d}x=\int_0^1 xf'(x)\mathrm{d}x-\int_0^1\sqrt{2x-x^2}\mathrm{d}x=\int_0^1 x\mathrm{d}f(x)-\frac{\pi}{4}$$
$$=xf(x)\Big|_0^1-\int_0^1 f(x)\mathrm{d}x-\frac{\pi}{4}=-\int_0^1 f(x)\mathrm{d}x-\frac{\pi}{4}.$$

则 $\int_0^1 f(x)\mathrm{d}x=-\frac{\pi}{8}$.

47 【答案】 $y=x\mathrm{e}^{Cx+1}$

【分析】 $xy'=y(\ln y-\ln x)\Rightarrow y'=\frac{y}{x}\ln\frac{y}{x}$.

令 $\frac{y}{x}=u$ 则 $\frac{\mathrm{d}y}{\mathrm{d}x}=x\frac{\mathrm{d}u}{\mathrm{d}x}+u$，因此 $x\frac{\mathrm{d}u}{\mathrm{d}x}+u=u\ln u$，

变形为 $\frac{\mathrm{d}u}{u\ln u-u}=\frac{\mathrm{d}x}{x}\Rightarrow\int\frac{\mathrm{d}u}{u(\ln u-1)}=\int\frac{\mathrm{d}x}{x}\Rightarrow\ln|\ln u-1|=\ln|Cx|$.

故 $\ln u-1=Cx$，$\ln\frac{y}{x}-1=Cx\Rightarrow y=x\mathrm{e}^{Cx+1}$.

48 【答案】 $x=y^2+Cy$

【分析】 将 x 视为 y 的函数，原式可化为 $\frac{\mathrm{d}x}{\mathrm{d}y}=\frac{x+y^2}{y}=\frac{x}{y}+y$.

令 $\frac{x}{y}=u$，则 $u+y\frac{\mathrm{d}u}{\mathrm{d}y}=u+y\Rightarrow\frac{\mathrm{d}u}{\mathrm{d}y}=1\Rightarrow u=y+C$，故 $\frac{x}{y}=y+C$，所以 $x=y^2+Cy$.

49 【答案】 $y=-\cos x+\sin x+e^x-2x\cos x$

【分析】 由 $r^2+1=0$,得 $r=\pm i$,对应齐次微分方程的通解为

$$\overline{y}=C_1\cos x+C_2\sin x, C_1, C_2 \text{ 为任意常数}.$$

可设非齐次微分方程的特解为 $y^*=Ae^x+x(B\cos x+C\sin x)$.

代入原方程得

$2Ae^x+2(-B\sin x+C\cos x)+x(-B\cos x-C\sin x)+x(B\cos x+C\sin x)=2e^x+4\sin x$,
即 $2Ae^x-2B\sin x+2C\cos x=2e^x+4\sin x$,待定系数 $A=1, B=-2, C=0$.

所求非齐次微分方程的通解为 $y=C_1\cos x+C_2\sin x+e^x-2x\cos x$.

由 $\lim\limits_{x\to0}\dfrac{y(x)}{\ln(x+\sqrt{1+x^2})}=0$,有 $\lim\limits_{x\to0}\dfrac{y(x)}{x}=0$,得 $y(0)=y'(0)=0$,
进而 $C_1=-1, C_2=1$,所求特解为 $y=-\cos x+\sin x+e^x-2x\cos x$.

50 【答案】 0,−1,1,2

【分析】 1 与 −1 是两个特征根,故特征方程为 $\lambda^2-1=0$,原方程为 $y''-y=ge^{cx}$.
将非齐次方程的一个解 $y=xe^x$ 代入,比较两边系数,可求得 $c=1, g=2$.
从而知 a,b,c,g 分别为 $0,-1,1,2$.

选　择　题

51 【答案】 D

【分析】 由 $f(x)$ 的图形关于 $x=0$ 与 $x=1$ 均对称可知,$f(x)=f(-x)$,$f(1+x)=f(1-x)$. 于是,

$$f(x)=f(-x)=f(1+(-x-1))=f(1-(-x-1))=f(2+x).$$

因此,$f(x)$ 是周期为 2 的周期函数.

记 $F(x)=\int_0^x f(t)dt$,则

$$F(x+2)-F(x)=\int_0^{x+2}f(t)dt-\int_0^x f(t)dt=\int_x^{x+2}f(t)dt=\int_0^2 f(t)dt.$$

若 $\int_0^2 f(x)dx=0$,则 $F(x)$ 是周期为 2 的周期函数. 因此,命题 ② 正确.

由于 $f(x)$ 的图形关于 $x=1$ 对称,故 $\int_0^1 f(x)dx=\int_1^2 f(x)dx$. 若 $\int_0^1 f(x)dx=0$,则 $\int_0^2 f(x)dx=0$. 由前面的分析可知,$\int_0^x f(t)dt$ 为周期函数. 因此,命题 ① 正确.

记 $G(x)=\int_0^x f(t)dt-\dfrac{x}{2}\int_0^2 f(t)dt$,则

$$G(x+2)-G(x)=\int_x^{x+2}f(t)dt-\frac{x+2}{2}\int_0^2 f(t)dt+\frac{x}{2}\int_0^2 f(t)dt=\int_x^{x+2}f(t)dt-\int_0^2 f(t)dt=0.$$

因此,命题 ④ 正确.

同理对 $H(x)=\int_0^x f(t)dt-x\int_0^2 f(t)dt$,计算 $H(x+2)-H(x)$ 可得

$$H(x+2)-H(x)=\int_x^{x+2}f(t)dt-2\int_0^2 f(t)dt=-\int_0^2 f(t)dt.$$

由于不能确定$\int_0^2 f(x)\mathrm{d}x$是否为0，故命题③不一定正确. 例如：取$f(x)\equiv 1$，则$f(x)$的图形关于$x=0$与$x=1$均对称，但$H(x)=-x$，显然不是周期函数.

综上所述，应选(D).

52 【答案】 A

【分析】 易见$b\neq 0$，且

$$\lim_{n\to\infty}\frac{n^a}{(n+1)^b-n^b}=\lim_{n\to\infty}\frac{n^{a-b}}{\left(1+\frac{1}{n}\right)^b-1}$$

$$=\lim_{n\to\infty}\frac{n^{a-b}}{1+b\cdot\frac{1}{n}+o\left(\frac{1}{n}\right)-1}=\lim_{n\to\infty}\frac{n^{a-b+1}}{b+o(1)}$$

$$=\begin{cases}\frac{1}{b}, & \text{当 } a-b+1=0 \text{ 时},\\ 0, & \text{当 } a-b+1<0 \text{ 时},\\ \infty, & \text{当 } a-b+1>0 \text{ 时},\end{cases}$$

由题意可知$\frac{1}{b}=2024, a-b+1=0$.

即$b=\frac{1}{2024}, a=b-1=-\frac{2023}{2024}$.

53 【答案】 C

【分析】 由导数的定义，

$$\lim_{x\to 0}\frac{f(\varphi(x))-f(\varphi(0))}{x-0}=\lim_{x\to 0}\frac{f\left(x^2\left(2+\sin\frac{1}{x}\right)\right)-f(0)}{x}$$

$$=\lim_{x\to 0}\frac{f\left(x^2\left(2+\sin\frac{1}{x}\right)\right)-f(0)}{x^2\left(2+\sin\frac{1}{x}\right)}\cdot\frac{x^2\left(2+\sin\frac{1}{x}\right)}{x}$$

$$=f'(0)\cdot\lim_{x\to 0}x\left(2+\sin\frac{1}{x}\right)=f'(0)\cdot 0=0.$$

因此，应选(C).

54 【答案】 B

【分析】 由于

$\ln(1+x)+\ln(1-x)=x-\frac{1}{2}x^2+o(x^2)-x-\frac{1}{2}x^2+o(x^2)=-x^2+o(x^2)\sim -x^2$，故$\alpha_1$与$x^2$同阶.

由于$2^{x^4+x}-1\sim(x^4+x)\ln 2\sim x\ln 2$，故$\alpha_2$与$x$同阶.

由于$\sqrt{1+\tan x}-\sqrt{1+\sin x}=\frac{\tan x-\sin x}{\sqrt{1+\tan x}+\sqrt{1+\sin x}}$，故当$x\to 0$时，$\sqrt{1+\tan x}-\sqrt{1+\sin x}$与$\tan x-\sin x$同阶.

又因为 $\tan x = x+\frac{x^3}{3}+o(x^3)$，$\sin x = x-\frac{x^3}{6}+o(x^3)$，所以 $\tan x-\sin x=\frac{x^3}{2}+o(x^3)$，$\tan x-\sin x$ 与 x^3 同阶，从而 α_3 与 x^3 同阶.

综上所述，$\alpha_1,\alpha_2,\alpha_3$ 按照从低阶到高阶的排序是 $\alpha_2,\alpha_1,\alpha_3$. 应选(B).

55 【答案】 D

【分析】 因为 $f(x)$ 在 x_0 处连续，所以 $e^{f(x)}$ 在 x_0 处连续. 若 $e^{f(x)}g(x)$ 在 x_0 处连续，则 $g(x)=\frac{e^{f(x)}g(x)}{e^{f(x)}}$ 也在 x_0 处连续，与已知矛盾. 故 $e^{f(x)}g(x)$ 在 x_0 处间断，应选(D).

取 $f(x)\equiv 1$ 为常函数，可知(A) 不对. 取 $f(x)=x^2$，$g(x)=\begin{cases}1, & x\geqslant 0\\ -1 & x<0\end{cases}$，

则 $g(x)$ 在 $x=0$ 处间断，$g(f(x))\equiv 1$ 在 x_0 处连续. $g^2(x)\equiv 1$ 也在 x_0 处连续. 故(B)(C)都不对.

56 【答案】 D

【分析】 由 $\lim\limits_{x\to x_0^-}f(x)=a$，$\lim\limits_{x\to x_0^-}g(x)=b$，$a<b$，知 $\lim\limits_{x\to x_0^-}(g(x)-f(x))=b-a>0$. 由保号性定理知，存在去心左邻域 $(x_0-\delta,x_0)$，当 $x\in(x_0-\delta,x_0)$ 时，有 $g(x)-f(x)>0$. 选(D). 其他均可举出反例.

57 【答案】 B

【分析】 $f(x)$ 在 $x=0$ 处没定义，但

$$\lim_{x\to 0^-}f(x)=\lim_{x\to 0^-}\frac{2}{1+e^{\frac{1}{x}}}+\lim_{x\to 0^-}\frac{\sin x}{|x|}=2-1=1,$$

$$\lim_{x\to 0^+}f(x)=\lim_{x\to 0^+}\frac{2}{1+e^{\frac{1}{x}}}+\lim_{x\to 0^+}\frac{\sin x}{|x|}=0+1=1,$$

则 $x=0$ 是 $f(x)$ 的可去间断点.

58 【答案】 D

【分析】 若 $\lim\limits_{x\to x_0}f(x)$ 存在且 $\lim\limits_{x\to x_0}f(x)\neq f(x_0)$，则称 x_0 是 $f(x)$ 的可去间断点.

因为 $x=0$ 是 $f(x)$ 的可去间断点，所以

$$\lim_{x\to 0}f(x)=\lim_{x\to 0}\frac{ax-\ln(1+x)}{x+b\sin x}=\lim_{x\to 0}\frac{a-\frac{1}{1+x}}{1+b\cos x}$$
$$=\lim_{x\to 0}\frac{(a-1)+ax}{(1+b\cos x)(1+x)}=\frac{a-1}{1+b}(b\neq -1).$$

当 $b=-1$ 时，

$$\lim_{x\to 0}f(x)=\lim_{x\to 0}\frac{ax-\ln(1+x)}{x-\sin x}=\lim_{x\to 0}\frac{(a-1)x+\frac{1}{2}x^2+o(x^2)}{\frac{1}{3!}x^3}=\infty.$$

为保证 $\lim\limits_{x\to 0}f(x)$ 存在，只须 $1+b\neq 0$，即 $b\neq -1$，故选择(D).

59 【答案】 A

【分析】 由于函数 $y=f(x)$ 可导，故 $f(x)$ 在 $x=1$ 处连续. 于是，$c=\lim\limits_{x\to1^-}f(x)=\lim\limits_{x\to1^+}f(x)$.

$$\lim_{x\to1^-}f(x)=\lim_{x\to1^-}\arctan\frac{x+1}{x-1}+b=-\frac{\pi}{2}+b,$$

$$\lim_{x\to1^+}f(x)=\lim_{x\to1^+}\arctan\frac{x+1}{x-1}+a=\frac{\pi}{2}+a.$$

因此，

$$f'_-(1)=\lim_{x\to1^-}\frac{f(x)-\left(-\frac{\pi}{2}+b\right)}{x-1}=\lim_{x\to1^-}\frac{\arctan\frac{x+1}{x-1}+\frac{\pi}{2}}{x-1}=\lim_{x\to1^-}\frac{\arctan\left(1+\frac{2}{x-1}\right)+\frac{\pi}{2}}{x-1}$$

$$\xlongequal{洛必达}\lim_{x\to1^-}\frac{\frac{-2}{(x-1)^2}}{1+\left(\frac{x+1}{x-1}\right)^2}=\lim_{x\to1^-}\frac{-2}{(x-1)^2+(x+1)^2}=-\frac{1}{2}.$$

$$f'_+(1)=\lim_{x\to1^+}\frac{f(x)-\left(\frac{\pi}{2}+a\right)}{x-1}=\lim_{x\to1^+}\frac{\arctan\frac{x+1}{x-1}-\frac{\pi}{2}}{x-1}=\lim_{x\to1^+}\frac{\arctan\left(1+\frac{2}{x-1}\right)-\frac{\pi}{2}}{x-1}$$

$$\xlongequal{洛必达}\lim_{x\to1^+}\frac{\frac{-2}{(x-1)^2}}{1+\left(\frac{x+1}{x-1}\right)^2}=\lim_{x\to1^+}\frac{-2}{(x-1)^2+(x+1)^2}=-\frac{1}{2}.$$

综上所述，$f'(1)=-\frac{1}{2}$. 应选(A).

60 【答案】 D

【分析】 记 $g(x)=f^2(x)$，$h(x)=f(f(x))$，则对 I 中任意两个不同的点 x_1,x_2，$g\left(\frac{x_1+x_2}{2}\right)<\frac{g(x_1)+g(x_2)}{2}$ 等价于 $g(x)$ 为区间 I 上的凹函数，$h\left(\frac{x_1+x_2}{2}\right)<\frac{h(x_1)+h(x_2)}{2}$ 等价于 $h(x)$ 为区间 I 上的凹函数.

$$g'(x)=2f(x)f'(x),g''(x)=2\{f(x)f''(x)+[f'(x)]^2\}.$$

$$h'(x)=f'(f(x))f'(x),h''(x)=f''(f(x))[f'(x)]^2+f'(f(x))f''(x).$$

若 $f'(x)>0$，$f''(x)>0$，则 $h''(x)>0$，从而 $h(x)$ 为区间 I 上的凹函数. 应选(D).

下面说明选项(A)(B)(C) 不正确.

考虑 $f(x)=-\sin x$，则在 $\left(0,\frac{\pi}{2}\right)$ 上，$f(x)<0$，$f'(x)<0$，$f''(x)=\sin x>0$. 但 $g(x)=f^2(x)=\sin^2x$，$g''(x)=(2\sin x\cos x)'=(\sin 2x)'=2\cos 2x$. $g''(x)$ 在 $\left(0,\frac{\pi}{2}\right)$ 上变号，$g(x)$ 不是 $\left(0,\frac{\pi}{2}\right)$ 上的凹函数. 选项(A)(B) 均不正确.

考虑 $f(x)=e^{-x}$，则在 $(0,+\infty)$ 上，$f(x)>0$，$f'(x)=-e^{-x}<0$，$f''(x)=e^{-x}>0$. $h(x)=f(f(x))=e^{-e^{-x}}$.

$$h'(x)=e^{-e^{-x}}\cdot e^{-x}=e^{-e^{-x}-x},h''(x)=e^{-e^{-x}-x}(e^{-x}-1).$$

当 $x>0$ 时，$h''(x)<0$，$h(x)$ 不是 $(0,+\infty)$ 上的凹函数. 选项(C) 不正确.

61 【答案】 C

【分析】 命题 ① 不正确.

例如 $f(x) = x - x_0$ 在 x_0 处可导,但 $|f(x)| = |x - x_0|$ 在 x_0 处不可导.

命题 ② 不正确.

例如 $f(x) = \begin{cases} -1, & x \leqslant x_0, \\ 1, & x > x_0 \end{cases}$ 在 x_0 处不可导,但 $|f(x)| \equiv 1$ 在 x_0 处可导.

命题 ③ 正确.

由题设知 $f'(x_0) = \lim\limits_{x \to x_0} \dfrac{f(x)}{x - x_0} \neq 0$,令 $g(x) = |f(x)|$,则

$$g'_+(x_0) = \lim_{x \to x_0^+} \frac{|f(x)|}{x - x_0} = \lim_{x \to x_0^+} \left| \frac{f(x)}{x - x_0} \right| = |f'(x_0)|,$$

$$g'_-(x_0) = \lim_{x \to x_0^-} \frac{|f(x)|}{x - x_0} = -\lim_{x \to x_0^-} \left| \frac{f(x)}{x - x_0} \right| = -|f'(x_0)|,$$

则 $g'_-(x_0) \neq g'_+(x_0)$,$g(x) = |f(x)|$ 在 x_0 处不可导.

命题 ④ 正确.

若 $f(x_0) > 0$,则在 x_0 某邻域内,$f(x) > 0$,$|f(x)| = f(x)$,从而由 $|f(x)|$ 在 x_0 处可导得 $f(x)$ 在 x_0 处可导;

若 $f(x_0) < 0$,则在 x_0 某邻域内,$f(x) < 0$,$|f(x)| = -f(x)$,从而由 $|f(x)|$ 在 x_0 处可导得 $f(x)$ 在 x_0 处可导;

若 $f(x_0) = 0$,由 $|f(x)|$ 在 x_0 处可导知,$\lim\limits_{x \to x_0} \dfrac{|f(x)|}{x - x_0}$ 存在,而

$$\lim_{x \to x_0^+} \frac{|f(x)|}{x - x_0} \geqslant 0, \lim_{x \to x_0^-} \frac{|f(x)|}{x - x_0} \leqslant 0,$$

则 $\lim\limits_{x \to x_0} \dfrac{|f(x)|}{x - x_0} = 0$,因此 $\lim\limits_{x \to x_0} \left| \dfrac{|f(x)|}{x - x_0} \right| = \lim\limits_{x \to x_0} \left| \dfrac{f(x)}{x - x_0} \right| = 0$,故 $\lim\limits_{x \to x_0} \dfrac{f(x)}{x - x_0} = 0$,即 $f(x)$ 在 x_0 处可导.

62 【答案】 A

【分析】 证明①与②是正确的. 对于①,设 $f(a) > 0$,由连续性知存在 $U_\delta(a)$,当 $x \in U_\delta(a)$ 时 $f(x) > 0$,从而知当 $x \in U_\delta(a)$ 时 $f(x) = |f(x)|$. 于是 $f(x)$ 在 $x = a$ 处可导. 设 $f(a) < 0$,其证明是类似的. 设 $f(a) = 0$,由 $\lim\limits_{x \to a} \dfrac{|f(x)| - |f(a)|}{x - a}$ 存在记为 A,即有 $\lim\limits_{x \to a} \dfrac{|f(x)|}{x - a} = A$.

当 $x < a$ 时,$\dfrac{|f(x)|}{x - a} \leqslant 0$,当 $x > a$ 时,$\dfrac{|f(x)|}{x - a} \geqslant 0$. 由于 $\lim\limits_{x \to a} \dfrac{|f(x)|}{x - a} = A$,所以 $A = 0$. 从而 $\lim\limits_{x \to a} \left| \dfrac{f(x) - f(a)}{x - a} \right| = \lim\limits_{x \to a} \left| \dfrac{f(x)}{x - a} \right| = 0$,所以 $\lim\limits_{x \to a} \dfrac{f(x) - f(a)}{x - a} = 0$. 说明 $f'(a)$ 存在且等于 0. 综上所述,① 正确.

对于 ②,由 $f(a) = 0$,$\lim\limits_{x \to a} \dfrac{f(x) - f(a)}{x - a} = \lim\limits_{x \to a} \varphi(x)$ 存在,所以 $f'(a)$ 存在,② 正确.

③ 不正确,如 $\varphi(x) \equiv 1$ 时,$f(x) = |x - a|$ 在 $x = a$ 不可导.

④ 不正确,如 $f(x) = \begin{cases} x, & x \neq 0, \\ 1, & x = 0 \end{cases}$ 在 $x = 0(a = 0)$ 处不连续,从而不可导. 但 $\lim\limits_{x \to 0} \dfrac{f(x) - f(-x)}{x} = 2$ 存在.

63 【答案】 C

【分析】

$$\begin{aligned} f(x) &= \lim_{n\to\infty} \sqrt[n]{2+(2x)^n+x^{2n}} \\ &= \lim_{n\to\infty} \sqrt[n]{1^n+1^n+(2x)^n+(x^2)^n} \\ &= \max\{1,2x,x^2\} \\ &= \begin{cases} 1, & 0<x\leqslant \frac{1}{2}, \\ 2x, & \frac{1}{2}<x\leqslant 2, \\ x^2, & x>2, \end{cases} \end{aligned}$$

显然，$f(x)$ 在 $x=\frac{1}{2}$ 和 $x=2$ 处不可导，故应选(C).

64 【答案】 C

【分析】 由 $f(x)$ 在 $x=0$ 处连续，知$\lim\limits_{x\to0}f(x)=f(0)$，即$\lim\limits_{x\to0}\frac{g(x)}{x}=2$.

因而 $g(0)=0, g'(0)=2$. 答案应选(C).

65 【答案】 D

【分析】 由反函数求导公式得

$$\varphi'(y)=\frac{1}{f'(x)},$$

$$\varphi''(y)=\frac{\mathrm{d}}{\mathrm{d}x}\left[\frac{1}{f'(x)}\right]\cdot\frac{\mathrm{d}x}{\mathrm{d}y}=-\frac{f''(x)}{[f'(x)]^2}\cdot\frac{1}{f'(x)},$$

$$\varphi''(2)=-\frac{f''(1)}{[f'(1)]^3}=-\frac{3}{8}.$$

故应选(D).

66 【答案】 D

【分析】 **直接法**

令 $F(x)=\ln|f(x)|$，则

$$F'(x)=\frac{f'(x)}{f(x)}>0,$$

$F(x)$ 单调增，$F(1)>F(0)$，$\ln|f(1)|>\ln|f(0)|$.

由于 $\ln x$ 单调增，则 $|f(1)|>|f(0)|$，即$\left|\frac{f(1)}{f(0)}\right|>1$.

故应选(D).

排除法

令 $f(x)=\mathrm{e}^x$，则

$$\frac{f(x)}{f'(x)}=1>0,$$

而 $f(x)=\mathrm{e}^x$ 单调增，则 $f(1)>f(0)$，且$\left|\frac{f(1)}{f(0)}\right|>1$，则(B)(C) 选项不正确.

令 $f(x)=-\mathrm{e}^x$，则

$$\frac{f(x)}{f'(x)}=1>0,$$

而 $f(x)=-\mathrm{e}^x$ 单调减，则 $f(1)<f(0)$，则(A) 选项不正确.

故应选(D).

67 【答案】 C

【分析】 由不等式 $\sin x<x<\tan x\left(0<x<\frac{\pi}{2}\right)$可知，当 $0<x<\frac{\pi}{4}$ 时，$\frac{\tan x}{x}>1$，由此可得

$$\frac{\tan x}{x}<\left(\frac{\tan x}{x}\right)^2,$$

即

$$f(x)<g(x).$$

又

$$f'(x)=\frac{x\sec^2x-\tan x}{x^2}=\frac{x-\sin x\cos x}{x^2\cos^2x}>\frac{x-\sin x}{x^2\cos^2x}>0\left(0<x<\frac{\pi}{4}\right),$$

则 $f(x)=\frac{\tan x}{x}$ 在区间$\left(0,\frac{\pi}{4}\right)$上单调增加，又在该区间上 $x^2<x$，从而有

$$f(x^2)<f(x),$$

即$\frac{\tan x^2}{x^2}<\frac{\tan x}{x}$，$h(x)<f(x)$.

则 $g(x)>f(x)>h(x)$，故应选(C).

68 【答案】 B

【分析】

$$F'(x)=2(x-1)f(x)+(x-1)^2f'(x).$$

由 $f(1)=f(2)=0$ 知，$F(1)=F(2)=0$，故存在 $\xi\in(1,2)$，使 $F'(\xi)=0$，于是根据 $F'(1)=0$，$F'(\xi)=0$，知在(1,2) 内至少存在一点 η，使得 $F''(\eta)=0$，故正确答案为(B).

69 【答案】 C

【分析】 由于 $f(x)$ 连续，且$\lim\limits_{x\to0}\frac{\ln[f(x+2)+\mathrm{e}^{x^2}]}{1-\cos x}=4$，则 $f(2)=0$. 且当 $x\to0$ 时

$\ln[f(x+2)+\mathrm{e}^{x^2}]=\ln[1+(f(x+2)+\mathrm{e}^{x^2}-1)]\sim f(x+2)+\mathrm{e}^{x^2}-1$，

$$\lim_{x\to0}\frac{\ln[f(x+2)+\mathrm{e}^{x^2}]}{1-\cos x}=\lim_{x\to0}\frac{f(x+2)+\mathrm{e}^{x^2}-1}{\frac{1}{2}x^2}=2\left[\lim_{x\to0}\frac{f(x+2)}{x^2}+\lim_{x\to0}\frac{\mathrm{e}^{x^2}-1}{x^2}\right]$$

$$=2\left[\lim_{x\to0}\frac{f(x+2)}{x^2}+1\right]=4,$$

则$\lim\limits_{x\to0}\frac{f(x+2)}{x^2}=1$.

$$\lim_{x\to0}\frac{f(x+2)}{x^2}=\lim_{x\to0}\frac{\frac{f(2+x)-f(2)}{x}}{x}=1,$$ 则$\lim\limits_{x\to0}\frac{f(2+x)-f(2)}{x}=0$，即 $f'(2)=0$，$x=2$ 为驻点.

又$\lim\limits_{x\to 0}\dfrac{f(x+2)}{x^2}=1>0$，由极限的保号性知，在$x=0$的某去心邻域内，$f(x+2)>0$，即$f(x+2)>f(2)$，从而，$f(x)$在$x=2$处取极小值，故应选(C).

70 【答案】 C

【分析】 令$g(x)=2x^3-9x^2+12x-3$，则

$$g'(x)=6x^2-18x+12=6(x-1)(x-2).$$

令$g'(x)=0$，得$x_1=1,x_2=2$.

当$x\in(-\infty,1)$时，$g'(x)>0$，$g(x)$单调增；

当$x\in(1,2)$时，$g'(x)<0$，$g(x)$单调减；

当$x\in(2,+\infty)$时，$g'(x)>0$，$g(x)$单调增，

$g(1)=2,g(2)=1,g(0)=-3<0$，则$g(x)$在$(-\infty,1)$上有唯一零点x_0，故

$$f(x)=\begin{cases}-g(x), & x<x_0,\\ g(x), & x\geqslant x_0.\end{cases}$$

由此可得，$x_1=1,x_2=2$是$f(x)$的驻点，$x=x_0,x_1=1,x_2=2$是$f(x)$的极值点，则$m=2,n=3$，故应选(C).

71 【答案】 D

【分析】 证明(D)正确. 不妨设$f'''(x_0)>0$，由

$$f'''(x_0)=\lim_{x\to x_0}\frac{f''(x)-f''(x_0)}{x-x_0}=\lim_{x\to x_0}\frac{f''(x)}{x-x_0}>0$$

知，存在$x=x_0$的去心邻域，使$f''(x)$与$x-x_0$同号，又因$f'(x_0)=0$，故在该去心邻域内$f'(x)>0$，所以$f(x_0)$不是$f(x)$的极值，选(D).

(A)(B)(C)均不正确. 因(A)中未设$f(x)$在$x=0$处连续，由$f'(x)>0(x\neq 0)$，只能推出$(-\infty,0)$与$(0,+\infty)$内$f(x)$分别严格单调增. (B)中未设$f(x)$在$x=0$处可导，例如$f(x)=|x|$，在$x=0$处不可导. (C)中未设$f'(x_0)=0$.

72 【答案】 C

【分析】 **直接法**

由$\lim\limits_{x\to 0}\dfrac{f''(x)}{x}=-1$，及$\lim\limits_{x\to 0}x=0$可知，

$$\lim_{x\to 0}f''(x)=0$$

又$f(x)$有二阶连续导数，则$\lim\limits_{x\to 0}f''(x)=f''(0)=0$.

再由$\lim\limits_{x\to 0}\dfrac{f''(x)}{x}=-1<0$，及极限的保号性知，存在$x=0$的去心邻域，在此去心邻域内，

$$\frac{f''(x)}{x}<0$$

则该去心邻域两侧，$f''(x)$变号，因此$(0,f(0))$是曲线$y=f(x)$的拐点.

排除法

令$f''(x)=-x$，取$f(x)=-\dfrac{1}{6}x^3$，显然$f(x)$满足题设条件，由此可知选项(A)(B)都不正确，若取$f(x)=-\dfrac{1}{6}x^3+x$，此时$f'(x)=-\dfrac{1}{2}x^2+1$，$f'(0)=1$，则选项(D)不正确，故应

选(C).

73 【答案】 D

【分析】 由已知极限可推得$\lim\limits_{x\to x_0}|f(x)|=0$及$\lim\limits_{x\to x_0}e^{\frac{-(x-x_0)^4}{[f(x)-(x-x_0)^2]^2}}=0$. 由于$f(x)$在$x_0$处连续,所以由$\lim\limits_{x\to x_0}|f(x)|=0$知$f(x_0)=0$. 又$\lim\limits_{x\to x_0}\frac{-(x-x_0)^4}{[f(x)-(x-x_0)^2]^2}=-\infty$,可知$\lim\limits_{x\to x_0}\left[\frac{f(x)}{(x-x_0)^2}-1\right]=0$,故$\lim\limits_{x\to x_0}\frac{f(x)-f(x_0)}{(x-x_0)^2}=1$. 从而知存在$x_0$的去心邻域,在该去心邻域内$f(x)-f(x_0)>0$,即$x_0$是$f(x)$的极小值点,故选(D).

74 【答案】 D

【分析】 由于$\lim\limits_{x\to-\infty}\frac{1+x}{1-e^{-x}}=0$,则$y=0$是该曲线的一条水平渐近线;

$\lim\limits_{x\to 0}\frac{1+x}{1-e^{-x}}=\infty$,则$x=0$是该曲线的一条铅直渐近线;

$$\lim_{x\to+\infty}\frac{y}{x}=\lim_{x\to+\infty}\frac{1+x}{x(1-e^{-x})}=1=a,$$

$$\lim_{x\to+\infty}(y-ax)=\lim_{x\to+\infty}\frac{1+xe^{-x}}{1-e^{-x}}=1=b,$$

则$y=x+1$是该曲线的一条斜渐近线.

或者
$$y=\frac{1+x}{1-e^{-x}}=x+1+\frac{(1+x)e^{-x}}{1-e^{-x}},$$

而$\lim\limits_{x\to+\infty}\frac{(1+x)e^{-x}}{1-e^{-x}}=0$,则$y=x+1$是该曲线的一条斜渐近线.

75 【答案】 C

【分析】 将数列问题转化为函数问题.

令$f(x)=x^{\frac{1}{x}}(x>0)$,则$f(x)=e^{\frac{1}{x}\ln x}$. 记$g(x)=\frac{\ln x}{x}$. 由于$e^u$关于$u$单调增加,故$g(x)$的最大(小)值对应$f(x)$的最大(小)值.

$g'(x)=\frac{1-\ln x}{x^2}$. 当$0<x<e$时,$g'(x)>0$,$g(x)$单调增加;当$x>e$时,$g'(x)<0$,$g(x)$单调减少. 于是,$x=e$为$g(x)$的极大值点,也是最大值点. 从而$x=e$也是$f(x)$的最大值点.

由于$2<e<3$,故a_n的最大值为$a_2=\sqrt{2}$或$a_3=\sqrt[3]{3}$. 由于$(a_2)^3=2\sqrt{2}<3=(a_3)^3$,故$a_3=\sqrt[3]{3}$是$a_n$的最大值.

当$n\geqslant 3$时,$\{a_n\}$单调减少,$\lim\limits_{n\to\infty}a_n=\lim\limits_{n\to\infty}\sqrt[n]{n}=1$. 对于任意的$n>3$,$a_n>1$,但$a_n\neq 1$,而$a_1=1$,故$a_1$为$a_n$的最小值.

因此,数列$\{a_n\}$既能取到最大值,又能取到最小值. 应选(C).

76 【答案】 B

【分析】 由于 $f(x)$ 为连续函数,故其在 $[0,3]$ 上必存在最大值与最小值. 选项(D) 不正确.

由于

$$f'(x)=(x^2-4x+3)e^{x^2}=(x-1)(x-3)e^{x^2},$$

故当 $x\in(0,1)$ 时,$f(x)$ 单调增加;当 $x\in(1,3)$ 时,$f(x)$ 单调减少. $f(x)$ 在 $[0,3]$ 上不是单调函数. 选项(A) 不正确. 并且,由 $f(x)$ 的单调性可知,$x=1$ 是 $f(x)$ 的极大值点,也是最大值点. $f(x)$ 的最小值在 $x=0$ 或 $x=3$ 处取得.

$$f(0)=0.$$

$$\begin{aligned}f(3)&=\int_0^3(t^2-4t+3)e^{t^2}dt=\int_0^1(t^2-4t+3)e^{t^2}dt+\int_1^3(t^2-4t+3)e^{t^2}dt\\&<e\int_0^1(t^2-4t+3)dt+e\int_1^3(t^2-4t+3)dt=e\int_0^3(t^2-4t+3)dt\\&=e\left(\frac{t^3}{3}-2t^2+3t\right)\Big|_0^3=0.\end{aligned}$$

于是,$f(3)<0=f(0)$. $f(x)$ 的最小值不是 0. 选项(C) 不正确.

由排除法可知,应选(B).

$$\begin{aligned}f(1)&=\int_0^1(t^2-4t+3)e^{t^2}dt\leqslant\int_0^1(t^2-4t+3)e^{t}dt=\int_0^1t^2e^tdt-4\int_0^1te^tdt+3\int_0^1e^tdt\\&=\int_0^1t^2d(e^t)-4\int_0^1te^tdt+3\int_0^1e^tdt=t^2e^t\Big|_0^1-6\int_0^1te^tdt+3\int_0^1e^tdt\\&=e-6\int_0^1td(e^t)+3\int_0^1e^tdt=e-6te^t\Big|_0^1+9\int_0^1e^tdt\\&=-5e+9(e-1)=4e-9.\end{aligned}$$

因此,$4e-9$ 是函数 $f(x)$ 的一个上界. 选项(B) 正确.

77 【答案】 B

【分析】 利用换元积分法.

$$\int_0^1\frac{\left|x-\frac{1}{2}\right|}{1+f(x)}dx\xlongequal{t=1-x}-\int_1^0\frac{\left|\frac{1}{2}-t\right|}{1+f(1-t)}dt=\int_0^1\frac{\left|t-\frac{1}{2}\right|}{1+\frac{1}{f(t)}}dt=\int_0^1\frac{f(t)\left|t-\frac{1}{2}\right|}{1+f(t)}dt.$$

从而

$$\begin{aligned}2\int_0^1\frac{\left|x-\frac{1}{2}\right|}{1+f(x)}dx&=\int_0^1\frac{[1+f(x)]\left|x-\frac{1}{2}\right|}{1+f(x)}dx=\int_0^1\left|x-\frac{1}{2}\right|dx\\&\xlongequal{t=x-\frac{1}{2}}\int_{-\frac{1}{2}}^{\frac{1}{2}}|t|dt\\&=2\int_0^{\frac{1}{2}}tdt=\frac{1}{4}.\end{aligned}$$

因此,原积分 $=\frac{1}{8}$. 应选(B).

78 【答案】 C

【分析】 记 $f(x)=\dfrac{\sin x}{x}, x\in(0,1)$. 计算 $f'(x)$,得当 $0<x<1$ 时,

$$f'(x)=\frac{x\cos x-\sin x}{x^2}=\frac{(x-\tan x)\cos x}{x^2}<0.$$

因此,$f(x)$ 在 $(0,1)$ 内单调减少.

$$\begin{aligned}\frac{\sin\xi}{\xi}-\frac{\sin\eta}{\eta}&=\int_0^1\frac{\sin x}{x}dx-\frac{1}{a}\int_0^a\frac{\sin x}{x}dx=\int_0^a\frac{\sin x}{x}dx+\int_a^1\frac{\sin x}{x}dx-\frac{1}{a}\int_0^a\frac{\sin x}{x}dx\\&=\frac{a-1}{a}\int_0^a\frac{\sin x}{x}dx+\int_a^1\frac{\sin x}{x}dx\xlongequal{\text{积分中值定理}}(a-1)\frac{\sin x_1}{x_1}+\\&\quad(1-a)\frac{\sin x_2}{x_2}=(1-a)\left(\frac{\sin x_2}{x_2}-\frac{\sin x_1}{x_1}\right).\end{aligned}$$

由于 $x_1\in(0,a), x_2\in(a,1)$,而 $\dfrac{\sin x}{x}$ 单调减少,故 $\dfrac{\sin x_2}{x_2}<\dfrac{\sin x_1}{x_1}$,从而 $\dfrac{\sin\xi}{\xi}<\dfrac{\sin\eta}{\eta}$.

又因为 $\dfrac{\sin x}{x}$ 单调减少,所以 $\xi>\eta$. 因此,应选(C).

【评注】 实际上,由于 $\dfrac{\sin x}{x}$ 在 $(0,1)$ 内单调减少,故从几何直观上看,$\dfrac{\sin x}{x}$ 在 $(0,a)$ 上的平均值随着 a 的增加而减少. 于是,$\dfrac{\sin\xi}{\xi}<\dfrac{\sin\eta}{\eta}$. 又因为 $\dfrac{\sin x}{x}$ 单调减少,所以 $\xi>\eta$.

79 【答案】 D

【分析】 分别考虑四个选项中反常积分的敛散性.

考虑选项(A).

$\dfrac{1}{\sqrt{x}(1+x)}$ 有瑕点 $x=0$,但是通过换元可以将该反常积分变成没有瑕点的反常积分.

$$\int_0^{+\infty}\frac{1}{\sqrt{x}(1+x)}dx\xlongequal{t=\sqrt{x}}\int_0^{+\infty}\frac{2dt}{1+t^2}=2\arctan t\Big|_0^{+\infty}=\pi.$$

因此,$\displaystyle\int_0^{+\infty}\frac{1}{\sqrt{x}(1+x)}dx$ 收敛.

考虑选项(B).

$$\int_1^{+\infty}\frac{1}{x\sqrt{x^2-1}}dx\xlongequal{x=\sec t}\int_0^{\frac{\pi}{2}}\frac{1}{\sec t\tan t}\sec t\tan t\,dt=\int_0^{\frac{\pi}{2}}dt=\frac{\pi}{2}.$$

因此,$\displaystyle\int_1^{+\infty}\frac{1}{x\sqrt{x^2-1}}dx$ 收敛.

考虑选项(C).

由于当 $x\to0^+$ 时,$e^{\sqrt{x}}-1\sim\sqrt{x}$,而 $\displaystyle\int_0^1\frac{1}{\sqrt{x}}dx$ 收敛,故 $\displaystyle\int_0^1\frac{1}{e^{\sqrt{x}}-1}dx$ 收敛.

考虑选项(D).

由于 $\displaystyle\int_0^{\frac{\pi}{2}}\frac{1}{\sin x\cos x}dx$ 的积分上、下限均为瑕点,故应将其拆成两部分分别考虑.

$$\int_0^{\frac{\pi}{2}}\frac{1}{\sin x\cos x}dx=\int_0^{\frac{\pi}{4}}\frac{1}{\sin x\cos x}dx+\int_{\frac{\pi}{4}}^{\frac{\pi}{2}}\frac{1}{\sin x\cos x}dx.$$

对于积分$\int_0^{\frac{\pi}{4}} \frac{1}{\sin x\cos x}dx$，由于当$x \to 0^+$时，$\sin x \sim x$，而$\int_0^{\frac{\pi}{4}} \frac{1}{x}dx$发散到正无穷，故$\int_0^{\frac{\pi}{4}} \frac{1}{\sin x\cos x}dx$也发散到正无穷，原积分也发散.

或者对于积分$\int_{\frac{\pi}{4}}^{\frac{\pi}{2}} \frac{1}{\sin x\cos x}dx$，由于$\cos x = \sin\left(\frac{\pi}{2} - x\right)$，而当$x \to \frac{\pi}{2}^-$时，$\sin\left(\frac{\pi}{2} - x\right) \sim \frac{\pi}{2} - x$，而$\int_{\frac{\pi}{4}}^{\frac{\pi}{2}} \frac{1}{\frac{\pi}{2} - x}dx$发散到正无穷，故$\int_{\frac{\pi}{4}}^{\frac{\pi}{2}} \frac{1}{\sin x\cos x}dx$也发散到正无穷，原积分也发散.

总之，$\int_0^{\frac{\pi}{2}} \frac{1}{\sin x\cos x}dx$发散.

综上所述，应选(D).

80 【答案】 B

【分析】 当$m > 0$时，$x = 1$为瑕点.

$$\int_1^{+\infty} \frac{dx}{(\ln x)^m(1 + x^n)} = \int_1^2 \frac{dx}{(\ln x)^m(1 + x^n)} + \int_2^{+\infty} \frac{dx}{(\ln x)^m(1 + x^n)}.$$

考虑$\int_1^2 \frac{dx}{(\ln x)^m(1 + x^n)}$.

由于

$$\lim_{x \to 1^+} \frac{(x - 1)^m}{(\ln x)^m(1 + x^n)} = \frac{1}{2},$$

故$\int_1^2 \frac{dx}{(\ln x)^m(1 + x^n)}$与$\int_1^2 \frac{1}{(x - 1)^m}dx$同敛散，从而当$0 < m < 1$时，$\int_1^2 \frac{dx}{(\ln x)^m(1 + x^n)}$收敛；当$m \geqslant 1$时，$\int_1^2 \frac{dx}{(\ln x)^m(1 + x^n)}$发散.

考虑$\int_2^{+\infty} \frac{dx}{(\ln x)^m(1 + x^n)}$.

当$n > 1$时，由于

$$\lim_{x \to +\infty} \frac{x^n}{(\ln x)^m(1 + x^n)} = \lim_{x \to +\infty} \frac{1}{(\ln x)^m} = 0,$$

故$\int_2^{+\infty} \frac{dx}{(\ln x)^m(1 + x^n)}$与$\int_2^{+\infty} \frac{1}{x^n}dx$同是收敛的.

当$n = 1$时，注意到$\int_2^{+\infty} \frac{dx}{(1 + x)(\ln x)^m}$与$\int_2^{+\infty} \frac{dx}{x(\ln x)^m}$同敛散，而

$$\int_2^{+\infty} \frac{dx}{x(\ln x)^m} \xlongequal{u = \ln x} \int_{\ln 2}^{+\infty} \frac{du}{u^m}.$$

当$m > 1$时，该积分收敛；当$0 < m \leqslant 1$时，该积分发散.

于是，当$m > 1, n = 1$时，$\int_2^{+\infty} \frac{dx}{(\ln x)^m(1 + x^n)}$收敛；当$0 < m \leqslant 1, n = 1$时，$\int_2^{+\infty} \frac{dx}{(\ln x)^m(1 + x^n)}$发散.

当$0 < n < 1$时，任取$n < p < 1$，则

$$\lim_{x \to +\infty} \frac{x^p}{(\ln x)^m(1 + x^n)} = \lim_{x \to +\infty} \frac{x^p}{(\ln x)^m x^n} \cdot \frac{x^n}{1 + x^n} = \lim_{x \to +\infty} \frac{x^{p-n}}{(\ln x)^m} = +\infty.$$

于是，当 $0<n<1$ 时，$\int_{2}^{+\infty}\frac{\mathrm{d}x}{(\ln x)^{m}(1+x^{n})}$ 与 $\int_{2}^{+\infty}\frac{1}{x^{p}}\mathrm{d}x$ 同是发散的.

综上所述，当且仅当 $0<m<1,n>1$ 时，$\int_{1}^{2}\frac{\mathrm{d}x}{(\ln x)^{m}(1+x^{n})}$ 与 $\int_{2}^{+\infty}\frac{\mathrm{d}x}{(\ln x)^{m}(1+x^{n})}$ 均收敛，从而原积分收敛. 应选(B).

【评注】 记 $I=\int_{1}^{2}\frac{\mathrm{d}x}{(\ln x)^{m}(1+x^{n})},J=\int_{2}^{+\infty}\frac{\mathrm{d}x}{(\ln x)^{m}(1+x^{n})}$，则原积分的收敛情况如下：

	$0<m<1$	$m=1$	$m>1$
$0<n<1$	I 收敛,J 发散,	I 发散,J 发散	I 发散,J 发散
$n=1$	I 收敛,J 发散	I 发散,J 发散	I 发散,J 收敛
$n>1$	I 收敛,J 收敛	I 发散,J 收敛	I 发散,J 收敛

81 【答案】 B

【分析】 ①②③ 正确,④ 不正确.

对于 ①,将 a 看成变量,两边对 a 求导,由 $\int_{-a}^{a}f(x)\mathrm{d}x=0\Rightarrow$

$$f(a)-[-f(-a)]=0\Rightarrow f(a)=-f(-a)\Rightarrow f(x)\text{ 为奇函数},$$

反之,设 $f(x)$ 为奇函数,$f(x)=-f(-x)\Rightarrow$

$$\int_{-a}^{a}f(x)\mathrm{d}x=\int_{a}^{-a}f(-x)\mathrm{d}(-x)\Rightarrow\int_{-a}^{a}f(x)\mathrm{d}x=\int_{a}^{-a}f(x)\mathrm{d}x\Rightarrow\int_{-a}^{a}f(x)\mathrm{d}x=0.$$

对于 ②,其证明与 ① 类似.

对于 ③,设 $\int_{a}^{a+\omega}f(x)\mathrm{d}x$ 与 a 无关,于是

$$\left(\int_{a}^{a+\omega}f(x)\mathrm{d}x\right)'_{a}=0\Rightarrow f(a+\omega)-f(a)=0\Rightarrow f(x)\text{ 具有周期 }\omega,$$

反之,设 $f(a+\omega)-f(a)=0\Rightarrow$

$$\left(\int_{a}^{a+\omega}f(x)\mathrm{d}x\right)'_{a}=f(a+\omega)-f(a)=0\Rightarrow\int_{a}^{a+\omega}f(x)\mathrm{d}x\text{ 与 }a\text{ 无关}.$$

顺便可得出 $\int_{a}^{a+\omega}f(x)\mathrm{d}x=\int_{0}^{\omega}f(x)\mathrm{d}x=\int_{-\frac{\omega}{2}}^{\frac{\omega}{2}}f(x)\mathrm{d}x.$

对于 ④ 可举出反例. 例如 $f(x)=x-1,\int_{0}^{2}(x-1)\mathrm{d}x=0$,但 $\int_{0}^{x}f(t)\mathrm{d}t$ 并不是周期函数.

82 【答案】 C

【分析】 **直接法**

$$\int_{-x}^{0}f(t)\mathrm{d}t\xlongequal{t=-u}\int_{0}^{x}f(-u)\mathrm{d}u,$$

则
$$\int_{0}^{x}f(t)\mathrm{d}t-\int_{-x}^{0}f(t)\mathrm{d}t=\int_{0}^{x}f(t)\mathrm{d}t-\int_{0}^{x}f(-t)\mathrm{d}t=\int_{0}^{x}[f(t)-f(-t)]\mathrm{d}t.$$

由于 $f(x)$ 以 T 为周期,则 $f(-x)$ 也以 T 为周期,从而 $f(x)-f(-x)$ 也以 T 为周期,又

$f(x)-f(-x)$ 是奇函数，则 $f(x)-f(-x)$ 在其一个周期$\left[-\frac{T}{2},\frac{T}{2}\right]$上的积分

$$\int_{-\frac{T}{2}}^{\frac{T}{2}}[f(x)-f(-x)]\mathrm{d}x=0.$$

而$\int_0^x[f(t)-f(-t)]\mathrm{d}t$ 是函数 $f(x)-f(-x)$ 的一个原函数，则$\int_0^x[f(t)-f(-t)]\mathrm{d}t$ 是周期函数，故应选(C).

排除法

令 $f(x)=1+\cos x$，显然 $f(x)$ 是以 2π 为周期的周期函数，而

$$\int_0^x f(t)\mathrm{d}t=\int_0^x(1+\cos t)\mathrm{d}t=x+\sin x,$$

$$\int_{-x}^0 f(t)\mathrm{d}t=\int_{-x}^0(1+\cos t)\mathrm{d}t=x+\sin x,$$

$$\int_0^x f(t)\mathrm{d}t+\int_{-x}^0 f(t)\mathrm{d}t=2(x+\sin x),$$

而 $x+\sin x$ 不是周期函数，所以排除选项(A)(B)(D)，故应选(C).

83 【答案】 D

【分析】 **直接法** 由于 $x\to 0$ 时，$1-\cos x^2\sim\frac{1}{2}x^4$，$\int_0^x\ln(1+t^2)\mathrm{d}t\sim\int_0^x t^2\mathrm{d}t=\frac{1}{3}x^3$，所以

$$\lim_{x\to 0}\frac{1-\cos x^2}{f(x)\int_0^x\ln(1+t^2)\mathrm{d}t}=\lim_{x\to 0}\frac{\frac{1}{2}x^4}{f(x)\left(\frac{1}{3}x^3\right)}=\frac{3}{2}\lim_{x\to 0}\frac{x}{f(x)}=3,$$

由此可得$\lim\limits_{x\to 0}f(x)=0=f(0)$，即 $f(x)$ 在 $x=0$ 处连续.

又$\lim\limits_{x\to 0}\frac{x}{f(x)}=2$，即$\lim\limits_{x\to 0}\frac{f(x)}{x}=\lim\limits_{x\to 0}\frac{f(x)-f(0)}{x}=f'(0)=\frac{1}{2}$.

故选(D).

排除法 由于 $x\to 0$ 时，$1-\cos x^2\sim\frac{1}{2}x^4$，$\int_0^x\ln(1+t^2)\mathrm{d}t\sim\int_0^x t^2\mathrm{d}t=\frac{1}{3}x^3$.

取 $f(x)=\frac{1}{2}x$，则

$$\lim_{x\to 0}\frac{1-\cos x^2}{f(x)\int_0^x\ln(1+t^2)\mathrm{d}t}=\lim_{x\to 0}\frac{\frac{1}{2}x^4}{\left(\frac{1}{2}x\right)\left(\frac{1}{3}x^3\right)}=3,$$

即 $f(x)=\frac{1}{2}x$ 满足题设条件，显然(A)(B)(C) 均不正确，故应选(D).

84 【答案】 D

【分析】 $F(x)=\int_{-1}^x f(t)\mathrm{d}t=\begin{cases}\int_{-1}^x \mathrm{e}^t\mathrm{d}t, & x\leqslant 0\\ \int_{-1}^0 \mathrm{e}^t\mathrm{d}t+\int_0^x(t^2+a)\mathrm{d}t, & x>0\end{cases}=\begin{cases}\mathrm{e}^x-\mathrm{e}^{-1}, & x\leqslant 0,\\ 1-\mathrm{e}^{-1}+\frac{1}{3}x^3+ax, & x>0.\end{cases}$

$\lim\limits_{x\to0^-}F(x)=1-e^{-1}$，$\lim\limits_{x\to0^+}F(x)=1-e^{-1}$，知 $F(x)$ 在 $x=0$ 处连续.

$$F'_-(0)=\lim_{x\to0^-}\frac{e^x-e^{-1}-1+e^{-1}}{x}=\lim_{x\to0^-}\frac{e^x-1}{x}=1,$$

$$F'_+(0)=\lim_{x\to0^+}\frac{1-e^{-1}+\frac{1}{3}x^3+ax-1+e^{-1}}{x}=a,$$

故当且仅当 $a=1$ 时可导，所以选(D).

85 【答案】 D

【分析】 $M=\int_{-\frac{\pi}{4}}^{\frac{\pi}{4}}\left(\frac{\tan x}{1+x^4}+x^8\right)dx=\int_{-\frac{\pi}{4}}^{\frac{\pi}{4}}x^8dx$，

$N=\int_{-\frac{\pi}{4}}^{\frac{\pi}{4}}[\sin^8x+\ln(x+\sqrt{x^2+1})]dx=\int_{-\frac{\pi}{4}}^{\frac{\pi}{4}}\sin^8xdx<\int_{-\frac{\pi}{4}}^{\frac{\pi}{4}}x^8dx=M$，

$P=\int_{-\frac{\pi}{4}}^{\frac{\pi}{4}}[\tan^4x+(e^x-e^{-x})\cos x]dx=\int_{-\frac{\pi}{4}}^{\frac{\pi}{4}}\tan^4xdx>\int_{-\frac{\pi}{4}}^{\frac{\pi}{4}}x^4dx>\int_{-\frac{\pi}{4}}^{\frac{\pi}{4}}x^8dx=M$，

所以 $N<M<P$. 选(D).

86 【答案】 D

【分析】 注意到 $t\cos t$ 为奇函数，故 $f(x)$ 为偶函数，且 $f(-1)=f(1)=0$. 于是，$(-1,0)$，$(1,0)$ 为曲线 $y=f(x)$ 与 x 轴的交点.

$f'(x)=x\cos x$. 当 $x\in\left(-\frac{\pi}{2},0\right)$ 时，$\cos x>0$，$x<0$，$f'(x)<0$，$f(x)$ 单调减少；当 $x\in\left(0,\frac{\pi}{2}\right)$ 时，$\cos x>0$，$x>0$，$f'(x)>0$，$f(x)$ 单调增加.

因此，当 $x\in(-1,1)$ 时，曲线 $y=f(x)$ 位于 x 轴下方；当 $x\in\left(-\frac{\pi}{2},-1\right)$ 或 $x\in\left(1,\frac{\pi}{2}\right)$ 时，曲线 $y=f(x)$ 位于 x 轴上方.

根据定积分的几何意义，$y=f(x)$ 与 x 轴所围图形的面积

$S=-\int_{-1}^{1}f(x)dx\xlongequal{\text{对称性}}-2\int_0^1f(x)dx=-2\left[xf(x)\Big|_0^1-\int_0^1xf'(x)dx\right]\xlongequal{f(1)=0}2\int_0^1x^2\cos xdx$.

因此，应选(D).

87 【答案】 A

【分析】 曲线为摆线的一拱，D 为摆线的一拱与 x 轴所围成区域. 当 $0\leqslant t\leqslant2\pi$ 时，$0\leqslant x\leqslant2\pi a$. 由 y 的表达式可知，$0\leqslant y\leqslant2a$.

根据旋转体的体积公式，

$$V_1=\int_0^{2\pi a}\pi y^2dx.$$

另一方面，D 绕直线 $y=2a$ 旋转一周所得旋转体的横截面为一圆环，外径为 $2a$，内径为 $2a-y$. 于是，

$$V_2=\int_0^{2\pi a}\pi[(2a)^2-(2a-y)^2]dx=\int_0^{2\pi a}\pi(4ay-y^2)dx.$$

因此

$$V_2 - V_1 = \pi\int_0^{2\pi a}(4ay - y^2 - y^2)\mathrm{d}x = 2\pi\int_0^{2\pi a} y(2a - y)\mathrm{d}x > 0,$$

即 $V_1 < V_2$.

综上所述，应选(A).

88 【答案】 B

【分析】 **方法一** 由 $|f(x)| \leqslant x^2$ 知，$f(0) = 0$，又

$$f'(0) = \lim_{x \to 0}\frac{f(x)}{x},$$

$$\left|\frac{f(x)}{x}\right| \leqslant \frac{x^2}{|x|} = |x|,$$

由夹逼准则知 $\lim\limits_{x \to 0}\left|\frac{f(x)}{x}\right| = 0$，则 $f'(0) = \lim\limits_{x \to 0}\frac{f(x)}{x} = 0$.

由 $f''(x) > 0$ 可知 $f'(x)$ 单调增，又 $f'(0) = 0, f(0) = 0$，则

当 $-1 \leqslant x < 0$ 时，$f'(x) < 0$，$f(x)$ 单调减，$f(x) > 0$；

当 $0 < x \leqslant 1$ 时，$f'(x) > 0$，$f(x)$ 单调增，$f(x) > 0$.

则 $I = \int_{-1}^1 f(x)\mathrm{d}x > 0$，故应选(B).

方法二 由 $|f(x)| \leqslant x^2$ 知，$f(0) = 0$，又由泰勒公式

$$f(x) = f(0) + f'(0)x + \frac{f''(\xi)}{2!}x^2 = f'(0)x + \frac{f''(\xi)}{2!}x^2,$$

则 $$\int_{-1}^1 f(x)\mathrm{d}x = f'(0)\int_{-1}^1 x\mathrm{d}x + \frac{1}{2}\int_{-1}^1 f''(\xi)x^2\mathrm{d}x > 0.$$

故应选(B).

89 【答案】 B

【分析】 **直接法**

$$\int_0^{+\infty}\frac{x}{(1+x^2)^2}\mathrm{d}x = -\frac{1}{2(1+x^2)}\bigg|_0^{+\infty} = \frac{1}{2}$$

$$\int_{-\infty}^0\frac{x}{(1+x^2)^2}\mathrm{d}x = -\frac{1}{2(1+x^2)}\bigg|_{-\infty}^0 = -\frac{1}{2}$$

$$\int_{-\infty}^{+\infty}\frac{x}{(1+x^2)^2}\mathrm{d}x = \frac{1}{2} - \frac{1}{2} = 0$$

故应选(B).

排除法

由于

$$\int_0^{+\infty}\frac{x}{1+x^2}\mathrm{d}x = \frac{1}{2}\ln(1+x^2)\bigg|_0^{+\infty} = +\infty$$

即该反常积分发散，则 $\int_{-\infty}^{+\infty}\frac{x}{1+x^2}\mathrm{d}x$ 发散.

由于

$$\int_0^1 \frac{1}{\sin x}dx = -\ln(\csc x + \cot x)\Big|_0^1 = \infty$$

即该反常积分发散，则$\int_{-1}^1 \frac{1}{\sin x}dx$ 发散.

由于

$$\int_0^{+\infty} e^{-|x|}dx = \int_0^{+\infty} e^{-x}dx = -e^{-x}\Big|_0^{+\infty} = 1$$

即该反常积分收敛，同理$\int_{-\infty}^0 e^{-|x|}dx$ 也收敛，则

$$\int_{-\infty}^{+\infty} e^{-|x|}dx = 2\int_0^{+\infty} e^{-x}dx = 2$$

则排除选项(A)(C)(D)，故应选(B).

【评注】 定积分中的结论：$\int_{-a}^a f(x)dx = \begin{cases} 0, & f(x)\text{ 为奇函数时} \\ 2\int_0^a f(x)dx, & f(x)\text{ 为偶函数时} \end{cases}$

在反常积分中要附加条件"$\int_{-\infty}^{+\infty} f(x)dx$ 收敛"，此时才有结论：

$$\int_{-\infty}^{+\infty} f(x)dx = \begin{cases} 0, & f(x)\text{ 为奇函数时} \\ 2\int_0^{+\infty} f(x)dx, & f(x)\text{ 为偶函数时} \end{cases}$$

本题(A)(C)选项中的反常积分发散，所以不能用上面的结论，而(B)(D)选项中的反常积分收敛，所以可用上面的结论.

90 【答案】 B

【分析】
$$\lim_{x\to 0}\frac{|\boldsymbol{a}+x\boldsymbol{b}|-|\boldsymbol{a}|}{e^x-1} = \lim_{x\to 0}\frac{|\boldsymbol{a}+x\boldsymbol{b}|-|\boldsymbol{a}|}{x} = \lim_{x\to 0}\frac{|\boldsymbol{a}+x\boldsymbol{b}|^2-|\boldsymbol{a}|^2}{x(|\boldsymbol{a}+x\boldsymbol{b}|+|\boldsymbol{a}|)}$$
$$= \lim_{x\to 0}\frac{(\boldsymbol{a}+x\boldsymbol{b})\cdot(\boldsymbol{a}+x\boldsymbol{b})-\boldsymbol{a}\cdot\boldsymbol{a}}{x(|\boldsymbol{a}+x\boldsymbol{b}|+|\boldsymbol{a}|)}$$
$$= \lim_{x\to 0}\frac{2\boldsymbol{a}\cdot\boldsymbol{b}+x\boldsymbol{b}\cdot\boldsymbol{b}}{|\boldsymbol{a}+x\boldsymbol{b}|+|\boldsymbol{a}|}$$
$$= \frac{2\boldsymbol{a}\cdot\boldsymbol{b}}{2|\boldsymbol{a}|} = |\boldsymbol{b}|\cos\langle\boldsymbol{a},\boldsymbol{b}\rangle = \frac{1}{2}.$$

91 【答案】 C

【分析】 直线 $L:\begin{cases} x+3y+2z+1=0, \\ 2x-y-10z+3=0 \end{cases}$的方向向量为

$$\boldsymbol{s} = \begin{vmatrix} \boldsymbol{i} & \boldsymbol{j} & \boldsymbol{k} \\ 1 & 3 & 2 \\ 2 & -1 & -10 \end{vmatrix} = (-28,14,-7) = -7(4,-2,1).$$

显然该直线垂直于平面 $\Pi:4x-2y+z-2=0$.

92 【答案】 D

【分析】 由已知，$z=f(x,y)$ 在点 (x_0,y_0) 处全微分存在，且 $f'_x(x_0,y_0)=a,f'_y(x_0,y_0)=b$，所以

$$\begin{aligned}&\lim_{y\to 0}\frac{f(x_0,y_0+y)-f(x_0,y_0-y)}{y}\\&=\lim_{y\to 0}\frac{f(x_0,y_0+y)-f(x_0,y_0)}{y}+\lim_{y\to 0}\frac{f(x_0,y_0-y)-f(x_0,y_0)}{-y}\\&=2f'_y(x_0,y_0)=2b.\end{aligned}$$

93 【答案】 D

【分析】 因为

$$\lim_{\substack{x\to 0\\y\to 0}}f(x,y)=\lim_{\substack{x\to 0\\y\to 0}}(x^2+y^2)\sin\frac{1}{\sqrt{x^4+y^2}}=0=f(0,0),$$

所以，$f(x,y)$ 在点 $(0,0)$ 处连续.

由偏导数定义得

$$f'_x(0,0)=\lim_{x\to 0}\frac{f(x,0)-f(0,0)}{x}=\lim_{x\to 0}x\sin\frac{1}{\sqrt{x^4}}=0,$$

$$f'_y(0,0)=\lim_{y\to 0}\frac{f(0,y)-f(0,0)}{y}=\lim_{y\to 0}y\sin\frac{1}{\sqrt{y^2}}=0,$$

于是，$f(x,y)$ 在点 $(0,0)$ 处偏导数存在.

由于

$$\lim_{\rho\to 0}\frac{\Delta z-[f'_x(0,0)\cdot\Delta x+f'_y(0,0)\cdot\Delta y]}{\rho}=\lim_{\rho\to 0}\frac{\rho^2}{\rho}\sin\frac{1}{\sqrt{(\Delta x)^4+(\Delta y)^2}}=0,$$

其中 $\rho=\sqrt{(\Delta x)^2+(\Delta y)^2}$.

故 $f(x,y)$ 在点 $(0,0)$ 处可微，且 $\mathrm{d}f(x,y)\Big|_{(0,0)}=0$.

94 【答案】 D

【分析】 由 $f(x,y)$ 在 $(0,0)$ 点连续，且 $\lim\limits_{\substack{x\to 0\\y\to 0}}\dfrac{f(x,y)+3x-4y}{(x^2+y^2)^\alpha}=2(\alpha>0)$，可知 $f(0,0)=0$.

若 $\alpha>\frac{1}{2}$，则

$$2=\lim_{\substack{x\to 0\\y\to 0}}\frac{f(x,y)+3x-4y}{(x^2+y^2)^\alpha}=\lim_{\substack{x\to 0\\y\to 0}}\frac{f(x,y)+3x-4y}{\sqrt{x^2+y^2}}\cdot\frac{1}{(x^2+y^2)^{\alpha-\frac{1}{2}}}$$

由于 $\lim\limits_{\substack{x\to 0\\y\to 0}}\dfrac{1}{(x^2+y^2)^{\alpha-\frac{1}{2}}}=\infty$，则

$$\lim_{\substack{x\to 0\\y\to 0}}\frac{f(x,y)+3x-4y}{\sqrt{x^2+y^2}}=0,$$

即 $f(x,y)+3x-4y=o(\rho)$

$$f(x,y)-f(0,0)=-3x+4y+o(\rho).$$

故 $f(x,y)$ 在 $(0,0)$ 点可微.

若 $\alpha = \frac{1}{2}$，则

$$\lim_{\substack{x \to 0 \\ y \to 0}} \frac{f(x,y) + 3x - 4y}{(x^2 + y^2)^{\frac{1}{2}}} = 2,$$

在上式中令 $y = 0$，则

$$\lim_{x \to 0} \frac{f(x,0) + 3x}{|x|} = 2,$$

即 $\lim\limits_{x \to 0^+} \frac{f(x,0)}{x} = -1$，$\lim\limits_{x \to 0^-} \frac{f(x,0)}{x} = -5$，又 $f(0,0) = 0$，则

$$\lim_{x \to 0^+} \frac{f(x,0) - f(0,0)}{x} = -1, \lim_{x \to 0^-} \frac{f(x,0) - f(0,0)}{x} = -5.$$

从而 $f'_x(0,0)$ 不存在，则 $f(x,y)$ 在 $(0,0)$ 点不可微.

同理可得，当 $\alpha < \frac{1}{2}$ 时，$f(x,y)$ 在 $(0,0)$ 点不可微.

95 【答案】 C

【分析】 由 $\lim\limits_{(x,y) \to (0,0)} \frac{f(x,y)}{|x| + |y|} = -1$ 及 $\lim\limits_{(x,y) \to (0,0)} |x| + |y| = 0$ 知 $\lim\limits_{(x,y) \to (0,0)} f(x,y) = 0$，又 $f(x,y)$ 在点 $(0,0)$ 处连续，则 $f(0,0) = 0$.

由 $\lim\limits_{(x,y) \to (0,0)} \frac{f(x,y)}{|x| + |y|} = -1$ 及极限的保号性知，在 $(0,0)$ 点的某去心邻域内

$$\frac{f(x,y)}{|x| + |y|} < 0.$$

从而有 $f(x,y) < 0$，又 $f(0,0) = 0$，由极值定义知 $f(x,y)$ 在点 $(0,0)$ 处取极大值. 故(C)是不正确的，应选(C).

事实上，由 $\lim\limits_{(x,y) \to (0,0)} \frac{f(x,y)}{|x| + |y|} = -1$ 知，

$$f(0,0) = 0, \text{且} \lim_{x \to 0} \frac{f(x,0)}{|x|} = -1.$$

而

$$\lim_{x \to 0} \frac{f(x,0) - f(0,0)}{x} = \lim_{x \to 0} \frac{f(x,0)}{|x|} \cdot \frac{|x|}{x} = \begin{cases} -1, & (x \to 0^+) \\ 1, & (x \to 0^-) \end{cases}$$

则 $f'_x(0,0)$ 不存在，同理 $f'_y(0,0)$ 不存在，因此 $f(x,y)$ 在 $(0,0)$ 处不可微，故(A)、(B)、(D)是正确的.

96 【答案】 C

【分析】 **方法一** 代入容易验证，只有(C)选项中的函数同时满足题设中的三个条件，故应选(C).

方法二 由 $\frac{\partial^2 z}{\partial y^2} = 2$ 知 $\frac{\partial z}{\partial y} = \int 2\mathrm{d}y = 2y + \varphi(x)$. 由题设条件 $f'_y(x,1) = 1 + x$ 知，

$$1 + x = 2 + \varphi(x) \Rightarrow \varphi(x) = x - 1 \Rightarrow \frac{\partial z}{\partial y} = 2y + x - 1.$$

于是 $$z=\int(2y+x-1)\mathrm{d}y=y^2+y(x-1)+\psi(x).$$

由 $f(x,1)=x+2$ 知，$x+2=1+(x-1)+\psi(x)\Rightarrow\psi(x)=2$.

则 $z=y^2+y(x-1)+2$. 故应选(C).

【评注】 方法一只适用于选择题，方法二是一般方法.

97 【答案】 D

【分析】 $$\begin{aligned}f(2,1)&=f(2,1)-f(0,0)\\&=[f(2,1)-f(0,1)]+[f(0,1)-f(0,0)]\\&=2f'_x(\xi,1)+f'_y(0,\eta),\text{（拉格朗日中值定理）}\end{aligned}$$

由于 $f(2,1)>3,f'_y(x,y)<0$，则 $f'_x(\xi,1)>\dfrac{3}{2}$.

98 【答案】 D

【分析】 由 $\lim\limits_{(x,y)\to(0,0)}\dfrac{f(x,y)-f(0,0)}{\mathrm{e}^{x^2+y^2}-1}=2$ 可知

$$\lim_{(x,y)\to(0,0)}\frac{f(x,y)-f(0,0)}{x^2+y^2}=2,$$

$$\lim_{(x,y)\to(0,0)}\frac{f(x,y)-f(0,0)}{\sqrt{x^2+y^2}}=\lim_{(x,y)\to(0,0)}\frac{f(x,y)-f(0,0)}{x^2+y^2}\sqrt{x^2+y^2}=0,$$

由微分定义可知 $f(x,y)$ 在 $(0,0)$ 处可微且 $f'_x(0,0)=f'_y(0,0)=0$；则选项(A)(B)(C)中的结论都正确，而

$$\lim_{(x,y)\to(0,0)}\frac{f(x,y)-f(0,0)}{\mathrm{e}^{x^2+y^2}-1}=2>0.$$

由极限保号性知，存在 $(0,0)$ 点的去心邻域，使

$$\frac{f(x,y)-f(0,0)}{\mathrm{e}^{x^2+y^2}-1}>0,$$

即 $$f(x,y)-f(0,0)>0,$$

则 $f(x,y)$ 在点 $(0,0)$ 处取极小值，故应选(D).

99 【答案】 B

【分析】 积分区域是以 2 为半径的圆在 y 轴右边的部分，

所以 $$\int_0^2\mathrm{d}x\int_{-\sqrt{4-x^2}}^{\sqrt{4-x^2}}f(x,y)\mathrm{d}y=\int_{-2}^2\mathrm{d}y\int_0^{\sqrt{4-y^2}}f(x,y)\mathrm{d}x.$$

100 【答案】 C

【分析】 积分区域 $D=D_1+D_2$，其中

$$D_1=\left\{(x,y)\,\middle|\,0\leqslant y\leqslant 2,\frac{y}{2}\leqslant x\leqslant\sqrt{y}\right\},$$

$$D_2=\left\{(x,y)\,\middle|\,2\leqslant y\leqslant 2\sqrt{2},\frac{y}{2}\leqslant x\leqslant\sqrt{2}\right\}.$$

于是 D 也可表示为 $D=\{(x,y)\mid 0\leqslant x\leqslant\sqrt{2},x^2\leqslant y\leqslant 2x\}$.

故

$$\int_0^2\mathrm{d}y\int_{\frac{y}{2}}^{\sqrt{y}}f(x,y)\mathrm{d}x+\int_2^{2\sqrt{2}}\mathrm{d}y\int_{\frac{y}{2}}^{\sqrt{2}}f(x,y)\mathrm{d}x=\int_0^{\sqrt{2}}\mathrm{d}x\int_{x^2}^{2x}f(x,y)\mathrm{d}y.$$

101 【答案】 D

【分析】 因为

$$\int_0^{\frac{2}{\pi}}\mathrm{d}x\int_0^{\pi}xf(\sin y)\mathrm{d}y=\int_0^{\frac{2}{\pi}}x\mathrm{d}x\int_0^{\pi}f(\sin y)\mathrm{d}y=\left(\frac{1}{2}x^2\Big|_0^{\frac{2}{\pi}}\right)\int_0^{\pi}f(\sin y)\mathrm{d}y$$
$$=\frac{2}{\pi^2}\int_0^{\pi}f(\sin y)\mathrm{d}y=1,$$

所以，$\int_0^{\pi}f(\sin y)\mathrm{d}y=\frac{\pi^2}{2}$，而

$$\int_0^{\pi}f(\sin y)\mathrm{d}y\xlongequal{y=\frac{\pi}{2}+x}\int_{-\frac{\pi}{2}}^{\frac{\pi}{2}}f(\cos x)\mathrm{d}x=2\int_0^{\frac{\pi}{2}}f(\cos x)\mathrm{d}x=\frac{\pi^2}{2},$$

从而 $\int_0^{\frac{\pi}{2}}f(\cos x)\mathrm{d}x=\frac{\pi^2}{4}$，故选(D).

102 【答案】 B

【分析】 区域 D 是以 1 为半径的圆 $x^2+y^2=1$ 在 y 坐标轴的右边的部分，所以

$$\iint_D f(x,y)\mathrm{d}x\mathrm{d}y=\int_{-1}^{1}\mathrm{d}y\int_0^{\sqrt{1-y^2}}f(x,y)\mathrm{d}x.$$

103 【答案】 B

【分析】 设 M,N 点的坐标分别为 $M(x_1,y_1),N(x_2,y_2),x_1<x_2,y_1>y_2$. 先将曲线方程代入积分表达式，再计算有：

$\int_T f(x,y)\mathrm{d}x=\int_T\mathrm{d}x=x_2-x_1>0$； $\int_T f(x,y)\mathrm{d}y=\int_T\mathrm{d}y=y_2-y_1<0$；

$\int_T f(x,y)\mathrm{d}s=\int_T\mathrm{d}s=s>0$； $\int_T f'_x(x,y)\mathrm{d}x+f'_y(x,y)\mathrm{d}y=\int_T\mathrm{d}[f(x,y)]=0$.

故正确选项为(B).

104 【答案】 D

【分析】 记 L 所围区域为 D，由格林公式可知

$$I=\iint_D(y^3+x^2)\mathrm{d}\sigma=\iint_D x^2\mathrm{d}\sigma>0,$$

$$J=\iint_D(y^4-x^4)\mathrm{d}\sigma=0,$$

$$K=\iint_D(y^3-x^2)\mathrm{d}\sigma=-\iint_D x^2\mathrm{d}\sigma<0,$$

则 $K < J < I$，故选(D).

105 【答案】 D

【分析】 **方法一** 对于选项四个积分，在区域 $0 < x^2 + y^2 < +\infty$ 上，P,Q 有连续一阶偏导数，且 $\frac{\partial P}{\partial y} \equiv \frac{\partial Q}{\partial x}$，但由此不能断定这些线积分在该区域上与路径无关，这是因为区域 $0 < x^2 + y^2 < +\infty$ 不是单连通区域. 但由此可知，对选项四个积分

① 沿任何一条不包含原点在内的分段光滑闭曲线的积分为零.

② 沿任何一条包含原点在内的分段光滑闭曲线的积分均相等.

因此，只要判断选项四个积分中哪一个沿包含原点在内的分段光滑闭曲线的积分为零.

事实上，设 C 是任何一条包含原点在内的分段光滑闭曲线，则

$$\oint_C \frac{x\mathrm{d}x + y\mathrm{d}y}{x^2 + y^2} = \oint_{x^2+y^2=1} \frac{x\mathrm{d}x + y\mathrm{d}y}{x^2 + y^2} = \oint_{x^2+y^2=1} x\mathrm{d}x + y\mathrm{d}y = \iint\limits_{x^2+y^2\leqslant 1} 0\mathrm{d}x\mathrm{d}y = 0$$

则线积分 $\int_C \frac{x\mathrm{d}x + y\mathrm{d}y}{x^2 + y^2}$ 在该区域上沿任何一条分段光滑闭曲线的积分为零，故该线积分在区域 $0 < x^2 + y^2 < +\infty$ 上与路径无关.

方法二 由于在区域 $0 < x^2 + y^2 < +\infty$ 上，$\frac{x\mathrm{d}x + y\mathrm{d}y}{x^2 + y^2} = \mathrm{d}\left(\frac{1}{2}\ln(x^2 + y^2)\right)$，即线积分 $\int_C \frac{x\mathrm{d}x + y\mathrm{d}y}{x^2 + y^2}$ 的被积式 $\frac{x\mathrm{d}x + y\mathrm{d}y}{x^2 + y^2}$ 是函数 $\frac{1}{2}\ln(x^2 + y^2)$ 的全微分，故线积分 $\int_C \frac{x\mathrm{d}x + y\mathrm{d}y}{x^2 + y^2}$ 在区域 $0 < x^2 + y^2 < +\infty$ 上与路径无关.

106 【答案】 B

【分析】 **方法一** 曲面关于 yOz，zOx 面对称，则

$$\iint\limits_{\Sigma} x^3 \mathrm{d}S = \iint\limits_{\Sigma} y \mathrm{d}S = \iint\limits_{\Sigma} x^3 y^2 z \mathrm{d}S = 0.$$

而(A)(C)(D) 右边均不等于零，答案选(B).

方法二 由轮换对称性 $\iint\limits_{\Sigma} x^2 \mathrm{d}S = \iint\limits_{\Sigma} y^2 \mathrm{d}S$，且 $\iint\limits_{\Sigma} x^2 \mathrm{d}S = 4\iint\limits_{\Sigma_1} x^2 \mathrm{d}S$，

则 $\iint\limits_{\Sigma} z^2 \mathrm{d}S = \iint\limits_{\Sigma} (x^2 + y^2) \mathrm{d}S = 2\iint\limits_{\Sigma} x^2 \mathrm{d}S = 8\iint\limits_{\Sigma_1} x^2 \mathrm{d}S$. 所以应选(B).

107 【答案】 C

【分析】 由高斯公式 $\oint\!\!\!\oint\limits_{\Sigma} P\mathrm{d}y\mathrm{d}z + Q\mathrm{d}z\mathrm{d}x + R\mathrm{d}x\mathrm{d}y = \iiint\limits_{\Omega} \left(\frac{\partial P}{\partial x} + \frac{\partial Q}{\partial y} + \frac{\partial R}{\partial z}\right)\mathrm{d}x\mathrm{d}y\mathrm{d}z$，知

$$\oint\!\!\!\oint\limits_{\Sigma} x^2 yz^2 \mathrm{d}y\mathrm{d}z - xy^2 z^2 \mathrm{d}z\mathrm{d}x + z(1 + xyz)\mathrm{d}x\mathrm{d}y = \iiint\limits_{\Omega} (1 + 2xyz)\mathrm{d}v = V + 2\iiint\limits_{\Omega} xyz\mathrm{d}x\mathrm{d}y\mathrm{d}z.$$

因为 Ω 关于 xOz 坐标平面对称，xyz 是区域 Ω 上关于 y 的奇函数，则 $\iiint\limits_{\Omega} xyz\mathrm{d}x\mathrm{d}y\mathrm{d}z = 0$，故选(C).

108 【答案】 C

【分析】 Ω_1 关于 yOz 面和 zOx 面对称，被积函数 z^3 关于 x,y 均为偶函数，根据三重积分的对称性 $\iiint\limits_{\Omega_1} z^3\,\mathrm{d}v = 4\iiint\limits_{\Omega_2} z^3\,\mathrm{d}v$. 答案选(C).

实际上，(A)(B)(D) 的左边均为零，而右边不等于零.

109 【答案】 D

【分析】 利用第二类曲面积分的物理意义.

$\iint\limits_{\Sigma} z^2\,\mathrm{d}x\mathrm{d}y$ 在数值上等于向量 $z^2\boldsymbol{k}$ 穿过曲面 Σ 的流量.

所以应选(D).

110 【答案】 C

【分析】 **方法一** 因为 $\sum\limits_{n=1}^{\infty}\dfrac{a_{n+1}+a_n}{2}$ 收敛，所以 $\sum\limits_{n=1}^{\infty}\dfrac{a_{n-1}+a_n}{2}$ 也收敛，

因此 $\sum\limits_{n=1}^{\infty}\left(\dfrac{a_n+a_{n+1}}{2}+\dfrac{a_{n-1}+a_n}{2}\right)=\sum\limits_{n=1}^{\infty}\left(a_n+\dfrac{a_{n-1}+a_{n+1}}{2}\right)$ 收敛.

又 $\sum\limits_{n=1}^{\infty}\dfrac{a_{n-1}+a_{n+1}}{2}$ 发散，故 $\sum\limits_{n=1}^{\infty}a_n$ 发散，即(C) 正确.

方法二 取 $a_n=(-1)^n$，

$\sum\limits_{n=1}^{\infty}\dfrac{a_{n+1}+a_n}{2}=\sum\limits_{n=1}^{\infty}0=0$ 收敛，$\sum\limits_{n=1}^{\infty}(a_{n-1}+a_{n+1})=2\sum\limits_{n=1}^{\infty}(-1)^{n-1}$ 发散.

只有(C) 符合要求.

111 【答案】 B

【分析】 级数 $\sum\limits_{n=1}^{\infty}(-1)^{n-1}\tan\left(\dfrac{1}{n}+\dfrac{k}{n^2}\right)$ 是一个交错级数，设 $u_n=\tan\left(\dfrac{1}{n}+\dfrac{k}{n^2}\right)$，

显然 u_n 递减，且

$$\lim_{n\to\infty}u_n=\lim_{n\to\infty}\tan\left(\frac{1}{n}+\frac{k}{n^2}\right)=0,$$

则级数 $\sum\limits_{n=1}^{\infty}(-1)^{n-1}\tan\left(\dfrac{1}{n}+\dfrac{k}{n^2}\right)$ 收敛. 又

$$\left|(-1)^{n-1}\tan\left(\frac{1}{n}+\frac{k}{n^2}\right)\right|=\tan\left(\frac{1}{n}+\frac{k}{n^2}\right)\sim\frac{1}{n}+\frac{k}{n^2}\sim\frac{1}{n},$$

则级数 $\sum\limits_{n=1}^{\infty}\left|(-1)^{n-1}\tan\left(\dfrac{1}{n}+\dfrac{k}{n^2}\right)\right|$ 发散，故级数 $\sum\limits_{n=1}^{\infty}(-1)^{n-1}\tan\left(\dfrac{1}{n}+\dfrac{k}{n^2}\right)$ 条件收敛.

112 【答案】 A

【分析】 由于 $\left|(-1)^n a_{2n+1}\sin\dfrac{1}{n^p}\right|=a_{2n+1}\sin\dfrac{1}{n^p}<a_{2n+1}$，

又由于正项级数$\sum\limits_{n=1}^{\infty}a_n$收敛，则级数$\sum\limits_{n=1}^{\infty}a_{2n+1}$收敛，故级数$\sum\limits_{n=1}^{\infty}(-1)^n a_{2n+1}\sin\dfrac{1}{n^p}$绝对收敛.

113 【答案】 B

【分析】 若$\sum\limits_{n=1}^{\infty}|u_n|$收敛，则$\lim\limits_{n\to\infty}|u_n|=0$，当$n$充分大时，$|u_n|<1$，从而有$0\leqslant u_n^2\leqslant |u_n|$，则$\sum\limits_{n=1}^{\infty}u_n^2$收敛.

114 【答案】 B

【分析】
$$\lim_{n\to\infty}\frac{\sum\limits_{k=1}^{n}(a_k-|a_k|)}{\sum\limits_{k=1}^{n}(a_k+|a_k|)}=\lim_{n\to\infty}\frac{\sum\limits_{k=1}^{n}\dfrac{a_k-|a_k|}{2}}{\sum\limits_{k=1}^{n}\dfrac{a_k+|a_k|}{2}}=\lim_{n\to\infty}\frac{\sum\limits_{k=1}^{n}a_k-\sum\limits_{k=1}^{n}\dfrac{a_k+|a_k|}{2}}{\sum\limits_{k=1}^{n}\dfrac{a_k+|a_k|}{2}}=-1,$$
这是由于$\sum\limits_{n=1}^{\infty}a_n$条件收敛，则$\lim\limits_{n\to\infty}\sum\limits_{k=1}^{n}a_k=a$（有限）.

$\sum\limits_{n=1}^{\infty}\dfrac{a_n+|a_n|}{2}$是一个发散的正项级数，则$\lim\limits_{n\to\infty}\sum\limits_{k=1}^{n}\dfrac{a_k+|a_k|}{2}=+\infty$.

115 【答案】 B

【分析】 由于$\sum\limits_{n=1}^{\infty}(-1)^n n^2 a_n$收敛，则$\lim\limits_{n\to\infty}(-1)^n n^2 a_n=0$，则存在$M>0$，使
$$|(-1)^n n^2 a_n|\leqslant M,$$
从而$|a_n|\leqslant\dfrac{M}{n^2}$，则$\sum\limits_{n=1}^{\infty}a_n$绝对收敛.

116 【答案】 A

【分析】 由幂级数$\sum\limits_{n=1}^{\infty}a_nx^n$在$x=2$处条件收敛可知，$x=2$为该幂级数收敛区间的一个端点，则其收敛半径$R=2$，幂级数$\sum\limits_{n=1}^{\infty}a_nx^n$逐项积分得$\sum\limits_{n=1}^{\infty}\dfrac{a_n}{n+1}x^{n+1}$，则幂级数$\sum\limits_{n=1}^{\infty}\dfrac{a_n}{n+1}x^{n+1}$的收敛半径也是2，从而幂级数$\sum\limits_{n=0}^{\infty}\dfrac{a_n}{n+1}(x-1)^n$的收敛半径也是2，由于
$$\left|\frac{5}{2}-1\right|=\frac{3}{2}<2,$$
则$x=\dfrac{5}{2}$在幂级数$\sum\limits_{n=1}^{\infty}\dfrac{a_n}{n+1}(x-1)^n$的收敛区间内，故幂级数$\sum\limits_{n=1}^{\infty}\dfrac{a_n}{n+1}(x-1)^n$在$x=\dfrac{5}{2}$处绝对收敛.

117 【答案】 C

【分析】 将(C)整理为$C_1(2y_1-y_2-y_3)+C_2(y_2-y_3)+y_3$. 由于$y_1,y_2,y_3$均是原给方程的3个线性无关的解,所以$y_1-y_2,y_2-y_3,y_1-y_3$均是对应齐次方程的解,并且$2y_1-y_2-y_3=(y_1-y_2)+(y_1-y_3)$与$(y_2-y_3)$是线性无关的. 于是知$C_1(2y_1-y_2-y_3)+C_2(y_2-y_3)$是对应齐次方程的通解,$C_1(2y_1-y_2-y_3)+C_2(y_2-y_3)+y_3$是原方程的通解.

(A)整理为$C_1(y_1+y_2)+C_2(y_2-y_1-y_3)+y_3$;(B)整理为$C_1(y_1-y_2+y_3)+C_2(y_2+y_3-y_1)$;(D)整理为$C_1(y_1-y_2+y_3)+C_2(y_2-y_3)+y_3$,均不正确.

【评注】 设$(2y_1-y_2-y_3)$与(y_2-y_3)线性相关,则存在不全为零的k_1与k_2,使

$$k_1(2y_1-y_2-y_3)+k_2(y_2-y_3)=0 \text{ 即 } 2k_1y_1+(k_2-k_1)y_2-(k_1+k_2)y_3=0$$

但因y_1,y_2,y_3线性无关,故推得$k_1=0,k_2-k_1=0,k_1+k_2=0$得$k_1=k_2=0$矛盾. 故$(2y_1-y_2-y_3)$与$(y_2-y_3)$线性无关. 本题主要考查二阶线性非齐次方程与对应齐次方程的解的关系.

118 【答案】 A

【分析】 特征方程$\lambda^2+b\lambda+1=0$的根为$\lambda_{1,2}=\dfrac{-b\pm\sqrt{b^2-4}}{2}=-\dfrac{b\mp\sqrt{b^2-4}}{2}$.

当$b^2-4>0$时,微分方程的通解为$y(x)=C_1\mathrm{e}^{-\frac{b+\sqrt{b^2-4}}{2}x}+C_2\mathrm{e}^{-\frac{b-\sqrt{b^2-4}}{2}x}$,
要使解$y(x)$在$(0,+\infty)$上有界,当且仅当$b\pm\sqrt{b^2-4}\geqslant 0$,即$b>2$;

当$b^2-4<0$时,微分方程的通解为$y(x)=\mathrm{e}^{-\frac{b}{2}x}\left(C_1\cos\dfrac{\sqrt{4-b^2}}{2}x+C_2\sin\dfrac{\sqrt{4-b^2}}{2}x\right)$,
要使解$y(x)$在$(0,+\infty)$上有界,当且仅当$0\leqslant b<2$;

当$b=2$时,解$y(x)=(C_1+C_2x)\mathrm{e}^{-x}$在区间$(0,+\infty)$上有界;

当$b=-2$时,解$y(x)=(C_1+C_2x)\mathrm{e}^{x}$在区间$(0,+\infty)$上无界.

综上所述,当且仅当$b\geqslant 0$时,微分方程$y''+by'+y=0$的每一个解$y(x)$都在区间$(0,+\infty)$上有界,故选(A).

119 【答案】 D

【分析】 由题意知$-1+\mathrm{i}$为特征方程$\lambda^2+a\lambda+b=0$的根,所以

$$(\mathrm{i}-1)^2+a(\mathrm{i}-1)+b=0,$$

实部和虚部对应相等得到$a=2,b=2$. 选择(D).

120 【答案】 C

【分析】 微分方程$y''-6y'+9y=\mathrm{e}^{3x}$对应的齐次方程的特征根为$\lambda_1=\lambda_2=3$.

因此齐次方程的通解为$y_0(x)=(C_1+C_2x)\mathrm{e}^{3x}$.

设非齐次方程的特解为$y^*=Ax^2\mathrm{e}^{3x}$,代入$y''-6y'+9y=\mathrm{e}^{3x}$可求得$A=\dfrac{1}{2}$,所以原微分方程的通解为$y(x)=(C_1+C_2x)\mathrm{e}^{3x}+\dfrac{1}{2}x^2\mathrm{e}^{3x}$.

已知曲面 $y=y(x)$ 经过原点，所以 $C_1=0$.

又因为在原点切线平行于直线 $2x-y-5=0$，所以 $y'(0)=2$，则有 $C_2=2$，

故通解为 $y(x)=2x\mathrm{e}^{3x}+\frac{1}{2}x^2\mathrm{e}^{3x}=\frac{x}{2}(x+4)\mathrm{e}^{3x}$，选择(C).

解　答　题

121 【证明】 利用单调有界准则.

$$a_{n+1}-a_n=\left(1+\frac{1}{\sqrt{2}}+\cdots+\frac{1}{\sqrt{n+1}}-2\sqrt{n+1}\right)-\left(1+\frac{1}{\sqrt{2}}+\cdots+\frac{1}{\sqrt{n}}-2\sqrt{n}\right)$$

$$=\frac{1}{\sqrt{n+1}}-2\sqrt{n+1}+2\sqrt{n}=\frac{1}{\sqrt{n+1}}-2(\sqrt{n+1}-\sqrt{n})$$

$$=\frac{1}{\sqrt{n+1}}-\frac{2}{\sqrt{n+1}+\sqrt{n}}=\frac{2}{2\sqrt{n+1}}-\frac{2}{\sqrt{n+1}+\sqrt{n}}<0.$$

于是，$\{a_n\}$单调减少.

下面证明$\{a_n\}$有下界.

注意到$\frac{1}{\sqrt{n}}<2(\sqrt{n}-\sqrt{n-1})=\frac{2}{\sqrt{n}+\sqrt{n-1}}<\frac{1}{\sqrt{n-1}}$. 因此，

$$\frac{1}{\sqrt{n}}<2(\sqrt{n}-\sqrt{n-1})<\frac{1}{\sqrt{n-1}},$$

$$\frac{1}{\sqrt{n-1}}<2(\sqrt{n-1}-\sqrt{n-2})<\frac{1}{\sqrt{n-2}},$$

$$\cdots$$

$$\frac{1}{\sqrt{2}}<2(\sqrt{2}-\sqrt{1})<\frac{1}{\sqrt{1}}.$$

上述各式相加可得，

$$\frac{1}{\sqrt{2}}+\frac{1}{\sqrt{3}}+\cdots+\frac{1}{\sqrt{n}}<2\sqrt{n}-2<1+\frac{1}{\sqrt{2}}+\cdots+\frac{1}{\sqrt{n-1}}. \qquad ①$$

由 ① 式可得，$1+\frac{1}{\sqrt{2}}+\cdots+\frac{1}{\sqrt{n}}-2\sqrt{n}>-2+\frac{1}{\sqrt{n}}>-2$，即 -2 为$\{a_n\}$的一个下界.

由单调有界准则可知，$\{a_n\}$收敛.

122 【解】 令 $x_n=\sqrt[n]{\frac{2n(2n+1)\cdots(3n-1)}{(\sqrt{n^2+1}+n)(\sqrt{n^2+2}+n)\cdots(\sqrt{n^2+n}+n)}}$，则

$$\sqrt[n]{\frac{2n(2n+1)\cdots(3n-1)}{(\sqrt{n^2+n}+n)^n}}\leqslant x_n\leqslant\sqrt[n]{\frac{2n(2n+1)\cdots(3n-1)}{(\sqrt{n^2+1}+n)^n}}.$$

令 $y_n=\sqrt[n]{\frac{2n(2n+1)\cdots(3n-1)}{(\sqrt{n^2+n}+n)^n}}=\frac{\sqrt[n]{2n(2n+1)\cdots(3n-1)}}{\sqrt{n^2+n}+n}$,

$z_n=\sqrt[n]{\frac{2n(2n+1)\cdots(3n-1)}{(\sqrt{n^2+1}+n)^n}}=\frac{\sqrt[n]{2n(2n+1)\cdots(3n-1)}}{\sqrt{n^2+1}+n}$,

即 $y_n \leqslant x_n \leqslant z_n$.

$$\lim_{n\to\infty} y_n = \lim_{n\to\infty} \frac{n}{\sqrt{n^2+n}+n} \cdot \lim_{n\to\infty} \sqrt[n]{2\cdot\left(2+\frac{1}{n}\right)\cdots\left(2+\frac{n-1}{n}\right)}$$

$$= \frac{1}{2}\lim_{n\to\infty} e^{\frac{1}{n}\left[\ln 2+\ln\left(2+\frac{1}{n}\right)+\cdots+\ln\left(2+\frac{n-1}{n}\right)\right]}$$

$$= \frac{1}{2}e^{\int_0^1 \ln(2+x)\mathrm{d}x},$$

$$\lim_{n\to\infty} z_n = \lim_{n\to\infty} \frac{n}{\sqrt{n^2+1}+n} \cdot \lim_{n\to\infty} \sqrt[n]{2\left(2+\frac{1}{n}\right)\cdots\left(2+\frac{n-1}{n}\right)} = \frac{1}{2}e^{\int_0^1 \ln(2+x)\mathrm{d}x}.$$

由夹逼准则可知 $\lim\limits_{n\to\infty} x_n = \frac{1}{2}e^{\int_0^1 \ln(2+x)\mathrm{d}x}$,其中

$$\int_0^1 \ln(2+x)\mathrm{d}x = x\ln(2+x)\Big|_0^1 - \int_0^1 \frac{x}{2+x}\mathrm{d}x$$

$$= \ln 3 - \int_0^1\left(1-\frac{2}{2+x}\right)\mathrm{d}x$$

$$= \ln 3 - 1 + 2\ln(2+x)\Big|_0^1$$

$$= 3\ln 3 - 1 - 2\ln 2 = \ln\frac{27}{4e},$$

$$\lim_{n\to\infty} x_n = \frac{1}{2}e^{\int_0^1 \ln(2+x)\mathrm{d}x} = \frac{1}{2}\cdot\frac{27}{4e} = \frac{27}{8e}.$$

123 【解】 (1) 令 $\varphi(x) = x - \arctan x$,则 $\varphi(x)$ 在 $[0,+\infty)$ 上连续,$\varphi(0)=0$,且当 $x>0$ 时,$\varphi'(x) = 1-\frac{1}{1+x^2} = \frac{x^2}{1+x^2} > 0$. 于是,$\varphi(x)$ 在 $[0,+\infty)$ 上单调增加,故当 $x>0$ 时,$\varphi(x) > \varphi(0) = 0$,即 $\arctan x < x$.

令 $\psi(x) = \arctan x - x + \frac{1}{3}x^3$,则 $\psi(x)$ 在 $[0,+\infty)$ 上连续,$\psi(0)=0$,且当 $x>0$ 时,$\psi'(x) = \frac{1}{1+x^2} - 1 + x^2 = \frac{x^4}{1+x^2} > 0$. 于是,$\psi(x)$ 在 $[0,+\infty)$ 上单调增加,故当 $x>0$ 时,$\psi(x) > \psi(0) = 0$,即 $\arctan x > x - \frac{1}{3}x^3$.

因此,当 $x>0$ 时,$x-\frac{1}{3}x^3 < \arctan x < x$.

(2) 由第(1)问可知,

$$\sum_{k=1}^{n}\arctan\frac{n}{n^2+k^2} < \sum_{k=1}^{n}\frac{n}{n^2+k^2}.$$

$$\sum_{k=1}^{n}\arctan\frac{n}{n^2+k^2} > \sum_{k=1}^{n}\frac{n}{n^2+k^2} - \frac{1}{3}\sum_{k=1}^{n}\left(\frac{n}{n^2+k^2}\right)^3 > \sum_{k=1}^{n}\frac{n}{n^2+k^2} - \frac{1}{3}\sum_{k=1}^{n}\frac{1}{n^3}.$$

因此,

$$\lim_{n\to\infty}\left(\sum_{k=1}^{n}\frac{n}{n^2+k^2} - \frac{1}{3}\sum_{k=1}^{n}\frac{1}{n^3}\right) \leqslant \lim_{n\to\infty}\sum_{k=1}^{n}\arctan\frac{n}{n^2+k^2} \leqslant \lim_{n\to\infty}\sum_{k=1}^{n}\frac{n}{n^2+k^2}.$$

注意到

$$\lim_{n\to\infty}\sum_{k=1}^{n}\frac{1}{n^3}=\lim_{n\to\infty}\frac{1}{n^3}\sum_{k=1}^{n}1=\lim_{n\to\infty}\frac{n}{n^3}=0,$$

故$\lim\limits_{n\to\infty}\left(\sum\limits_{k=1}^{n}\dfrac{n}{n^2+k^2}-\dfrac{1}{3}\sum\limits_{k=1}^{n}\dfrac{1}{n^3}\right)=\lim\limits_{n\to\infty}\sum\limits_{k=1}^{n}\dfrac{n}{n^2+k^2}$.

又因为

$$\lim_{n\to\infty}\sum_{k=1}^{n}\frac{n}{n^2+k^2}=\lim_{n\to\infty}\frac{1}{n}\sum_{k=1}^{n}\frac{1}{1+\left(\frac{k}{n}\right)^2}=\int_0^1\frac{1}{1+x^2}\mathrm{d}x=\arctan x\Big|_0^1=\frac{\pi}{4},$$

所以由夹逼准则可知，$\lim\limits_{n\to\infty}\sum\limits_{k=1}^{n}\arctan\dfrac{n}{n^2+k^2}=\dfrac{\pi}{4}$.

124 **【解】** (1) 由$F(1,y)=\dfrac{\varphi(y-1)}{2}$及$F(1,y)=\dfrac{y^2}{2}-y+5$得

$$\frac{\varphi(y-1)}{2}=\frac{y^2}{2}-y+5,$$

即$\varphi(y)=y^2+9$，$F(x,y)=\dfrac{1}{2x}[(y-x)^2+9]$. 因此$\{x_n\}$的递推式为

$$x_1>0,x_{n+1}=\frac{1}{2x_n}(x_n^2+9)(n=1,2,\cdots). \qquad ①$$

由递推式知$x_{n+1}\geqslant\dfrac{1}{2x_n}\cdot2\sqrt{x_n^2\cdot9}=3(n=1,2,\cdots)$，即$\{x_n\}$有下界.

记$f(x_n)=\dfrac{1}{2x_n}(x_n^2+9)$，将其中的$x_n$改为$x$得函数$f(x)=\dfrac{1}{2x}(x^2+9)$.

由于$f'(x)=\dfrac{x^2-9}{2x^2}\geqslant0(x\geqslant3)$，所以当$x\geqslant3$时，$f(x)=\dfrac{1}{2x}(x^2+9)$单调递增.

又$x_2\geqslant3$，则$x_3-x_2=f(x_2)-x_2=\dfrac{1}{2x_2}(x_2^2+9)-x_2=\dfrac{9-x_2^2}{2x_2}\leqslant0$.

于是，$x_3=f(x_2)\leqslant x_2$，$x_4=f(x_3)\leqslant f(x_2)=x_3$.

假设当$k\geqslant4$时，$x_k=f(x_{k-1})\leqslant x_{k-1}$，则$x_{k+1}=f(x_k)\leqslant f(x_{k-1})=x_k$.

由数学归纳法可知，当$n\geqslant2$时数列x_n单调递减.

因此，数列$\{x_n\}$单调递减且有下界，数列$\{x_n\}$收敛.

(2) 记$\lim\limits_{n\to\infty}x_n=A$，则由$x_n\geqslant3(n=2,3,\cdots)$知$A\geqslant3$. 令$n\to\infty$对递推式①的两边取极限得

$$A=\frac{1}{2A}(A^2+9).$$

解得$A=3,-3$(不合题意舍去)，故$\lim\limits_{n\to\infty}x_n=3$.

【评注】 在(1)中利用函数$f(x)$的单调性证明了数列$\{x_n\}$单调递减，这种证明方法新颖且易于掌握. 事实上，当$n\geqslant2$时通过计算$x_{n+1}-x_n=\dfrac{1}{2x_n}(x_n^2+9)-x_n=\dfrac{9-x_n^2}{2x_n}\leqslant0$，也可便捷地证明数列$\{x_n\}$单调递减.

125 【解】 由 $x_1>0, x_{n+1}=3+\frac{4}{x_n}(n=1,2,\cdots)$，可知 $x_n>0(n=1,2,\cdots)$，且

$$x_n>3(n=2,3,\cdots).$$

若 $\lim\limits_{n\to\infty}x_n$ 存在，记为 A，则 $A\geqslant 3$，等式 $x_{n+1}=3+\frac{4}{x_n}$ 两边取极限得

$$A=3+\frac{4}{A},$$

解此方程得 $A=4$，以下证明 $\lim\limits_{n\to\infty}x_n=4$.

由于
$$|x_n-4|=\left|3+\frac{4}{x_{n-1}}-4\right|=\frac{|x_{n-1}-4|}{|x_{n-1}|}$$
$$<\frac{1}{3}|x_{n-1}-4|<\frac{1}{3^2}|x_{n-2}-4|<\cdots<\frac{1}{3^{n-1}}|x_1-4|,$$

令 $n\to\infty$，由夹逼原理得 $\lim\limits_{n\to\infty}|x_n-4|=0$，所以极限 $\lim\limits_{n\to\infty}x_n$ 存在且等于 4.

126 【解】 由 $\lim\limits_{x\to0}\frac{f(x)}{x}=0$ 知，$f(0)=0, f'(0)=0$.

由题设知 $\alpha>0$.

$$\lim_{x\to0^+}\frac{\int_0^x f(t)\mathrm{d}t}{x^\alpha-\sin x}=\lim_{x\to0^+}\frac{f(x)}{\alpha x^{\alpha-1}-\cos x}\text{(由题设知 }\alpha=1\text{)}$$
$$=\lim_{x\to0^+}\frac{f(x)}{1-\cos x}=\lim_{x\to0^+}\frac{f(x)}{\frac{1}{2}x^2}$$
$$=\lim_{x\to0^+}\frac{f'(x)}{x}=f''(0)=\beta.$$

127 【解】 $x=k(k=1,2,\cdots), x=-1$ 是 $f(x)$ 的间断点，$x=0$ 是可疑间断点，其余点都连续.

当 $x=k(k=1,3,4,\cdots)$ 时，

$$\lim_{x\to k}f(x)=\lim_{x\to k}\frac{x(x^2-4)}{\sin\pi x}=\infty,$$

则 $x=k(k=1,3,4,\cdots)$ 是 $f(x)$ 的第二类无穷间断点.

当 $x=2$ 时，

$$\lim_{x\to2}f(x)=\lim_{x\to2}\frac{x(x^2-4)}{\sin\pi x}=8\lim_{x\to2}\frac{x-2}{\sin\pi x}=8\lim_{x\to2}\frac{1}{\pi\cos\pi x}=\frac{8}{\pi},$$

则 $x=2$ 是 $f(x)$ 的第一类可去间断点.

当 $x=-1$ 时，

$$\lim_{x\to-1}f(x)=\lim_{x\to-1}\frac{x(x+1)}{x^2-1}=\lim_{x\to-1}\frac{x}{x-1}=\frac{1}{2},$$

则 $x=-1$ 是 $f(x)$ 的第一类可去间断点.

当 $x=0$ 时，

$$\lim_{x\to 0^-} f(x) = \lim_{x\to 0^-} \frac{x(x+1)}{x^2-1} = 0,$$

$$\lim_{x\to 0^+} f(x) = \lim_{x\to 0^+} \frac{x(x^2-4)}{\sin \pi x} = \lim_{x\to 0^+} \frac{x(x^2-4)}{\pi x} = -\frac{4}{\pi},$$

则 $x=0$ 是 $f(x)$ 的第一类跳跃间断点.

128 【证明】 令 $F(x)=f(x)-f\left(x+\frac{b-a}{2}\right)$，由于 $f(x)$ 在 $[a,b]$ 上连续，则 $F(x)$ 在 $\left[a,\frac{a+b}{2}\right]$ 上连续，又

$$F(a)=f(a)-f\left(\frac{a+b}{2}\right),$$

$$F\left(\frac{a+b}{2}\right)=f\left(\frac{a+b}{2}\right)-f(b)=f\left(\frac{a+b}{2}\right)-f(a),$$

若 $f(a)-f\left(\frac{a+b}{2}\right)=0$，原题结论显然成立，若 $f(a)-f\left(\frac{a+b}{2}\right)\neq 0$，则 $F(a)$ 与 $F\left(\frac{a+b}{2}\right)$ 异号，由连续函数的零点定理可知，存在 $\xi\in\left(a,\frac{a+b}{2}\right)$，使得 $F(\xi)=0$，即

$$f(\xi)=f\left(\xi+\frac{b-a}{2}\right),$$

即存在一个 $[\alpha,\beta]\subset[a,b]$，且 $\beta-\alpha=\frac{b-a}{2}$，使 $f(\alpha)=f(\beta)$. 这里 $\alpha=\xi,\beta=\xi+\frac{b-a}{2}$.

129 【证明】 当 $0<x<1$ 时，要证不等式 $\sqrt{\frac{1-x}{1+x}}<\frac{\ln(1+x)}{\arcsin x}$，只要证明

$$\sqrt{1-x^2}\arcsin x<(1+x)\ln(1+x).$$

为此，令 $f(x)=(1+x)\ln(1+x)-\sqrt{1-x^2}\arcsin x, x\in[0,1)$. 显然 $f(x)$ 在 $[0,1)$ 上连续，$f(0)=0$，因此只要证明当 $0<x<1$ 时，$f'(x)>0$ 即可. 而

$$\begin{aligned} f'(x)&=\ln(1+x)+1+\frac{x}{\sqrt{1-x^2}}\arcsin x-1\\ &=\ln(1+x)+\frac{x}{\sqrt{1-x^2}}\arcsin x>0, \qquad x\in(0,1) \end{aligned}$$

则 $f(x)$ 在 $[0,1)$ 上单调增，又 $f(0)=0$，则当 $0<x<1$ 时，$f(x)>0$. 故原题得证.

130 【解】 已知 $y>x>0$ 时，$x<\frac{y-x}{f(y)-f(x)}<y$，于是

$$\frac{1}{y}<\frac{f(y)-f(x)}{y-x}<\frac{1}{x}.$$

当 $x>0,\Delta x>0$ 时，

$$\frac{1}{x+\Delta x}<\frac{f(x+\Delta x)-f(x)}{\Delta x}<\frac{1}{x},$$

取 $\Delta x\to 0^+$，得 $\lim_{\Delta x\to 0^+}\frac{f(x+\Delta x)-f(x)}{\Delta x}=\frac{1}{x}$.

当 $x>0,\Delta x<0,x+\Delta x>0$ 时，$x>x+\Delta x>0$

$$\frac{1}{x}<\frac{f(x)-f(x+\Delta x)}{-\Delta x}<\frac{1}{x+\Delta x},$$

取 $\Delta x\to 0^-$，得 $\lim\limits_{\Delta x\to 0^-}\dfrac{f(x+\Delta x)-f(x)}{\Delta x}=\dfrac{1}{x}$.

总之：$f'(x)=\lim\limits_{\Delta x\to 0}\dfrac{f(x+\Delta x)-f(x)}{\Delta x}=\dfrac{1}{x}$.

$f(x)=\ln x+C$，由 $f(1)=0$ 得 $C=0$，即 $f(x)=\ln x$.

131 【解】 曲线 $y=f(x)$ 在点 $P(x,f(x))$ 处的切线方程为 $Y-f(x)=f'(x)(X-x)$.

$$\lim_{x\to 0}u=\lim_{x\to 0}\left(x-\frac{f(x)}{f'(x)}\right)=-\lim_{x\to 0}\frac{\dfrac{f(x)-f(0)}{x}}{\dfrac{f'(x)-f'(0)}{x}}=-\frac{f'(0)}{f''(0)}=0.$$

由 $f(x)$ 在 $x=0$ 处的二阶泰勒公式

$$f(x)=f(0)+f'(0)x+\frac{f''(0)}{2}x^2+o(x^2)=\frac{f''(0)}{2}x^2+o(x^2)$$

可得

$$\lim_{x\to 0}\frac{u}{x}=1-\lim_{x\to 0}\frac{f(x)}{xf'(x)}=1-\lim_{x\to 0}\frac{\dfrac{f''(0)}{2}x^2+o(x^2)}{xf'(x)}=1-\frac{1}{2}\lim_{x\to 0}\frac{f''(0)+o(1)}{\dfrac{f'(x)-f'(0)}{x}}$$

$$=1-\frac{1}{2}\cdot\frac{f''(0)}{f''(0)}=\frac{1}{2},$$

于是 $\lim\limits_{x\to 0}\dfrac{x^3f(u)}{f(x)\sin^3u}=\lim\limits_{x\to 0}\dfrac{x^3\left[\dfrac{f''(0)}{2}u^2+o(u^2)\right]}{u^3\left[\dfrac{f''(0)}{2}x^2+o(x^2)\right]}=\lim\limits_{x\to 0}\dfrac{x}{u}=2.$

132 【分析】 注意，要证明 $f'(\xi)+g(\xi)f(\xi)=0$，需构造辅助函数 $F(x)=f(x)e^{\int_a^x g(t)dt}$，则本题应构造辅助函数 $F(x)=f(x)e^{\int_a^x f(t)dt}$.

【证明】 令 $F(x)=f(x)e^{\int_a^x f(t)dt}$，由题设可知 $F(x)$ 在 $[a,b]$ 上满足罗尔定理条件，由罗尔定理知，存在 $\xi\in(a,b)$，使 $F'(\xi)=0$，即

$$f'(\xi)e^{\int_a^\xi f(t)dt}+f^2(\xi)e^{\int_a^\xi f(t)dt}=0,$$

而 $e^{\int_a^\xi f(t)dt}\neq 0$，则

$$f'(\xi)+f^2(\xi)=0.$$

原题得证.

133 【证明】 (1) 设函数 $f(x)=(1+x^2)e^{-x^2}$，则 $f(0)=1$. 由于 $f(x)$ 为偶函数，故只需证明在 $(0,+\infty)$ 上，$f(x)\leqslant 1$ 即可. 当 $x>0$ 时，

$$f'(x)=2x\cdot e^{-x^2}-2x[e^{-x^2}(1+x^2)]=-2x^3e^{-x^2}<0,$$

且 $f(x)$ 在$[0,+\infty)$ 连续. 于是，$f(x)$ 在$[0,+\infty)$ 上单调减少，故 $f(x)\leqslant f(0)=1$，即 $e^{-x^2}\leqslant\dfrac{1}{1+x^2}$.

因此，对于任意实数 x，均有 $e^{-x^2}\leqslant\dfrac{1}{1+x^2}$.

(2) 由于 $\lim\limits_{x\to+\infty}\dfrac{x^2}{e^{x^2}}\xlongequal{\text{洛必达}}\lim\limits_{x\to+\infty}\dfrac{2x}{2xe^{x^2}}=0$，故由反常积分审敛法可知$\int_0^{+\infty}e^{-x^2}dx$ 收敛.

由第(1) 问可知，$e^{-x^2}\leqslant\dfrac{1}{1+x^2}$，从而 $e^{-nx^2}\leqslant\dfrac{1}{(1+x^2)^n}$. 于是，

$$\int_0^{+\infty}e^{-nx^2}dx\leqslant\int_0^{+\infty}\frac{1}{(1+x^2)^n}dx. \qquad ①$$

令 $t=\sqrt{n}x$，则

$$\int_0^{+\infty}e^{-nx^2}dx=\frac{1}{\sqrt{n}}\int_0^{+\infty}e^{-t^2}dt=\frac{1}{\sqrt{n}}\int_0^{+\infty}e^{-x^2}dx. \qquad ②$$

下面计算$\int_0^{+\infty}\dfrac{1}{(1+x^2)^n}dx$. 记 $I_n=\int_0^{+\infty}\dfrac{1}{(1+x^2)^n}dx$.

当 $n=1$ 时，$I_1=\int_0^{+\infty}\dfrac{1}{1+x^2}dx=\arctan x\Big|_0^{+\infty}=\dfrac{\pi}{2}$.

当 $n\geqslant 2$ 时，

$$\begin{aligned}I_n&=\int_0^{+\infty}\frac{1}{(1+x^2)^n}dx=\int_0^{+\infty}\frac{1+x^2-x^2}{(1+x^2)^n}dx=\int_0^{+\infty}\frac{1}{(1+x^2)^{n-1}}dx-\int_0^{+\infty}\frac{x^2}{(1+x^2)^n}dx\\&=I_{n-1}-\left[-\frac{1}{2(n-1)}\right]\int_0^{+\infty}xd[(1+x^2)^{-(n-1)}]\\&=I_{n-1}+\frac{1}{2(n-1)}\cdot\frac{x}{(1+x^2)^{n-1}}\Big|_0^{+\infty}-\frac{1}{2(n-1)}\int_0^{+\infty}\frac{1}{(1+x^2)^{n-1}}dx\\&=I_{n-1}-\frac{1}{2n-2}I_{n-1}=\frac{2n-3}{2n-2}I_{n-1}.\end{aligned}$$

因此，对 $n\geqslant 2$，

$$I_n=\frac{I_n}{I_{n-1}}\cdot\frac{I_{n-1}}{I_{n-2}}\cdots\frac{I_2}{I_1}\cdot I_1=\frac{\pi}{2}\cdot\frac{(2n-3)!!}{(2n-2)!!}.$$

结合 ①② 式，可得$\int_0^{+\infty}e^{-x^2}dx\leqslant\dfrac{\pi\sqrt{n}}{2}\cdot\dfrac{(2n-3)!!}{(2n-2)!!}$.

134 【证明】 令 $f(x)=e^{-x}\sin x$，则 $f(x)$ 在$\left[0,\dfrac{\pi}{2}\right]$上连续，在$\left(0,\dfrac{\pi}{2}\right)$内可导，$f(0)=0$，$f\left(\dfrac{\pi}{2}\right)=e^{-\frac{\pi}{2}}$，$f'(x)=e^{-x}(\cos x-\sin x)$.

取 $c=\dfrac{1}{2}\left[f(0)+f\left(\dfrac{\pi}{2}\right)\right]=\dfrac{e^{-\frac{\pi}{2}}}{2}$，则由连续函数的介值定理可知，存在 $x_3\in\left(0,\dfrac{\pi}{2}\right)$，使得 $f(x_3)=\dfrac{e^{-\frac{\pi}{2}}}{2}$.

在区间$[0,x_3]$和$\left[x_3,\dfrac{\pi}{2}\right]$上分别对 $f(x)$ 使用拉格朗日中值定理，可得存在 $x_1\in(0,x_3)$，

$x_2 \in \left(x_3, \frac{\pi}{2}\right)$，使得

$$\frac{e^{-\frac{\pi}{2}}}{2} = f(x_3) - f(0) = f'(x_1)x_3, \frac{e^{-\frac{\pi}{2}}}{2} = f\left(\frac{\pi}{2}\right) - f(x_3) = f'(x_2)\left(\frac{\pi}{2} - x_3\right),$$

即 $[e^{-x_1}(\cos x_1 - \sin x_1)]x_3 = [e^{-x_2}(\cos x_2 - \sin x_2)]\left(\frac{\pi}{2} - x_3\right) = \frac{e^{-\frac{\pi}{2}}}{2}$.

135 【解】 $f'(x) = 3e^{3x}\sin 4x + 4e^{3x}\cos 4x$

$$= 5e^{3x}\left(\frac{3}{5}\sin 4x + \frac{4}{5}\cos 4x\right)$$

$$= 5e^{3x}\sin(4x+\alpha)，其中\ \alpha = \arcsin\frac{4}{5}.$$

$$f''(x) = 5[3e^{3x}\sin(4x+\alpha) + 4e^{3x}\cos(4x+\alpha)]$$

$$= 5^2e^{3x}\left[\sin(4x+\alpha)\cdot\frac{3}{5} + \cos(4x+\alpha)\cdot\frac{4}{5}\right]$$

$$= 5^2e^{3x}\sin(4x+2\alpha).$$

用数学归纳法可得 $f^{(n)}(x) = 5^n e^{3x}\sin(4x+n\alpha)$.

136 【解】 由于 $(t-2t^3)e^{-t^2}$ 是奇函数，则 $f(x) = \int_0^x (t-2t^3)e^{-t^2}dt$ 是偶函数，显然 $f(0)=0$，所以只需确定 $f(x)$ 在区间 $(0,+\infty)$ 上零点的个数.

令

$$f'(x) = (x-2x^3)e^{-x^2} = 0, x \in (0,+\infty),$$

得 $x = \frac{1}{\sqrt{2}}$，则

当 $x \in \left(0, \frac{1}{\sqrt{2}}\right)$ 时，$f'(x) > 0$，$f(x)$ 单调递增；

当 $x \in \left(\frac{1}{\sqrt{2}}, +\infty\right)$ 时，$f'(x) < 0$，$f(x)$ 单调递减，

则 $f(x)$ 在 $\left(0, \frac{1}{\sqrt{2}}\right)$ 内无零点，且 $f\left(\frac{1}{\sqrt{2}}\right) > 0$，又

$$\lim_{x\to+\infty} f(x) = \int_0^{+\infty}(t-2t^3)e^{-t^2}dt = \int_0^{+\infty} te^{-t^2}dt + \int_0^{+\infty} t^2 d(e^{-t^2})$$

$$= \int_0^{+\infty} te^{-t^2}dt + t^2e^{-t^2}\Big|_0^{+\infty} - 2\int_0^{+\infty} te^{-t^2}dt = -\int_0^{+\infty} te^{-t^2}dt < 0,$$

则 $f(x)$ 在 $\left(\frac{1}{\sqrt{2}}, +\infty\right)$ 内有且仅有一个零点，故方程 $f(x)=0$ 共有三个实根.

137 【证明】 设在[0,1]上 $f(x)$ 恒为某常数，即 $f(x)$ 恒为 0，结论自然成立.

设在[0,1]上 $f(x) \neq 0$，则在(0,1)上 $|f(x)|$ 存在最大值. 设 $x_0 \in (0,1)$ 有 $|f(x_0)| = M = \max\limits_{0\leqslant x\leqslant 1}|f(x)|$，所以 $f(x_0)$ 是 $f(x)$ 的最值，所以 $f'(x_0)=0$. 将 $f(x)$ 在 x_0 处按泰勒公式展开：

$$0=f(0)=f(x_0)+f'(x_0)(-x_0)+\frac{1}{2}f''(\xi_1)x_0^2=f(x_0)+\frac{1}{2}f''(\xi_1)x_0^2,(0<\xi_1<x_0)$$

$$0=f(1)=f(x_0)+f'(x_0)(1-x_0)+\frac{1}{2}f''(\xi_2)(1-x_0)^2=f(x_0)+\frac{1}{2}f''(\xi_2)(1-x_0)^2,(x_0<\xi_2<1)$$

所以有 $|f''(\xi_1)|=\frac{2M}{x_0^2}$ 及 $|f''(\xi_2)|=\frac{2M}{(1-x_0)^2}$.

若 $x_0\in(0,\frac{1}{2})$ 时，则存在 $\xi\in(0,\frac{1}{2})$ 使 $|f''(\xi)|>8M$，

若 $x_0\in[\frac{1}{2},1)$ 时，则存在 $\xi\in[\frac{1}{2},1)$ 使 $|f''(\xi)|\geqslant 8M$.

总之，至少存在一点 $\xi\in(0,1)$ 使 $|f''(\xi)|\geqslant 8M=8\max\limits_{0\leqslant x\leqslant 1}|f(x)|$.

138 【解】 抛物线 $y=\sqrt{x}$ 在点 $M(x,y)$ 处的曲率半径为

$$R=R(x)=\frac{[1+(y')^2]^{\frac{3}{2}}}{|y''|}=\frac{\left(1+\frac{1}{4x}\right)^{\frac{3}{2}}}{\frac{1}{4x\sqrt{x}}}\text{(曲率的倒数)}$$

$$=\frac{1}{2}(4x+1)^{\frac{3}{2}}.$$

抛物线 $y=\sqrt{x}$ 上点 $A(1,1)$ 与点 $M(x,y)$ 之间的弧长为

$$s=s(x)=\int_1^x\sqrt{1+\frac{1}{4t}}\mathrm{d}t.$$

故
$$\frac{\mathrm{d}R}{\mathrm{d}s}=\frac{\frac{\mathrm{d}R}{\mathrm{d}x}}{\frac{\mathrm{d}s}{\mathrm{d}x}}=\frac{\frac{1}{2}\cdot\frac{3}{2}\sqrt{4x+1}\cdot 4}{\sqrt{1+\frac{1}{4x}}}=6\sqrt{x},$$

$$\frac{\mathrm{d}^2R}{\mathrm{d}s^2}=\frac{\mathrm{d}}{\mathrm{d}x}\left(\frac{\mathrm{d}R}{\mathrm{d}s}\right)\cdot\frac{1}{\frac{\mathrm{d}s}{\mathrm{d}x}}=6\cdot\frac{\frac{1}{2\sqrt{x}}}{\sqrt{1+\frac{1}{4x}}}=\frac{6}{\sqrt{4x+1}},$$

所以 $3R\frac{\mathrm{d}^2R}{\mathrm{d}s^2}-\left(\frac{\mathrm{d}R}{\mathrm{d}s}\right)^2=\frac{3}{2}(4x+1)^{\frac{3}{2}}\cdot\frac{6}{\sqrt{4x+1}}-36x=9.$

139 【解】 (1) 注意到 $\int_0^1\sqrt{1+[f'(x)]^2}\mathrm{d}x$ 为曲线 $y=f(x)$ 在 $[0,1]$ 上的长度.

由于两点之间的直线段长度最小，故当 $y=f(x)$ 为直线时，$\int_0^1\sqrt{1+[f'(x)]^2}\mathrm{d}x$ 最小，从而 $1+\frac{a}{\sqrt{2}}-\int_0^1\sqrt{1+[f'(x)]^2}\mathrm{d}x$ 最大.

此时，直线方程为 $y-1=(a-1)x$，即 $f(x)=(a-1)x+1$.

(2) $[0,1]$ 上的直线段长度即点 $(0,f(0))$ 与 $(1,f(1))$ 点之间的距离，即 $\sqrt{(a-1)^2+1}$. 于是，

$$g(a)=1+\frac{a}{\sqrt{2}}-\sqrt{(a-1)^2+1}.$$

$$g'(a)=\frac{1}{\sqrt{2}}-\frac{a-1}{\sqrt{(a-1)^2+1}}.$$

令 $g'(a)=0$，可得$\frac{a-1}{\sqrt{(a-1)^2+1}}=\frac{1}{\sqrt{2}}$,解得 $a=2$. 于是，$a=2$ 为 $g(a)$ 的唯一驻点.

$$g''(a)=-\frac{\sqrt{(a-1)^2+1}-(a-1)\cdot\frac{a-1}{\sqrt{(a-1)^2+1}}}{(a-1)^2+1}=\frac{(a-1)^2-[(a-1)^2+1]}{[(a-1)^2+1]^{\frac{3}{2}}}<0.$$

因此,$a=2$ 为极大值点，也为最大值点.

当 $a=2$ 时,$g(a)$ 取得最大值,最大值为 $g(2)=1$.

140 【解】 (1) 对 $f(x)$ 的表达式进行变形.

$$f(x)=\lim_{t\to+\infty}\frac{t\tan\frac{x}{t}\left[g\left(ax+\frac{x}{t}\right)-g(ax)\right]}{a-\arctan\frac{t}{x}}=\lim_{t\to+\infty}x^2\frac{\tan\frac{x}{t}}{\frac{x}{t}}\cdot\frac{g\left(ax+\frac{x}{t}\right)-g(ax)}{\frac{x}{t}}\cdot\frac{\frac{1}{t}}{a-\arctan\frac{t}{x}}$$

$$=x^2g'(ax)\lim_{t\to+\infty}\frac{\frac{1}{t}}{a-\arctan\frac{t}{x}}.$$

因为 $f(x)$ 在$(0,+\infty)$上有定义且 $f(x)\neq 0$,则$\lim\limits_{t\to+\infty}\frac{\frac{1}{t}}{a-\arctan\frac{t}{x}}$存在且不为 0.

由于$\lim\limits_{t\to+\infty}\frac{1}{t}=0$,而 $f(x)\neq 0$,故$\lim\limits_{t\to+\infty}\left(a-\arctan\frac{t}{x}\right)=0$. 又因为当 $x>0$ 时,$\lim\limits_{t\to+\infty}\arctan\frac{t}{x}=\frac{\pi}{2}$,所以 $a=\frac{\pi}{2}$.

(2) 先计算 $f(x)$ 的表达式. 由第(1) 问可知，

$$\lim_{t\to+\infty}\frac{\frac{1}{t}}{a-\arctan\frac{t}{x}}=\lim_{t\to+\infty}\frac{\frac{1}{t}}{\frac{\pi}{2}-\arctan\frac{t}{x}}\xlongequal{\text{洛必达}}\lim_{t\to+\infty}\frac{-\frac{1}{t^2}}{-\frac{\frac{1}{x}}{1+\left(\frac{t}{x}\right)^2}}$$

$$=x\cdot\lim_{t\to+\infty}\frac{1+\left(\frac{t}{x}\right)^2}{t^2}$$

$$=x\cdot\lim_{t\to+\infty}\left(\frac{1}{t^2}+\frac{1}{x^2}\right)=\frac{1}{x}.$$

于是，

$$f(x)=x^2g'\left(\frac{\pi}{2}x\right)\cdot\frac{1}{x}=xg'\left(\frac{\pi}{2}x\right).$$

计算 $g(x)$ 的表达式. 由于 $\arctan\dfrac{1}{x}$ 是 $g(x)$ 的一个原函数，故

$$g(x)=\left(\arctan\frac{1}{x}\right)'=\frac{1}{1+\frac{1}{x^2}}\cdot\left(-\frac{1}{x^2}\right)=-\frac{1}{x^2+1}.$$

因此，

$$\begin{aligned}\int_{\frac{2}{\pi}}^{+\infty}f(x)\mathrm{d}x&=\int_{\frac{2}{\pi}}^{+\infty}xg'\left(\frac{\pi}{2}x\right)\mathrm{d}x\xlongequal{t=\frac{\pi}{2}x}\frac{4}{\pi^2}\int_1^{+\infty}tg'(t)\mathrm{d}t=\frac{4}{\pi^2}\int_1^{+\infty}t\mathrm{d}[g(t)]\\&=\frac{4}{\pi^2}\left[tg(t)\Big|_1^{+\infty}-\int_1^{+\infty}g(t)\mathrm{d}t\right]=\frac{4}{\pi^2}\left(\frac{-t}{t^2+1}\Big|_1^{+\infty}+\arctan t\Big|_1^{+\infty}\right)\\&=\frac{4}{\pi^2}\left[0-\left(-\frac{1}{2}\right)+\left(\frac{\pi}{2}-\frac{\pi}{4}\right)\right]=\frac{2}{\pi^2}+\frac{1}{\pi}.\end{aligned}$$

141 【解】

$$\begin{aligned}\lim_{x\to+\infty}\int_0^x t^2G(t)\mathrm{d}t&=\lim_{x\to+\infty}\int_0^x G(t)\mathrm{d}\left(\frac{t^3}{3}\right)\\&=\lim_{x\to+\infty}\left[G(t)\cdot\frac{t^3}{3}\Big|_0^x-\int_0^x\frac{t^3}{3}\mathrm{d}G(t)\right]\\&=\lim_{x\to+\infty}\left[G(x)\cdot\frac{x^3}{3}-\int_0^x\frac{t^3}{3}\cdot\mathrm{e}^{-t^2}\mathrm{d}t\right]\\&=\lim_{x\to+\infty}\left[G(x)\cdot\frac{x^3}{3}+\frac{1}{6}\int_0^x t^2\mathrm{d}\mathrm{e}^{-t^2}\right]\\&=\lim_{x\to+\infty}\left[G(x)\cdot\frac{x^3}{3}+\frac{1}{6}\left(t^2\mathrm{e}^{-t^2}\Big|_0^x-\int_0^x\mathrm{e}^{-t^2}\mathrm{d}t^2\right)\right]\\&=\lim_{x\to+\infty}\left[G(x)\cdot\frac{x^3}{3}+\frac{1}{6}x^2\mathrm{e}^{-x^2}+\frac{1}{6}\mathrm{e}^{-x^2}-\frac{1}{6}\right]\\&=-\frac{1}{6}.\end{aligned}$$

【评注】

$$\begin{aligned}\lim_{x\to+\infty}G(x)\cdot\frac{x^3}{3}&=\lim_{x\to+\infty}\frac{G(x)}{3x^{-3}}\xlongequal{\text{洛}}\lim_{x\to+\infty}\frac{G'(x)}{-9x^{-4}}\\&=\lim_{x\to+\infty}\frac{\mathrm{e}^{-x^2}}{-9x^{-4}}=-\frac{1}{9}\lim_{x\to+\infty}\frac{x^4}{\mathrm{e}^{x^2}}\\&\xlongequal{\text{洛}}-\frac{1}{9}\lim_{x\to+\infty}\frac{4x^3}{2x\mathrm{e}^{x^2}}=-\frac{2}{9}\lim_{x\to+\infty}\frac{x^2}{\mathrm{e}^{x^2}}\\&\xlongequal{\text{洛}}-\frac{2}{9}\lim_{x\to+\infty}\frac{1}{\mathrm{e}^{x^2}}=0.\end{aligned}$$

142 【解】 (1)$g(0)=0$. 当 $x\neq0$ 时，令 $u=tx^2$，则

$$\begin{aligned}g(x)&=\int_0^{\sin x}f(tx^2)\mathrm{d}t=\int_0^{x^2\sin x}f(u)\cdot\frac{1}{x^2}\mathrm{d}u\\&=\frac{1}{x^2}\int_0^{x^2\sin x}f(u)\mathrm{d}u,\end{aligned}$$

$$g'(0)=\lim_{x\to 0}\frac{g(x)-g(0)}{x}=\lim_{x\to 0}\frac{\int_0^{x^2\sin x}f(u)\mathrm{d}u}{x^3}$$
$$=\lim_{x\to 0}\frac{f(x^2\sin x)(2x\sin x+x^2\cos x)}{3x^2}$$
$$=\frac{1}{3}\lim_{x\to 0}f(x^2\sin x)\cdot\lim_{x\to 0}\frac{2x\sin x+x^2\cos x}{x^2}=f(0).$$

于是 $g'(x)=\begin{cases}-\dfrac{2}{x^3}\displaystyle\int_0^{x^2\sin x}f(u)\mathrm{d}u+\dfrac{1}{x^2}f(x^2\sin x)(2x\sin x+x^2\cos x), & x\neq 0,\\ f(0), & x=0.\end{cases}$

(2) 当 $x\neq 0$ 时,$g'(x)$ 是连续的.

$$\lim_{x\to 0}g'(x)=\lim_{x\to 0}\frac{1}{x^2}f(x^2\sin x)(2x\sin x+x^2\cos x)-2\lim_{x\to 0}\frac{\int_0^{x^2\sin x}f(u)\mathrm{d}u}{x^3}$$
$$=3f(0)-2\lim_{x\to 0}\frac{f(x^2\sin x)(2x\sin x+x^2\cos x)}{3x^2}$$
$$=3f(0)-2f(0)=f(0)=g'(0),$$

即 $g'(x)$ 在 $x=0$ 也连续,总之 $g'(x)$ 处处连续.

143 【解】 显然 $f(x)$ 在 $(0,+\infty)$ 上连续,所以,当 $\lim\limits_{x\to 0^+}f(x)$ 和 $\lim\limits_{x\to+\infty}f(x)$ 都存在时,$f(x)$ 在 $(0,+\infty)$ 上必有界.

先考虑 $\lim\limits_{x\to 0^+}f(x)$,显然,当 $\alpha\leqslant 0$ 时,极限 $\lim\limits_{x\to 0^+}f(x)=0$.

当 $\alpha>0$ 时,

$$\lim_{x\to 0^+}f(x)=\lim_{x\to 0^+}\frac{\int_0^x|\sin t|\mathrm{d}t}{x^\alpha}=\lim_{x\to 0^+}\frac{\sin x}{\alpha x^{\alpha-1}}$$
$$=\lim_{x\to 0^+}\frac{x}{\alpha x^{\alpha-1}}=\begin{cases}0, & \alpha<2,\\ \dfrac{1}{2}, & \alpha=2,\\ +\infty, & \alpha>2.\end{cases}$$

总之,当 $\alpha>2$ 时,$\lim\limits_{x\to 0^+}f(x)=+\infty$,$f(x)$ 在 $(0,+\infty)$ 上无界;当 $\alpha\leqslant 2$ 时,$\lim\limits_{x\to 0^+}f(x)$ 存在.

再考虑 $\lim\limits_{x\to+\infty}f(x)$,当 $1<\alpha\leqslant 2$ 时,

$$\lim_{x\to+\infty}f(x)=\lim_{x\to+\infty}\frac{\int_0^x|\sin t|\mathrm{d}t}{x^\alpha}=\lim_{x\to+\infty}\frac{|\sin x|}{\alpha x^{\alpha-1}}=0.$$

当 $\alpha=1$ 时,不妨设 $n\pi\leqslant x<(n+1)\pi$,则

$$f(x)=\frac{\int_0^x|\sin t|\mathrm{d}t}{x}\leqslant\frac{\int_0^{(n+1)\pi}|\sin t|\mathrm{d}t}{n\pi}=\frac{(n+1)\int_0^\pi|\sin t|\mathrm{d}t}{n\pi}=\frac{2(n+1)}{n\pi}\to\frac{2}{\pi}(n\to\infty),$$

同时 $f(x)=\dfrac{\int_0^x|\sin t|\mathrm{d}t}{x}\geqslant\dfrac{\int_0^{n\pi}|\sin t|\mathrm{d}t}{(n+1)\pi}=\dfrac{n\int_0^\pi|\sin t|\mathrm{d}t}{(n+1)\pi}=\dfrac{2n}{(n+1)\pi}\to\dfrac{2}{\pi}(n\to\infty)$,

因此 $\lim\limits_{x\to+\infty} f(x)=\dfrac{2}{\pi}$.

当 $\alpha<1$ 时，

$$\lim_{x\to+\infty} f(x)=\lim_{x\to+\infty}\frac{\int_0^x |\sin t|\,\mathrm{d}t}{x^\alpha}=\lim_{x\to+\infty}\frac{\int_0^x |\sin t|\,\mathrm{d}t}{x}\cdot\frac{1}{x^{\alpha-1}}=+\infty.$$

总之，当 $\alpha<1$ 时，$\lim\limits_{x\to+\infty} f(x)=+\infty$，$f(x)$ 在 $(0,+\infty)$ 上无界；当 $\alpha\geqslant 1$ 时 $\lim\limits_{x\to+\infty} f(x)$ 存在.

综合以上讨论，可知 $f(x)$ 在 $(0,+\infty)$ 上有界，当且仅当 $1\leqslant\alpha\leqslant 2$.

144 【证明】 **方法一** 令 $F(x)=\int_0^x (x^2-t^2)f(t)\,\mathrm{d}t$，则

$$F(0)=F(1)=0.$$

由罗尔定理知 $\exists\,\xi\in(0,1)$，使 $F'(\xi)=0$.

$$F(x)=x^2\int_0^x f(t)\,\mathrm{d}t-\int_0^x t^2 f(t)\,\mathrm{d}t,$$

$$F'(x)=2x\int_0^x f(t)\,\mathrm{d}t+x^2 f(x)-x^2 f(x)=2x\int_0^x f(t)\,\mathrm{d}t,$$

即 $\int_0^\xi f(x)\,\mathrm{d}x=0$.

方法二

$$\begin{aligned}\int_0^1 x^2 f(x)\,\mathrm{d}x&=\int_0^1 x^2\,\mathrm{d}\int_0^x f(t)\,\mathrm{d}t\\&=x^2\int_0^x f(t)\,\mathrm{d}t\Big|_0^1-2\int_0^1\Big[x\int_0^x f(t)\,\mathrm{d}t\Big]\mathrm{d}x\\&=\int_0^1 f(t)\,\mathrm{d}t-2\int_0^1\Big[x\int_0^x f(t)\,\mathrm{d}t\Big]\mathrm{d}x,\end{aligned}$$

则 $\int_0^1\Big[x\int_0^x f(t)\,\mathrm{d}t\Big]\mathrm{d}x=0$.

由积分中值定理得 $\int_0^1\Big[x\int_0^x f(t)\,\mathrm{d}t\Big]\mathrm{d}x=\xi\int_0^\xi f(t)\,\mathrm{d}t,\ \xi\in(0,1)$，

则 $\int_0^\xi f(x)\,\mathrm{d}x=0$.

145 【解】 当 $a>0$ 时，反常积分 $\int_0^{+\infty}\dfrac{1}{(ax^2+1)\sqrt{x^2+1}}\mathrm{d}x$ 收敛. $f(x)$ 在 $x=1$ 附近有定义.

$$\begin{aligned}f(a)&=\int_0^{+\infty}\frac{1}{(ax^2+1)\sqrt{x^2+1}}\mathrm{d}x\xlongequal{x=\tan t}\int_0^{\frac{\pi}{2}}\frac{\sec t}{a\tan^2 t+1}\mathrm{d}t=\int_0^{\frac{\pi}{2}}\frac{\cos t}{a\sin^2 t+\cos^2 t}\mathrm{d}t\\&=\int_0^{\frac{\pi}{2}}\frac{1}{1+(a-1)\sin^2 t}\mathrm{d}(\sin t).\end{aligned}$$

当 $a=1$ 时，$f(1)=\int_0^{\frac{\pi}{2}}1\,\mathrm{d}(\sin t)=1$.

当 $a>1$ 时，

$$f(a)=\int_0^{\frac{\pi}{2}}\frac{1}{1+(a-1)\sin^2 t}\mathrm{d}(\sin t)\xlongequal{u=\sin t}\int_0^1\frac{1}{1+(a-1)u^2}\mathrm{d}u$$

$$= \frac{1}{\sqrt{a-1}}\arctan \sqrt{a-1}u \Big|_0^1 = \frac{\arctan \sqrt{a-1}}{\sqrt{a-1}}.$$

当 $0 < a < 1$ 时，

$$f(a) = \int_0^{\frac{\pi}{2}} \frac{1}{1+(a-1)\sin^2 t}\mathrm{d}(\sin t) \xlongequal{u=\sin t} \int_0^1 \frac{1}{1-(1-a)u^2}\mathrm{d}u$$

$$= \frac{1}{2}\int_0^1\left(\frac{1}{1-\sqrt{1-a}u} + \frac{1}{1+\sqrt{1-a}u}\right)\mathrm{d}u = \frac{1}{2\sqrt{1-a}}\ln\left|\frac{1+\sqrt{1-a}u}{1-\sqrt{1-a}u}\right|\Bigg|_0^1$$

$$= \frac{1}{2\sqrt{1-a}}\ln\left|\frac{1+\sqrt{1-a}}{1-\sqrt{1-a}}\right|.$$

下面分别求左、右导数.

$$f'_+(1) = \lim_{a\to 1^+}\frac{f(a)-f(1)}{a-1} = \lim_{a\to 1^+}\frac{\frac{\arctan\sqrt{a-1}}{\sqrt{a-1}}-1}{a-1} = \lim_{a\to 1^+}\frac{\arctan\sqrt{a-1}-\sqrt{a-1}}{(a-1)^{\frac{3}{2}}}$$

$$\xlongequal{u=\sqrt{a-1}} \lim_{u\to 0^+}\frac{\arctan u - u}{u^3} \xlongequal{\text{洛必达}} \lim_{u\to 0^+}\frac{\frac{1}{1+u^2}-1}{3u^2} = -\frac{1}{3}.$$

另一方面，

$$f'_-(1) = \lim_{a\to 1^-}\frac{f(a)-f(1)}{a-1} = \lim_{a\to 1^-}\frac{\frac{1}{2\sqrt{1-a}}\ln\left|\frac{1+\sqrt{1-a}}{1-\sqrt{1-a}}\right|-1}{a-1}$$

$$\xlongequal{u=\sqrt{1-a}} \lim_{u\to 0^+} -\frac{\ln\frac{1+u}{1-u}-2u}{2u^3}$$

$$\xlongequal{\text{洛必达}} \lim_{u\to 0^+} -\frac{\frac{2}{1-u^2}-2}{6u^2} = -\frac{1}{3}.$$

因此，$f'(1)$ 存在，且其值 $= -\frac{1}{3}$.

146 【解】 设 L 与 L_1 的交点为 $B(1+4t_0, 3-2t_0, t_0)$，

因为 L 与 Π 平行，所以 $\overrightarrow{AB} \perp \boldsymbol{n}$，其中 $\boldsymbol{n} = (3, -1, 2)$.

由 $\overrightarrow{AB}\cdot\boldsymbol{n} = 0$ 求得 $t_0 = -\frac{1}{16}$.

故 $\overrightarrow{AB} = (4t_0, 3-2t_0, t_0+2) = \frac{1}{16}(-4, 50, 31)$.

那么 L 的方程为 $\frac{x-1}{-4} = \frac{y}{50} = \frac{z+2}{31}$.

147 【分析】 利用可微的定义，如：$g(x,y)-g(0,0) = g'_x(0,0)x + g'_y(0,0)y + o(\sqrt{x^2+y^2})$.

【证明】 由 $\mathrm{d}g(0,0) = 0$，可得 $g'_x(0,0) = g'_y(0,0) = 0$，因而

$$g(x,y)-g(0,0)=g'_x(0,0)x+g'_y(0,0)y+o(\sqrt{x^2+y^2}),$$

即

$$g(x,y)=o(\sqrt{x^2+y^2}).$$

用偏导数的定义

$$f'_x(0,0)=\lim_{x\to 0}\frac{f(x,0)-f(0,0)}{x}=\lim_{x\to 0}\frac{g(x,0)}{x}\sin\frac{1}{\sqrt{x^2}}$$

$$=\lim_{x\to 0}\frac{o(\sqrt{x^2})}{x}\sin\frac{1}{\sqrt{x^2}}=\lim_{x\to 0}\frac{o(\sqrt{x^2})}{\sqrt{x^2}}\cdot\frac{\sqrt{x^2}}{x}\sin\frac{1}{\sqrt{x^2}}=0,$$

同理

$$f'_y(0,0)=0,$$

由于$\lim\limits_{\rho\to 0}\dfrac{f(x,y)-f(0,0)-[f'_x(0,0)\cdot x+f'_y(0,0)\cdot y]}{\rho}=\lim\limits_{\rho\to 0}\dfrac{g(x,y)}{\rho}\sin\dfrac{1}{\sqrt{x^2+y^2}}=0$,

其中$\rho=\sqrt{x^2+y^2}$. 故$f(x,y)$在点$(0,0)$处可微，且$\mathrm{d}f(0,0)=0$.

148 【分析】 用偏导数的定义求$f(x,y)$在$(0,0)$处的偏导数，再利用可微的充分必要条件判断是否可微.

【解】 利用偏导数的定义

$$f'_x(0,0)=\lim_{x\to 0}\frac{f(x,0)-f(0,0)}{x}=\lim_{x\to 0}\frac{\varphi(|x\cdot 0|)-\varphi(0)}{x}=0,$$

同理$f'_y(0,0)=0$，而

$$\frac{f(x,y)-f(0,0)-f'_x(0,0)x-f'_y(0,0)y}{\sqrt{x^2+y^2}}=\frac{f(x,y)}{\sqrt{x^2+y^2}}=\frac{\varphi(|xy|)}{\sqrt{x^2+y^2}}.$$

由已知在$u=0$的某邻域内$|\varphi(u)|\leqslant u^2$，得

$$\left|\frac{f(x,y)-f(0,0)-f'_x(0,0)x-f'_y(0,0)y}{\sqrt{x^2+y^2}}\right|=\frac{|\varphi(|xy|)|}{\sqrt{x^2+y^2}}\leqslant\frac{|xy|^2}{\sqrt{x^2+y^2}},$$

由重要不等式 $|xy|^2=x^2y^2\leqslant\left(\dfrac{x^2+y^2}{2}\right)^2=\dfrac{(x^2+y^2)^2}{4}$，进而

$$\left|\frac{f(x,y)-f(0,0)-f'_x(0,0)x-f'_y(0,0)y}{\sqrt{x^2+y^2}}\right|\leqslant\frac{(x^2+y^2)^{\frac{3}{2}}}{4}\to 0\begin{pmatrix}x\to 0\\ y\to 0\end{pmatrix},$$

所以

$$\lim_{\substack{x\to 0\\ y\to 0}}\frac{f(x,y)-f(0,0)-f'_x(0,0)x-f'_y(0,0)y}{\sqrt{x^2+y^2}}=0,$$

由可微的充分必要条件知，$f(x,y)$在$(0,0)$处可微，且$f(x,y)$在$(0,0)$处的全微分

$$\mathrm{d}f(0,0)=f'_x(0,0)\mathrm{d}x+f'_y(0,0)\mathrm{d}y=0.$$

【评注】 本题中还可利用其他方法计算$\lim\limits_{\substack{x\to 0\\ y\to 0}}\dfrac{|xy|^2}{\sqrt{x^2+y^2}}=0$，如

$$\lim_{\substack{x\to 0\\ y\to 0}}\frac{|xy|^2}{\sqrt{x^2+y^2}}=\lim_{r\to 0}\frac{r^4\sin^2\theta\cos^2\theta}{r}=\frac{1}{4}\lim_{r\to 0}r^3\sin^2 2\theta=0.$$

149 【分析】 对于充分性，令$u=ax+by$，$v=y$，得$x=\dfrac{u-bv}{a}$，$y=v$转化为证明函数$z=f\left(\dfrac{u-bv}{a},v\right)$与$v$无关，只是$u$的函数，即证明$\dfrac{\partial z}{\partial v}=0$.

【证明】 必要性.由 $f(x,y)=g(ax+by)$,得

$$\frac{\partial z}{\partial x}=ag'(ax+by),\frac{\partial z}{\partial y}=bg'(ax+by),$$

所以,有 $b\frac{\partial z}{\partial x}=a\frac{\partial z}{\partial y}$.

充分性.令 $u=ax+by,v=y$,得 $x=\frac{u-bv}{a},y=v$,

$z=f(x,y)=f\left(\frac{u-bv}{a},v\right),\frac{\partial z}{\partial v}=-\frac{b}{a}f'_x+f'_y=\frac{1}{a}\left(-b\frac{\partial z}{\partial x}+a\frac{\partial z}{\partial y}\right)=0.$

所以 $z=f(x,y)=f\left(\frac{u-bv}{a},v\right)$ 与 v 无关,只是 u 的函数,即存在可微函数 $g(u)$,使 $f(x,y)=g(ax+by)$.

150 【解】 由 $w=ze^y$ 得 $z=e^{-y}w$.

因为 $z=z(x,y)$ 二阶偏导连续,所以 $w=w(u,v)$ 二阶偏导连续.

$$\frac{\partial z}{\partial x}=e^{-y}\left(\frac{1}{2}\frac{\partial w}{\partial u}+\frac{1}{2}\frac{\partial w}{\partial v}\right),$$

$$\frac{\partial^2 z}{\partial x^2}=e^{-y}\left(\frac{1}{4}\frac{\partial^2 w}{\partial u^2}+\frac{1}{4}\frac{\partial^2 w}{\partial u\partial v}+\frac{1}{4}\frac{\partial^2 w}{\partial v\partial u}+\frac{1}{4}\frac{\partial^2 w}{\partial v^2}\right),$$

$$\frac{\partial^2 z}{\partial x\partial y}=-e^{-y}\left(\frac{1}{2}\frac{\partial w}{\partial u}+\frac{1}{2}\frac{\partial w}{\partial v}\right)+e^{-y}\left(\frac{1}{4}\frac{\partial^2 w}{\partial u^2}-\frac{1}{4}\frac{\partial^2 w}{\partial u\partial v}+\frac{1}{4}\frac{\partial^2 w}{\partial v\partial u}-\frac{1}{4}\frac{\partial^2 w}{\partial v^2}\right),$$

代入 $\frac{\partial^2 z}{\partial x^2}+\frac{\partial^2 z}{\partial x\partial y}+\frac{\partial z}{\partial x}=z$ 得 $\frac{\partial^2 w}{\partial u^2}+\frac{\partial^2 w}{\partial v\partial u}=2w$.

151 【分析】 由题设知 $g(x,y)$ 有二阶连续偏导数,$g(0,0)=f(1,0)$.

通过计算 $g'_x(0,0),g'_y(0,0)$ 来说明 $g(0,0)$ 可能是极值,再通过计算 $A=g''_{xx}(0,0),B=g''_{xy}(0,0),C=g''_{yy}(0,0)$ 来判断 $g(0,0)$ 是极值.

【解】 由于 $f(x,y)=-(x-1)-y+o(\sqrt{(x-1)^2+y^2})$,

由全微分的定义知 $f(1,0)=0,f'_x(1,0)=f'_y(1,0)=-1$.又

$g'_x=f'_1\cdot e^{xy}y+f'_2\cdot 2x,g'_y=f'_1\cdot e^{xy}x+f'_2\cdot 2y$,

从而 $g'_x(0,0)=0,g'_y(0,0)=0$.

$g''_{xx}=(f''_{11}\cdot e^{xy}y+f''_{12}\cdot 2x)e^{xy}y+f'_1\cdot e^{xy}y^2+(f''_{21}\cdot e^{xy}y+f''_{22}\cdot 2x)2x+2f'_2$,

$g''_{xy}=(f''_{11}\cdot e^{xy}x+f''_{12}\cdot 2y)e^{xy}y+f'_1\cdot(e^{xy}xy+e^{xy})+(f''_{21}\cdot e^{xy}x+f''_{22}\cdot 2y)2x$,

$g''_{yy}=(f''_{11}\cdot e^{xy}x+f''_{12}\cdot 2y)e^{xy}x+f'_1\cdot e^{xy}x^2+(f''_{21}\cdot e^{xy}x+f''_{22}\cdot 2y)2y+2f'_2$,

$A=g''_{xx}(0,0)=2f'_2(1,0)=-2,B=g''_{xy}(0,0)=f'_1(1,0)=-1$,

$C=g''_{yy}(0,0)=2f'_2(1,0)=-2$,

$AC-B^2=3>0$,且 $A<0$,故 $g(0,0)=f(1,0)=0$ 是极大值.

【评注】 求 $A=g''_{xx}(0,0),B=g''_{xy}(0,0),C=g''_{yy}(0,0)$ 有更简单的方法.

由 $g'_x=f'_1\cdot e^{xy}y+f'_2\cdot 2x$ 知,$g'_x(x,0)=2xf'_2(1,x^2)$,则

$g''_{xx}(x,0)=2f'_2(1,x^2)+4x^2f''_{22}(1,x^2)$.

$g''_{xx}(0,0)=2f'_2(1,0)=-2$.

同理 $g''_{yy}(0,0)=-2$. $g''_{xy}(0,0)=-1$.

152 【解】 由$\begin{cases}\dfrac{\partial z}{\partial x}=2x-4=0,\\ \dfrac{\partial z}{\partial y}=-2y=0\end{cases}$ 得区域内部可能的最值点为$\begin{cases}x=2,\\ y=0.\end{cases}$

再考虑其在边界曲线 $x^2+y^2=9$ 上的情形：令拉格朗日函数为

$$F(x,y,\lambda)=x^2-y^2-4x+6+\lambda(x^2+y^2-9),$$

解方程组

$$\begin{cases}F'_x=2x-4+2\lambda x=0,\\ F'_y=-2y+2\lambda y=0,\\ F'_\lambda=x^2+y^2-9=0,\end{cases}$$

得可能极值点 $x=\pm 3,y=0;x=1,y=\pm 2\sqrt{2}$,

代入 $f(x,y)$ 得 $f(2,0)=2,f(3,0)=3$, $f(-3,0)=27,f(1,\pm 2\sqrt{2})=-5$,

可见 $z=f(x,y)$ 在区域 D 上的最大值为 27，最小值为 -5.

【评注】 本题在计算区域边界上最值时，可把 $y^2=9-x^2$ 代入变为无条件极值.

153 【分析】 本题是求三元函数在区域 $D=\{(x,y,z)\mid x\geqslant 0,y\geqslant 0,z\geqslant 0,x+y+z=\pi\}$ 上的最值. 显然三元函数 $f(x,y,z)$ 在有界闭区域 D 上连续，一定能取到最大值和最小值，需求 D 内部的驻点及边界上的最值进行比较. 可看出在 D 的内部$\{(x,y,z)\mid x>0,y>0,z>0,x+y+z=\pi\}$，$x,y,z$ 恰为三角形的三个内角.

【解】 在 D 的内部，利用拉格朗日乘数法.

令 $$F(x,y,z)=2\cos x+3\cos y+4\cos z+\lambda(x+y+z-\pi),$$

由$\begin{cases}\dfrac{\partial F}{\partial x}=-2\sin x+\lambda=0,\\ \dfrac{\partial F}{\partial y}=-3\sin y+\lambda=0,\\ \dfrac{\partial F}{\partial z}=-4\sin z+\lambda=0,\\ \dfrac{\partial F}{\partial \lambda}=x+y+z-\pi=0,\end{cases}$ 得 $\sin x:\sin y:\sin z=\dfrac{1}{2}:\dfrac{1}{3}:\dfrac{1}{4}=6:4:3$,

而 x,y,z 恰为三角形的三个内角，用正弦定理：设三角形的三边为 a,b,c 有

$$a:b:c=\sin x:\sin y:\sin z=6:4:3.$$

再用余弦定理：$a^2=b^2+c^2-2bc\cos x$，有 $36=16+9-24\cos x$，计算得 $\cos x=-\dfrac{11}{24}$.

同理 $\cos y=\dfrac{29}{36},\cos z=\dfrac{43}{48}$，此时，$f(x,y,z)=2\cos x+3\cos y+4\cos z=\dfrac{61}{12}$，这是 D 的内部可能取得的最值.

在 D 的边界 $z=0,x+y=\pi$ 上，

$f(x,y,z)=2\cos x+3\cos(\pi-x)+4=4-\cos x(0\leqslant x\leqslant \pi)$，最小值为 3，最大值为 5；

在 D 的边界 $y=0,x+z=\pi$ 上，

$f(x,y,z)=2\cos x+4\cos(\pi-x)+3=3-2\cos x(0\leqslant x\leqslant \pi)$，最小值为 1，最大值为 5；

在 D 的边界 $x=0, y+z=\pi$ 上，

$f(x,y,z)=2+3\cos y+4\cos(\pi-y)=2-\cos y(0\leqslant y\leqslant\pi)$，最小值为 1，最大值为 3；
综上所述，所求函数的最小值为 1，最大值为 $\frac{61}{12}$.

【评注】 1. 根据题目的特殊性，本题借助于三角形求出了 $\cos x=-\frac{11}{24}$，$\cos y=\frac{29}{36}$，$\cos z=\frac{43}{48}$，其实也可解方程组求得.

由 $\begin{cases}\frac{\partial F}{\partial x}=-2\sin x+\lambda=0,\\ \frac{\partial F}{\partial y}=-3\sin y+\lambda=0,\\ \frac{\partial F}{\partial z}=-4\sin z+\lambda=0,\\ \frac{\partial F}{\partial \lambda}=x+y+z-\pi=0,\end{cases}$ 得 $\begin{cases}2\sin x=3\sin y,\\ \sin x=2\sin(x+y),\end{cases}$

即

$$\begin{cases}2\sin x=3\sin y, & ①\\ \sin x=2\sin x\cos y+2\cos x\sin y, & ②\end{cases}$$

① 代入 ② 得

$\sin x=2\sin x\cos y+\frac{4}{3}\cos x\sin x$，亦有 $2\cos y=1-\frac{4}{3}\cos x(\sin x\neq 0)$，进而

$$4\cos^2 y=1-\frac{8}{3}\cos x+\frac{16}{9}\cos^2 x, \quad ③$$

由 ① 知 $\cos^2 y=1-\frac{4}{9}\sin^2 x=\frac{5}{9}+\frac{4}{9}\cos^2 x$，代入 ③ 得 $\cos x=-\frac{11}{24}$.

进一步可求得 $\cos y=\frac{29}{36}, \cos z=\frac{43}{48}$.

2. 题目还可转化为二元函数 $g(x,y)=2\cos x+3\cos y-4\cos(x+y)$ 在平面有界闭区域 $D=\{(x,y)\mid 0\leqslant x+y\leqslant\pi, 0\leqslant x,y\leqslant\pi\}$ 上的最值问题.

154 **【分析】** 本题是求由方程确定的二元隐函数的极值，方法与求二元显函数的极值完全相同，只是计算稍显复杂.

【解】 方程 $x^2+y^2-xz-yz-z^2+6=0$ 两边分别对 x,y 求偏导数

$$\begin{cases}2x-z-x\frac{\partial z}{\partial x}-y\frac{\partial z}{\partial x}-2z\frac{\partial z}{\partial x}=0, & ①\\ 2y-x\frac{\partial z}{\partial y}-z-y\frac{\partial z}{\partial y}-2z\frac{\partial z}{\partial y}=0. & ②\end{cases}$$

令 $\begin{cases}\frac{\partial z}{\partial x}=0,\\ \frac{\partial z}{\partial y}=0,\end{cases}$ 得 $\begin{cases}2x-z=0,\\ 2y-z=0,\end{cases}$ 即 $\begin{cases}y=x,\\ z=2x.\end{cases}$

代入原方程 $x^2+y^2-xz-yz-z^2+6=0$，有 $-6x^2+6=0$，解得 $x=\pm1$，$z=z(x,y)$ 的驻点为 $(1,1)$，$(-1,-1)$，对应的函数值分别为 2 和 -2.

① 式两边分别对 x,y 求偏导得，

$$2-2\frac{\partial z}{\partial x}-x\frac{\partial^2 z}{\partial x^2}-y\frac{\partial^2 z}{\partial x^2}-2z\frac{\partial^2 z}{\partial x^2}-2\left(\frac{\partial z}{\partial x}\right)^2=0, \quad ③$$

$$-\frac{\partial z}{\partial y}-x\frac{\partial^2 z}{\partial x\partial y}-\frac{\partial z}{\partial x}-y\frac{\partial^2 z}{\partial x\partial y}-2\frac{\partial z}{\partial y}\frac{\partial z}{\partial x}-2z\frac{\partial^2 z}{\partial x\partial y}=0 \quad ④$$

② 式两边对 y 求偏导得，

$$2-x\frac{\partial^2 z}{\partial y^2}-2\frac{\partial z}{\partial y}-y\frac{\partial^2 z}{\partial y^2}-2z\frac{\partial^2 z}{\partial y^2}-2\left(\frac{\partial z}{\partial y}\right)^2=0, \quad ⑤$$

在 $(1,1)$ 处，由 ③④⑤ 式得

$$A=\left.\frac{\partial^2 z}{\partial x^2}\right|_{(1,1,2)}=\frac{1}{3},\ B=\left.\frac{\partial^2 z}{\partial x\partial y}\right|_{(1,1,2)}=0,\ C=\left.\frac{\partial^2 z}{\partial y^2}\right|_{(1,1,2)}=\frac{1}{3},$$

此时，$AC-B^2=\frac{1}{9}>0$，$A=\frac{1}{3}>0$，点 $(1,1)$ 处取极小值为 $z(1,1)=2$.

在 $(-1,-1)$ 处，由 ③④⑤ 式得

$$A=\left.\frac{\partial^2 z}{\partial x^2}\right|_{(-1,-1,-2)}=-\frac{1}{3},\ B=\left.\frac{\partial^2 z}{\partial x\partial y}\right|_{(-1,-1,-2)}=0,\ C=\left.\frac{\partial^2 z}{\partial y^2}\right|_{(1,1,2)}=-\frac{1}{3},$$

此时，$AC-B^2=\frac{1}{9}>0$，$A=-\frac{1}{3}<0$，点 $(-1,-1)$ 处取极大值为 $z(-1,-1)=-2$.

155 【解】 (1) 受光部分和背光部分的分界点是曲面 S 上那些切平面经过光源 P_0 的切点. 设切点为 (x_0,y_0,z_0)，曲面 S 在切点处的切平面方程为

$$2x_0(x-x_0)+2y_0(y-y_0)+z-z_0=0,$$

$P_0(\sqrt{2},\sqrt{2},2)$ 在此切平面上，故

$$2x_0(\sqrt{2}-x_0)+2y_0(\sqrt{2}-y_0)+2-z_0=0(z_0=1-x_0^2-y_0^2),$$

整理得 $2\sqrt{2}x_0+2\sqrt{2}y_0+z_0=0$，所求分界线方程为

$$\begin{cases} z=1-x^2-y^2(z\geqslant 0), \\ 2\sqrt{2}x+2\sqrt{2}y+z=0. \end{cases}$$

(2) 要求 $z=f(x,y,z)$ 在条件 $\begin{cases} z=1-x^2-y^2(z\geqslant 0), \\ 2\sqrt{2}x+2\sqrt{2}y+z=0 \end{cases}$ 下的最大值.

令 $F(x,y,z)=z+\lambda(x^2+y^2+z-1)+\mu(2\sqrt{2}x+2\sqrt{2}y+z)$，

令 $\begin{cases} F'_x=2\lambda x+2\sqrt{2}\mu=0, \\ F'_y=2\lambda y+2\sqrt{2}\mu=0, \\ F'_z=1+\lambda+\mu=0, \\ F'_\lambda=x^2+y^2+z-1=0, \\ F'_\mu=2\sqrt{2}x+2\sqrt{2}y+z=0, \end{cases}$ 求得 $\begin{cases} x=\sqrt{2}-\frac{1}{2}\sqrt{10}, \\ y=\sqrt{2}-\frac{1}{2}\sqrt{10}, \\ z=4\sqrt{5}-8. \end{cases}$

所求 z 坐标的最大值为 $4\sqrt{5}-8$.

156 【解】

$$\frac{\partial u}{\partial x}=\mathrm{e}^{ax+by}\frac{\partial v}{\partial x}+a\mathrm{e}^{ax+by}v(x,y),$$

$$\frac{\partial^2 u}{\partial x^2}=\mathrm{e}^{ax+by}\frac{\partial^2 v}{\partial x^2}+2a\mathrm{e}^{ax+by}\frac{\partial v}{\partial x}+a^2\mathrm{e}^{ax+by}v(x,y),$$

$$\frac{\partial u}{\partial y}=\mathrm{e}^{ax+by}\frac{\partial v}{\partial y}+b\mathrm{e}^{ax+by}v(x,y),$$

$$\frac{\partial^2 u}{\partial y^2}=\mathrm{e}^{ax+by}\frac{\partial^2 v}{\partial y^2}+2b\mathrm{e}^{ax+by}\frac{\partial v}{\partial y}+b^2\mathrm{e}^{ax+by}v(x,y),$$

代入$\frac{\partial^2 u}{\partial x^2}-\frac{\partial^2 u}{\partial y^2}+\frac{\partial u}{\partial x}+\frac{\partial u}{\partial y}=0$,并令$\frac{\partial v}{\partial x},\frac{\partial v}{\partial y}$的系数为零,得

$$a=-\frac{1}{2},b=\frac{1}{2},$$

此时有$\frac{\partial^2 v}{\partial x^2}-\frac{\partial^2 v}{\partial y^2}=0$.

157 【分析】 需把形式上的二次积分化为

$$I=-\int_0^1\mathrm{d}y\int_y^1(\mathrm{e}^{-x^2}+\mathrm{e}^x\sin x)\mathrm{d}x,$$

其中$\int_0^1\mathrm{d}y\int_y^1(\mathrm{e}^{-x^2}+\mathrm{e}^x\sin x)\mathrm{d}x$是积分区域$D=\{(x,y)\mid 0\leqslant y\leqslant 1,y\leqslant x\leqslant 1\}$上的二次积分,再交换积分次序计算.

【解】 交换积分次序

$$I=-\int_0^1\mathrm{d}y\int_y^1(\mathrm{e}^{-x^2}+\mathrm{e}^x\sin x)\mathrm{d}x=-\int_0^1\mathrm{d}x\int_0^x(\mathrm{e}^{-x^2}+\mathrm{e}^x\sin x)\mathrm{d}y$$

$$=-\int_0^1 x(\mathrm{e}^{-x^2}+\mathrm{e}^x\sin x)\mathrm{d}x=-\int_0^1 x\mathrm{e}^{-x^2}\mathrm{d}x-\int_0^1 x\mathrm{e}^x\sin x\mathrm{d}x,$$

而

$$\int_0^1 x\mathrm{e}^{-x^2}\mathrm{d}x=-\frac{1}{2}\mathrm{e}^{-x^2}\Big|_0^1=\frac{1}{2}(1-\mathrm{e}^{-1}),$$

$$\int_0^1 x\mathrm{e}^x\sin x\mathrm{d}x=\frac{1}{2}\int_0^1 x\mathrm{d}[\mathrm{e}^x(\sin x-\cos x)]$$

$$=\frac{1}{2}x\mathrm{e}^x(\sin x-\cos x)\Big|_0^1-\frac{1}{2}\int_0^1\mathrm{e}^x(\sin x-\cos x)\mathrm{d}x$$

$$=\frac{1}{2}\mathrm{e}(\sin 1-\cos 1)-\frac{1}{2}\int_0^1\mathrm{e}^x(\sin x-\cos x)\mathrm{d}x$$

$$=\frac{1}{2}\mathrm{e}(\sin 1-\cos 1)+\frac{1}{2}\mathrm{e}^x\cos x\Big|_0^1=\frac{1}{2}\mathrm{e}\sin 1-\frac{1}{2}.$$

所以 $I=\int_0^1\mathrm{d}y\int_1^y(\mathrm{e}^{-x^2}+\mathrm{e}^x\sin x)\mathrm{d}x=\frac{1}{2}\mathrm{e}^{-1}-\frac{\mathrm{e}}{2}\sin 1.$

【评注】 解答中用到了如下不定积分的结果

$\int\mathrm{e}^x\sin x\mathrm{d}x=\frac{1}{2}\mathrm{e}^x(\sin x-\cos x)+C,\int\mathrm{e}^x\cos x\mathrm{d}x=\frac{1}{2}\mathrm{e}^x(\sin x+\cos x)+C.$

158 【解】 D 关于 y 轴对称，则 $\iint\limits_D x^5 \sin^2 y \mathrm{d}\sigma = 0$.

设区域 $D_1 = \left\{(r,\theta) \middle| 0 \leqslant \theta \leqslant \frac{\pi}{6}, 0 \leqslant r \leqslant 2\sin\theta\right\}$,

$$D_2 = \left\{(r,\theta) \middle| \frac{\pi}{6} \leqslant \theta \leqslant \frac{\pi}{2}, 0 \leqslant r \leqslant 1\right\},$$

则 $D_1 + D_2$ 为区域 D 在 y 轴右边的区域. 由对称性，

$$\begin{aligned} I &= 2\iint\limits_{D_1+D_2} \sqrt{4-x^2-y^2}\,\mathrm{d}\sigma \\ &= 2\left(\iint\limits_{D_1} \sqrt{4-x^2-y^2}\,\mathrm{d}\sigma + \iint\limits_{D_2} \sqrt{4-x^2-y^2}\,\mathrm{d}\sigma\right) \\ &= 2\left(\int_0^{\frac{\pi}{6}} \mathrm{d}\theta \int_0^{2\sin\theta} \sqrt{4-r^2}\,r\mathrm{d}r + \int_{\frac{\pi}{6}}^{\frac{\pi}{2}} \mathrm{d}\theta \int_0^1 \sqrt{4-r^2}\,r\mathrm{d}r\right) \\ &= \frac{2}{3}(4-\sqrt{3})\pi - \frac{22}{9}. \end{aligned}$$

159 【解】 如图 1，

$D = D_1 \cup D_2 = \{(x,y) \mid 0 \leqslant x \leqslant 1, 0 \leqslant y \leqslant x\} \cup \{(x,y) \mid 0 \leqslant x \leqslant 1, x \leqslant y \leqslant 1\}$,

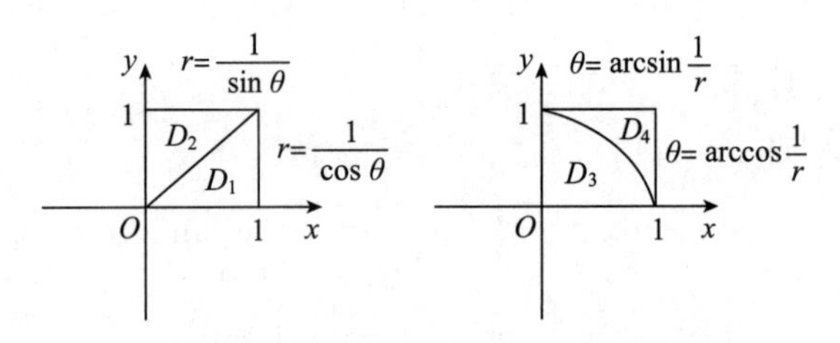

图 1　　图 2

在极坐标系下，直线 $x=1, y=1$ 的方程分别为 $r = \frac{1}{\cos\theta}, r = \frac{1}{\sin\theta}$，则

$D_1 = \left\{(r,\theta) \middle| 0 \leqslant \theta \leqslant \frac{\pi}{4}, 0 \leqslant r \leqslant \frac{1}{\cos\theta}\right\}, D_2 = \left\{(r,\theta) \middle| \frac{\pi}{4} \leqslant \theta \leqslant \frac{\pi}{2}, 0 \leqslant r \leqslant \frac{1}{\sin\theta}\right\}$,

于是

$$\begin{aligned} I &= \iint\limits_D f(x,y)\mathrm{d}x\mathrm{d}y \\ &= \int_0^{\frac{\pi}{4}} \mathrm{d}\theta \int_0^{\frac{1}{\cos\theta}} f(r\cos\theta, r\sin\theta) r\mathrm{d}r + \int_{\frac{\pi}{4}}^{\frac{\pi}{2}} \mathrm{d}\theta \int_0^{\frac{1}{\sin\theta}} f(r\cos\theta, r\sin\theta) r\mathrm{d}r. \end{aligned}$$

类似地有先 θ 后 r 的极坐标系下的二次积分形式，积分区域如图 2，$D = D_3 \cup D_4$，其中

$D_3 = \left\{(r,\theta) \middle| 0 \leqslant r \leqslant 1, 0 \leqslant \theta \leqslant \frac{\pi}{2},\right\}, D_4 = \left\{(r,\theta) \middle| 1 \leqslant r \leqslant \sqrt{2}, \arccos\frac{1}{r} \leqslant \theta \leqslant \arcsin\frac{1}{r}\right\}$,

因而

$$\begin{aligned} I &= \iint\limits_D f(x,y)\mathrm{d}x\mathrm{d}y \\ &= \int_0^1 r\mathrm{d}r \int_0^{\frac{\pi}{2}} f(r\cos\theta, r\sin\theta)\mathrm{d}\theta + \int_1^{\sqrt{2}} r\mathrm{d}r \int_{\arccos\frac{1}{r}}^{\arcsin\frac{1}{r}} f(r\cos\theta, r\sin\theta)\mathrm{d}\theta. \end{aligned}$$

160 【分析】 画出积分区域 D,由积分区域的特点用极坐标计算,同时利用二重积分的轮换对称性.

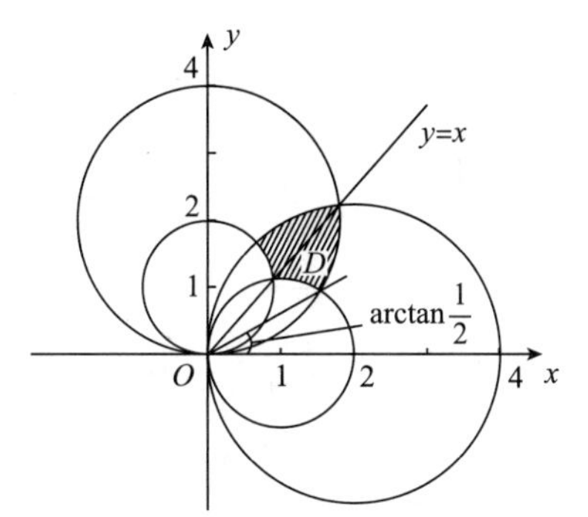

【解】 由 $\frac{1}{4}\leqslant\frac{x}{x^2+y^2}\leqslant\frac{1}{2}$,得 $\frac{1}{4}(x^2+y^2)\leqslant x\leqslant\frac{1}{2}(x^2+y^2)$,在极坐标系下为

$$\frac{1}{4}r^2\leqslant r\cos\theta\leqslant\frac{1}{2}r^2,\text{即 }2\cos\theta\leqslant r\leqslant 4\cos\theta.$$

同理,由 $\frac{1}{4}\leqslant\frac{y}{x^2+y^2}\leqslant\frac{1}{2}$,有 $2\sin\theta\leqslant r\leqslant 4\sin\theta$.

如图积分区域 $D=\{(r,\theta)\mid 2\cos\theta\leqslant r\leqslant 4\cos\theta,2\sin\theta\leqslant r\leqslant 4\sin\theta\}$,其关于直线 $y=x$ 对称,且被积函数 $f(x,y)=f(y,x)$,则

$$\begin{aligned}I&=2\int_{\arctan\frac{1}{2}}^{\frac{\pi}{4}}\mathrm{d}\theta\int_{2\cos\theta}^{4\sin\theta}\frac{r}{r\cos\theta\cdot r\sin\theta}\mathrm{d}r=2\int_{\arctan\frac{1}{2}}^{\frac{\pi}{4}}\frac{1}{\cos\theta\sin\theta}\ln r\Big|_{2\cos\theta}^{4\sin\theta}\mathrm{d}\theta\\&=2\int_{\arctan\frac{1}{2}}^{\frac{\pi}{4}}\frac{1}{\cos\theta\sin\theta}\ln(2\tan\theta)\mathrm{d}\theta=2\int_{\arctan\frac{1}{2}}^{\frac{\pi}{4}}\frac{1}{\tan\theta}\ln(2\tan\theta)\mathrm{d}\tan\theta\\&=2\int_{\arctan\frac{1}{2}}^{\frac{\pi}{4}}\frac{1}{\tan\theta}(\ln 2+\ln\tan\theta)\mathrm{d}\tan\theta\\&=2\left(\ln 2\cdot\ln\tan\theta+\frac{1}{2}\ln^2\tan\theta\right)\Big|_{\arctan\frac{1}{2}}^{\frac{\pi}{4}}=\ln^2 2.\end{aligned}$$

161 【分析】 被积函数为分块函数,比较 $\sqrt{\frac{3}{4}-x^2-y^2}$ 和 x^2+y^2 的大小,根据积分区域分块积分.

【解】 由 $\sqrt{\frac{3}{4}-x^2-y^2}=x^2+y^2$,得 $4(x^2+y^2)^2+4(x^2+y^2)-3=0$,解出

$$x^2+y^2=\frac{1}{2}\text{ 或 }x^2+y^2=-\frac{3}{2}(\text{舍去}).$$

积分区域 $D=\left\{(x,y)\mid x^2+y^2\leqslant\frac{3}{4}\right\}=D_1\cup D_2$,其中

$$D_1=\left\{(x,y)\mid x^2+y^2\leqslant\frac{1}{2}\right\},D_2=\left\{(x,y)\mid\frac{1}{2}<x^2+y^2\leqslant\frac{3}{4}\right\}.$$

此时被积函数 $\min\left\{\sqrt{\frac{3}{4}-x^2-y^2},x^2+y^2\right\}=\begin{cases}\sqrt{\frac{3}{4}-x^2-y^2}, & (x,y)\in D_2,\\ x^2+y^2, & (x,y)\in D_1,\end{cases}$ 则

$$I=\iint_{D_1}(x^2+y^2)\mathrm{d}x\mathrm{d}y+\iint_{D_2}\sqrt{\frac{3}{4}-x^2-y^2}\mathrm{d}x\mathrm{d}y$$

$$=\int_0^{2\pi}\mathrm{d}\theta\int_0^{\frac{\sqrt{2}}{2}}r^3\mathrm{d}r+\int_0^{2\pi}\mathrm{d}\theta\int_{\frac{\sqrt{2}}{2}}^{\frac{\sqrt{3}}{2}}r\sqrt{\frac{3}{4}-r^2}\mathrm{d}r$$

$$=2\pi\frac{r^4}{4}\bigg|_0^{\frac{\sqrt{2}}{2}}+2\pi\left(-\frac{1}{3}\right)\left(\frac{3}{4}-r^2\right)^{\frac{3}{2}}\bigg|_{\frac{\sqrt{2}}{2}}^{\frac{\sqrt{3}}{2}}=\frac{\pi}{8}+\frac{\pi}{12}=\frac{5}{24}\pi.$$

162 【解】 令 $P=\frac{x-y}{x^2+y^2},Q=\frac{x+y}{x^2+y^2}$,则

$$\frac{\partial P}{\partial y}=\frac{\partial Q}{\partial x}=\frac{-x(x+2y)+y^2}{(x^2+y^2)^2},\quad (x,y)\neq(0,0)$$

则曲线积分 $I=\int_C\frac{(x-y)\mathrm{d}x+(x+y)\mathrm{d}y}{x^2+y^2}$ 在不包含$(0,0)$点的单连通域上与路径无关.

因此$I=\int_L\frac{(x-y)\mathrm{d}x+(x+y)\mathrm{d}y}{x^2+y^2}$,其中$L$为上半圆$y=\sqrt{a^2-x^2}$从$A(-a,0)$到$B(a,0)$.

$$I=\int_L\frac{(x-y)\mathrm{d}x+(x+y)\mathrm{d}y}{x^2+y^2}=\int_L\frac{(x-y)\mathrm{d}x+(x+y)\mathrm{d}y}{a^2}$$

$$=\frac{1}{a^2}\left[\oint_{L+\overline{BA}}(x-y)\mathrm{d}x+(x+y)\mathrm{d}y-\int_{\overline{BA}}(x-y)\mathrm{d}x+(x+y)\mathrm{d}y\right]$$

$$=\frac{1}{a^2}\Big(-\iint\limits_{\substack{x^2+y^2\leqslant a^2\\ y\geqslant 0}}2\mathrm{d}x\mathrm{d}y-\int_a^{-a}x\mathrm{d}x\Big)$$

$$=\frac{1}{a^2}(-\pi a^2-0)=-\pi.$$

163 【证明】 用格林公式

$$\oint_C P\mathrm{d}x+Q\mathrm{d}y=\iint_D\left(\frac{\partial Q}{\partial x}-\frac{\partial P}{\partial y}\right)\mathrm{d}x\mathrm{d}y,$$

$$\oint_C xf(y)\mathrm{d}y-\frac{y}{f(x)}\mathrm{d}x=\iint_D\left[f(y)+\frac{1}{f(x)}\right]\mathrm{d}\sigma,$$

其中 $D=\{(x,y)\mid(x-a)^2+(y-a)^2\leqslant r^2\}$.

由于区域D关于直线$y=x$是对称的,即具有轮换对称性.所以,

$$\oint_C xf(y)\mathrm{d}y-\frac{y}{f(x)}\mathrm{d}x=\iint_D\left[f(x)+\frac{1}{f(x)}\right]\mathrm{d}\sigma\geqslant 2\iint_D\sqrt{f(x)\frac{1}{f(x)}}\mathrm{d}\sigma$$

$$=2\iint_D\mathrm{d}\sigma=2\pi r^2.$$

164 【解】 **方法一** 记平面$z=1$包含在锥面$z=\sqrt{x^2+y^2}$内的下侧为Σ_1,平面$z=2$包含在锥面$z=\sqrt{x^2+y^2}$内的上侧为Σ_2,则

$$I=\oiint\limits_{\Sigma+\Sigma_1+\Sigma_2}y\mathrm{d}y\mathrm{d}z-x\mathrm{d}z\mathrm{d}x+z^2\mathrm{d}x\mathrm{d}y-\iint\limits_{\Sigma_1+\Sigma_2}y\mathrm{d}y\mathrm{d}z-x\mathrm{d}z\mathrm{d}x+z^2\mathrm{d}x\mathrm{d}y$$

$$= \iiint_{\Omega} 2z\mathrm{d}x\mathrm{d}y\mathrm{d}z - \iint_{x^2+y^2\leqslant 4} 2^2\mathrm{d}x\mathrm{d}y + \iint_{x^2+y^2\leqslant 1} 1^2\mathrm{d}x\mathrm{d}y$$

$$= \int_1^2 2z\cdot \pi z^2\mathrm{d}z - 16\pi + \pi$$

$$= \frac{15}{2}\pi - 15\pi = -\frac{15}{2}\pi.$$

方法二 由 $z=\sqrt{x^2+y^2}$ 可知，$\frac{\partial z}{\partial x}=\frac{x}{\sqrt{x^2+y^2}}$，$\frac{\partial z}{\partial y}=\frac{y}{\sqrt{x^2+y^2}}$，则

$$I = \iint_{\Sigma}\{y,-x,z^2\}\cdot\left\{\frac{-x}{\sqrt{x^2+y^2}},\frac{-y}{\sqrt{x^2+y^2}},1\right\}\mathrm{d}x\mathrm{d}y$$

$$= \iint_{\Sigma} z^2\mathrm{d}x\mathrm{d}y = -\iint_{D_{xy}}(x^2+y^2)\mathrm{d}x\mathrm{d}y$$

$$= -\int_0^{2\pi}\mathrm{d}\theta\int_1^2\rho^3\mathrm{d}\rho = -\frac{15}{2}\pi.$$

165 【解】 **方法一** 由变量的轮换对称性可知

$$I = \oiint_{\Sigma}\frac{\mathrm{d}y\mathrm{d}z}{x}+\frac{\mathrm{d}z\mathrm{d}x}{y}+\frac{\mathrm{d}x\mathrm{d}y}{z} = 3\oiint_{\Sigma}\frac{\mathrm{d}x\mathrm{d}y}{z}$$

$$= 6\iint_{x^2+y^2\leqslant 1}\frac{\mathrm{d}x\mathrm{d}y}{\sqrt{1-x^2-y^2}} = 6\int_0^{2\pi}\mathrm{d}\theta\int_0^1\frac{\rho}{\sqrt{1-\rho^2}}\mathrm{d}\rho$$

$$= 12\pi\left(-\sqrt{1-\rho^2}\Big|_0^1\right) = 12\pi.$$

方法二 化二型面积分为一型面积分，曲面 $x^2+y^2+z^2=1$ 的外法线向量的方向余弦为

$$\cos\alpha = x,\cos\beta = y,\cos\gamma = z.$$

$$I = \oiint_{\Sigma}\frac{\mathrm{d}y\mathrm{d}z}{x}+\frac{\mathrm{d}z\mathrm{d}x}{y}+\frac{\mathrm{d}x\mathrm{d}y}{z} = \oiint_{\Sigma}\left(\frac{\cos\alpha}{x}+\frac{\cos\beta}{y}+\frac{\cos\gamma}{z}\right)\mathrm{d}S$$

$$= \oiint_{\Sigma}3\mathrm{d}S = 3\cdot 4\pi = 12\pi.$$

166 【分析】 利用 $f(x)$ 的幂级数展开式求出 $f^{(n)}(0)$，然后证明级数 $\sum\limits_{n=0}^{\infty}\frac{n!}{f^{(n)}(0)}$ 绝对收敛.

【证明】 $f(x) = \frac{1}{1+x-2x^2} = \frac{1}{3}\left(\frac{1}{1-x}+\frac{2}{1+2x}\right)$

$$= \frac{1}{3}\left[\sum_{n=0}^{\infty}x^n + 2\sum_{n=0}^{\infty}(-1)^n(2x)^n\right] \quad \left(|x|<\frac{1}{2}\right)$$

$$= \sum_{n=0}^{\infty}\frac{1+(-1)^n 2^{n+1}}{3}x^n \quad \left(|x|<\frac{1}{2}\right).$$

由幂级数展开式的唯一性，$\frac{f^{(n)}(0)}{n!} = \frac{1+(-1)^n 2^{n+1}}{3}(n=0,1,2,\cdots)$，有

$$\sum_{n=0}^{\infty}\frac{n!}{f^{(n)}(0)} = \sum_{n=0}^{\infty}\frac{3}{1+(-1)^n 2^{n+1}}.$$

由于
$$\left|\frac{3}{1+(-1)^n 2^{n+1}}\right| \leqslant \frac{3}{2^n},$$
而正项级数 $\sum_{n=0}^{\infty} \frac{3}{2^n}$ 收敛，所以级数 $\sum_{n=0}^{\infty} \frac{n!}{f^{(n)}(0)}$ 绝对收敛.

167 【解】 令 $a_n = \frac{(-1)^n}{\sqrt{n+(-1)^n}}$，因为 $n \geqslant 2$ 时，
$$|a_n| = \frac{1}{\sqrt{n+(-1)^n}} \geqslant \frac{1}{\sqrt{n+1}},$$
所以 $\sum_{n=2}^{\infty} |a_n|$ 发散.

注意到级数 $\sum_{n=1}^{\infty} a_n$ 不满足莱布尼茨准则的条件，下面用两种方法判别 $\sum_{n=2}^{\infty} a_n$ 的敛散性.

方法一
$$a_n = \frac{(-1)^n}{\sqrt{n+(-1)^n}} = \frac{(-1)^n}{\sqrt{n}} \cdot \frac{1}{\sqrt{1+\frac{(-1)^n}{n}}}$$
$$= \frac{(-1)^n}{\sqrt{n}}\left[1+\frac{(-1)^n}{n}\right]^{-\frac{1}{2}} = \frac{(-1)^n}{\sqrt{n}}\left[1-\frac{(-1)^n}{2n}+o\left(\frac{1}{n}\right)\right]$$
$$= \frac{(-1)^n}{\sqrt{n}} - \frac{1}{2n^{\frac{3}{2}}} + o\left(\frac{1}{n^{\frac{3}{2}}}\right),$$
因为 $\sum_{n=2}^{\infty} \frac{(-1)^n}{\sqrt{n}}$ 条件收敛，$\sum_{n=2}^{\infty} \frac{1}{n^{\frac{3}{2}}}$ 绝对收敛，$\sum_{n=2}^{\infty} o\left(\frac{1}{n^{\frac{3}{2}}}\right)$ 绝对收敛，所以 $\sum_{n=2}^{\infty} a_n$ 收敛，且是条件收敛的.

方法二 设 $\sum_{n=2}^{\infty} a_n$ 的部分和为 S_n. 即
$$S_n = \sum_{k=2}^{n+1} a_k = \sum_{k=2}^{n+1} \frac{(-1)^k}{\sqrt{k+(-1)^k}}$$
$$= \frac{1}{\sqrt{3}} - \frac{1}{\sqrt{2}} + \frac{1}{\sqrt{5}} - \frac{1}{\sqrt{4}} + \cdots + \frac{(-1)^{n+1}}{\sqrt{n+1+(-1)^{n+1}}},$$
则
$$S_{2n} = \left(\frac{1}{\sqrt{3}}-\frac{1}{\sqrt{2}}\right) + \left(\frac{1}{\sqrt{5}}-\frac{1}{\sqrt{4}}\right) + \cdots + \left(\frac{1}{\sqrt{2n+1}}-\frac{1}{\sqrt{2n}}\right)$$
$$= \sum_{k=1}^{n}\left(\frac{1}{\sqrt{2k+1}}-\frac{1}{\sqrt{2k}}\right),$$
即 S_{2n} 是级数 $\sum_{n=1}^{\infty} v_n$ 的部分和，$v_n = \frac{1}{\sqrt{2n+1}} - \frac{1}{\sqrt{2n}}$. 因为
$$v_n = \frac{1}{\sqrt{2n+1}} - \frac{1}{\sqrt{2n}} = \frac{\sqrt{2n}-\sqrt{2n+1}}{\sqrt{2n+1}\cdot\sqrt{2n}} = \frac{-1}{\sqrt{2n+1}\cdot\sqrt{2n}(\sqrt{2n+1}+\sqrt{2n})}$$
$$\sim \frac{-1}{4\sqrt{2}n^{\frac{3}{2}}},$$
所以 $\sum_{n=1}^{\infty} v_n$ 收敛，$\lim_{n\to\infty} S_{2n} = S$ 存在，而 $S_{2n+1} = S_{2n} + \frac{1}{\sqrt{2n+3}}$，故

$$\lim_{n\to\infty}S_{2n+1}=\lim_{n\to\infty}S_{2n}=S,$$

即$\sum\limits_{n=2}^{\infty}a_n$收敛，是条件收敛的.

168 【证明】 已知$\lim\limits_{n\to\infty}\dfrac{a_n}{n}=1>0$，所以存在正整数$N$，当$n>N$时，$a_n>0$.

由$\lim\limits_{n\to\infty}\dfrac{\frac{1}{a_n}}{\frac{1}{n}}=\lim\limits_{n\to\infty}\dfrac{n}{a_n}=1$，可知$\sum\limits_{n=1}^{\infty}\dfrac{1}{a_n}$发散.

当$n>N$时，$\left|(-1)^n\left(\dfrac{1}{a_n}+\dfrac{1}{a_{n+1}}\right)\right|=\dfrac{1}{a_n}+\dfrac{1}{a_{n+1}}>\dfrac{1}{a_n}$，于是$\sum\limits_{n=1}^{\infty}\left|(-1)^n\left(\dfrac{1}{a_n}+\dfrac{1}{a_{n+1}}\right)\right|$发散.

设$S_n=\sum\limits_{k=1}^{n}(-1)^k\left(\dfrac{1}{a_k}+\dfrac{1}{a_{k+1}}\right)$，则

$$\begin{aligned}S_n&=\sum_{k=1}^{n}\frac{(-1)^k}{a_k}+\sum_{k=1}^{n}\frac{(-1)^k}{a_{k+1}}\\&=\sum_{k=1}^{n}\frac{(-1)^k}{a_k}-\sum_{k=1}^{n}\frac{(-1)^{k+1}}{a_{k+1}}\\&=\sum_{k=1}^{n}\frac{(-1)^k}{a_k}-\sum_{k=2}^{n+1}\frac{(-1)^k}{a_k}=-\frac{1}{a_1}-\frac{(-1)^{n+1}}{a_{n+1}}.\end{aligned}$$

因为$\lim\limits_{n\to\infty}\dfrac{1}{a_n}=\lim\limits_{n\to\infty}\dfrac{n}{a_n}\cdot\dfrac{1}{n}=\lim\limits_{n\to\infty}\dfrac{n}{a_n}\cdot\lim\limits_{n\to\infty}\dfrac{1}{n}=0$，所以

$$\lim_{n\to\infty}S_n=\lim_{n\to\infty}\left[-\frac{1}{a_1}-\frac{(-1)^{n+1}}{a_{n+1}}\right]=-\frac{1}{a_1}.$$

即$\sum\limits_{n=1}^{\infty}(-1)^n\left(\dfrac{1}{a_n}+\dfrac{1}{a_{n+1}}\right)$收敛，且是条件收敛的.

169 【解】 (1) $\dfrac{1}{x^2}=-\left(\dfrac{1}{x}\right)'=-\left(\dfrac{1}{1+(x-1)}\right)'$

$$\begin{aligned}&=-\left[\sum_{n=0}^{\infty}(-1)^n(x-1)^n\right]'\\&=\sum_{n=1}^{\infty}n(-1)^{n-1}(x-1)^{n-1},x\in(0,2).\end{aligned}$$

(2)$2^x=2\cdot2^{x-1}=2\mathrm{e}^{(x-1)\ln 2}=2\sum\limits_{n=0}^{\infty}\dfrac{(\ln 2)^n(x-1)^n}{n!}$，$x\in(-\infty,+\infty)$.

(3)$\ln\dfrac{1}{2+2x+x^2}=-\ln[1+(x+1)^2]=\sum\limits_{n=1}^{\infty}\dfrac{(-1)^n(x+1)^{2n}}{n}$，$x\in[-2,0]$.

170 【解】 (1)$\sum\limits_{n=0}^{\infty}(2n+1)x^n=\sum\limits_{n=0}^{\infty}2nx^n+\sum\limits_{n=0}^{\infty}x^n=2x\sum\limits_{n=1}^{\infty}nx^{n-1}+\dfrac{1}{1-x}$

$$=2x\left(\sum_{n=0}^{\infty}x^n\right)'+\frac{1}{1-x}=2x\left(\frac{1}{1-x}\right)'+\frac{1}{1-x}$$

$$= \frac{2x}{(1-x)^2} + \frac{1}{1-x} = \frac{1+x}{(1-x)^2}, x \in (-1,1)$$

(2) 注意到 $\sum_{n=1}^{\infty} \frac{x^n}{n} = -\ln(1-x)$. 令 $S(x) = \sum_{n=1}^{\infty} \frac{x^{n-1}}{n2^{n-1}}, x \in [-2,2)$.

$$S(x) = \sum_{n=1}^{\infty} \frac{x^{n-1}}{n2^{n-1}} = \frac{2}{x} \sum_{n=1}^{\infty} \frac{\left(\frac{x}{2}\right)^n}{n} = -\frac{2}{x}\ln\left(1-\frac{x}{2}\right)(x \neq 0).$$

$$S(0) = 1$$

则 $S(x) = \begin{cases} -\frac{2}{x}\ln\left(1-\frac{x}{2}\right), & -2 \leqslant x < 0 \text{ 或 } 0 < x < 2 \\ 1, & x = 0 \end{cases}$.

(3) 因为 $\lim\limits_{n\to\infty} \frac{(n+1)(2n+1)+1}{(n+1)(2n+1)} \cdot \frac{n(2n-1)}{n(2n-1)+1} = 1$,

则当 $x^2 < 1$ 时，原级数绝对收敛，当 $x^2 > 1$ 时，原级数发散，因此原幂级数收敛半径为 1，收敛区间为 $(-1,1)$.

记 $S(x) = \sum_{n=1}^{\infty} \frac{(-1)^{n-1}}{2n(2n-1)} x^{2n}, \quad x \in (-1,1)$

则 $S'(x) = \sum_{n=1}^{\infty} \frac{(-1)^{n-1}}{2n-1} x^{2n-1}, \quad x \in (-1,1)$

$$S''(x) = \sum_{n=1}^{\infty} (-1)^{n-1} x^{2n-2} = \frac{1}{1+x^2}, \quad x \in (-1,1).$$

由于 $S(0) = 0, S'(0) = 0$，所以

$$S'(x) = \int_0^x S''(t)\mathrm{d}t = \int_0^x \frac{\mathrm{d}t}{1+t^2} = \arctan x,$$

$$S(x) = \int_0^x S'(t)\mathrm{d}t = \int_0^x \arctan t\mathrm{d}t = x\arctan x - \frac{1}{2}\ln(1+x^2),$$

又 $\sum_{n=1}^{\infty} (-1)^{n-1} x^{2n} = \frac{x^2}{1+x^2}, x \in (-1,1)$，从而

$$f(x) = 2S(x) + \frac{x^2}{1+x^2} = 2x\arctan x - \ln(1+x^2) + \frac{x^2}{1+x^2}, x \in (-1,1).$$

(4) 易求得该幂级数收敛半径为 1，且当 $x = -1$ 时收敛，当 $x = 1$ 时发散.

$$\sum_{n=2}^{\infty} \frac{n}{n^2-1} x^n = \sum_{n=2}^{\infty} \frac{n}{(n-1)(n+1)} x^n = \frac{1}{2}\left[\sum_{n=2}^{\infty} \frac{x^n}{n+1} + \sum_{n=2}^{\infty} \frac{x^n}{n-1}\right]$$

$$= \frac{1}{2}\left[\frac{1}{x}\sum_{n=2}^{\infty} \frac{x^{n+1}}{n+1} + x\sum_{n=2}^{\infty} \frac{x^{n-1}}{n-1}\right] \quad (x \neq 0)$$

$$= \frac{1}{2}\left[\frac{1}{x}\left(-\ln(1-x) - x - \frac{x^2}{2}\right) - x\ln(1-x)\right],$$

则 $S(x) = \begin{cases} -\frac{x}{2}\ln(1-x) - \frac{x}{4} - \frac{\ln(1-x)}{2x} - \frac{1}{2}, & -1 \leqslant x < 0 \text{ 或 } 0 < x < 1, \\ 0, & x = 0. \end{cases}$

171 【分析】 证明部分和$\sum_{k=1}^{n} a_k$有界即可.

【证明】 因为$\sum_{k=1}^{n}(a_k - a_n)$有界,所以存在$M > 0$,使得$\sum_{k=1}^{n}(a_k - a_n) \leqslant M$.

对任意n,取$m > n$,$\sum_{k=1}^{n} a_k - na_m = \sum_{k=1}^{n}(a_k - a_m) \leqslant \sum_{k=1}^{m}(a_k - a_m) \leqslant M$.

进而有$\lim\limits_{m\to\infty}\left(\sum_{k=1}^{n} a_k - na_m\right) = \sum_{k=1}^{n} a_k - n\lim\limits_{m\to\infty} a_m = \sum_{k=1}^{n} a_k \leqslant M$,即部分和$\sum_{k=1}^{n} a_k$有界,

利用正项级数收敛的充要条件可知级数$\sum_{n=1}^{\infty} a_n$收敛.

172 【证明】 当$q > 1$时,取r,使$1 < r < q$,由于$\lim\limits_{n\to\infty}\dfrac{\ln\left(\dfrac{1}{a_n}\right)}{\ln n} = q$,

则当n充分大时,$\dfrac{\ln\left(\dfrac{1}{a_n}\right)}{\ln n} > r$,由此可得$a_n < \dfrac{1}{n^r}$,则$\sum_{n=1}^{\infty} a_n$收敛.

当$q < 1$时,取r,使$q < r < 1$,由于$\lim\limits_{n\to\infty}\dfrac{\ln\left(\dfrac{1}{a_n}\right)}{\ln n} = q$,

则当n充分大时,$\dfrac{\ln\left(\dfrac{1}{a_n}\right)}{\ln n} < r$,由此可得$a_n > \dfrac{1}{n^r}$,故$\sum_{n=1}^{\infty} a_n$发散.

173 【证明】 由于$f(x)$是二阶可导的偶函数,则$f'(x)$为奇函数,$f'(0) = 0$.由泰勒公式得

$$f\left(\frac{1}{n}\right) = f(0) + f'(0)\frac{1}{n} + \frac{f''(0)}{2!}\frac{1}{n^2} + o\left(\frac{1}{n^2}\right) = 1 + \frac{1}{n^2} + o\left(\frac{1}{n^2}\right),$$

即$f\left(\dfrac{1}{n}\right) - 1 = \dfrac{1}{n^2} + o\left(\dfrac{1}{n^2}\right)$.

因为$\lim\limits_{n\to\infty}\dfrac{\left|f\left(\dfrac{1}{n}\right) - 1\right|}{\dfrac{1}{n^2}} = 1$,故$\sum_{n=1}^{\infty}\left[f\left(\dfrac{1}{n}\right) - 1\right]$绝对收敛.

174 【分析】 根据已知条件得到关于$f(x)$或$g(x)$的二阶常系数微分方程,求出$f(x)$及$g(x)$,再计算定积分.实际上,可看到

$$\int_0^{\frac{\pi}{2}}\left[\frac{g(x)}{1+x} - \frac{f(x)}{(1+x)^2}\right]dx = \int_0^{\frac{\pi}{2}}\frac{(1+x)f'(x) - f(x)}{(1+x)^2}dx = \left.\frac{f(x)}{1+x}\right|_0^{\frac{\pi}{2}}.$$

故只需求出$f(x)$即可.

【解】 由条件$f'(x) = g(x)$,得$f''(x) = g'(x) = 4e^x - f(x)$,求解二阶常系数微分方程

$$\begin{cases} f''(x) + f(x) = 4e^x, \\ f(0) = 0, f'(0) = g(0) = 0. \end{cases}$$

对应齐次微分方程的特征方程为 $\lambda^2+1=0$，解得 $\lambda=\pm i$，通解为

$$\bar{f}(x)=c_1\cos x+c_2\sin x,$$

其中 c_1,c_2 为任意常数.

非齐次微分方程的特解可设为 $f^*(x)=Ae^x$，用待定系数得 $A=2$.

于是，非齐次微分方程的通解为 $f(x)=c_1\cos x+c_2\sin x+2e^x$，

由 $f(0)=f'(0)=0$，得 $c_1=c_2=-2$，故 $f(x)=-2\sin x-2\cos x+2e^x$，从而

$$I=\int_0^{\frac{\pi}{2}}\left[\frac{g(x)}{1+x}-\frac{f(x)}{(1+x)^2}\right]dx=\int_0^{\frac{\pi}{2}}\frac{(1+x)f'(x)-f(x)}{(1+x)^2}dx=\frac{f(x)}{1+x}\Bigg|_0^{\frac{\pi}{2}}$$

$$=\frac{f(\frac{\pi}{2})}{1+\frac{\pi}{2}}-\frac{f(0)}{1+0}=\frac{4(e^{\frac{\pi}{2}}-1)}{2+\pi}.$$

175 【解】 依题意可知 $V(t)=\pi\int_1^t f^2(x)dx=\frac{\pi}{3}[t^2f(t)-f(1)]$. 即

$$3\int_1^t f^2(x)dx=t^2f(t)-f(1)(t>1).$$

由上式可知 $f(t)$ 可导，两端对 t 求导，得

$$3f^2(t)=2tf(t)+t^2f'(t),$$

即 $y=f(x)$ 是满足初值问题 $\begin{cases}3y^2=2xy+x^2y',\\ y(1)=-\frac{1}{2}\end{cases}$ 的解. 化简得

$$x^2y'=3y^2-2xy,y'=3\left(\frac{y}{x}\right)^2-2\frac{y}{x}.$$

令 $u=\frac{y}{x}$，得 $u+x\frac{du}{dx}=3u^2-2u$，即

$$x\frac{du}{dx}=3u^2-3u=3u(u-1).$$

当 $u\neq 0,u\neq 1$ 时，有 $\frac{du}{u(u-1)}=\frac{3dx}{x}$，即

$$\left(\frac{1}{u-1}-\frac{1}{u}\right)du=\frac{3}{x}dx,$$

两边积分，得 $\frac{u-1}{u}=Cx^3$，代入 $u=\frac{y}{x}$，得 $y-x=Cx^3y$.

由 $y(1)=-\frac{1}{2}$，得 $C=3$.

总之，$f(x)=\frac{x}{1-3x^3}(x\geqslant 1)$.

176 【解】 (1) $\frac{dx}{dy}=\frac{1}{y'}$，

$$\frac{d^2x}{dy^2}=\frac{d}{dy}\left(\frac{1}{y'}\right)=\frac{d}{dx}\left(\frac{1}{y'}\right)\cdot\frac{dx}{dy}=-\frac{y''}{(y')^2}\cdot\frac{1}{y'}=-\frac{y''}{(y')^3},$$

代入 $\frac{d^2x}{dy^2}+(y+\sin x)\left(\frac{dx}{dy}\right)^3=0$，得新方程为

$$y'' = y + \sin x,$$

即 $y'' - y = \sin x$.

(2) 方程 $y'' - y = 0$ 的特征方程为 $r^2 - 1 = 0$,解得 $r = \pm 1$,故 $y'' - y = 0$ 的通解为

$$y = C_1 e^x + C_2 e^{-x}.$$

设 $y^* = a\cos x + b\sin x$ 为 $y'' - y = \sin x$ 的特解,代入方程求得 $a = 0, b = -\frac{1}{2}$.

故 $y'' - y = \sin x$ 的通解为

$$y = C_1 e^x + C_2 e^{-x} - \frac{1}{2}\sin x.$$

由 $y(0) = 0, y'(0) = \frac{3}{2}$,求得 $C_1 = 1, C_2 = -1$. 即所求特解为

$$y = e^x - e^{-x} - \frac{1}{2}\sin x.$$

177 【解】 将题设方程两边对 x 求导,得

$$f'(x)g[f(x)] + f(x) = (2x + x^2)e^x,$$

因 $g(x)$ 为 $f(x)$ 在 $[0, +\infty)$ 上的反函数,所以 $g[f(x)] = x$,代入方程得

$$xf'(x) + f(x) = (2x + x^2)e^x,$$

将 $x = 0$ 代入左、右两边,得 $f(0) = 0$.

又从上述方程可以看出

$$[xf(x)]' = (2x + x^2)e^x,$$

从而

$$xf(x) = \int (2x + x^2)e^x dx + C = x^2 e^x + C,$$

$$f(x) = xe^x + \frac{C}{x},$$

题设 $f(x)$ 在 $x = 0$ 处连续,所以 $C = 0$. 故 $f(x) = xe^x$.

178 【解】 由题设有 $f(0) = -1$,

$$\begin{aligned}
f(x) &= -1 + x + 2\int_0^x (x - t) f(t) f'(t) dt \\
&= -1 + x + 2x\int_0^x f(t) f'(t) dt - 2\int_0^x t f(t) f'(t) dt \\
&= -1 + x + x\int_0^x d[f^2(t)] - \int_0^x t d[f^2(t)] \\
&= -1 + x + x[f^2(x) - f^2(0)] - \left[t f^2(t)\Big|_0^x - \int_0^x f^2(t) dt\right] \\
&= -1 + x + xf^2(x) - x - xf^2(x) + \int_0^x f^2(t) dt \\
&= -1 + \int_0^x f^2(t) dt,
\end{aligned}$$

将上述等式左、右两边对 x 求导,得 $f'(x) = f^2(x)$.

记 $y = f(x)$,得 $\frac{dy}{dx} = y^2$. 分离变量解得 $-\frac{1}{y} = x + C$.

以 $x=0$ 时 $y=-1$ 代入，得 $C=1$，得解 $y=-\dfrac{1}{x+1}$，即 $f(x)=-\dfrac{1}{x+1}$.

179 【证明】 因为对任意 $x,y\in(-\infty,+\infty)$，恒有 $f(x+y)=f(x)f(y)$，取 $x=y=0$，有 $f(0)=f^2(0)$，又 $f(x)\neq 0$，可得 $f(0)=1$. 于是

$$f'(x)=\lim_{\Delta x\to 0}\frac{f(x+\Delta x)-f(x)}{\Delta x}=\lim_{\Delta x\to 0}\frac{f(x)\cdot f(\Delta x)-f(x)}{\Delta x}$$

$$=\lim_{\Delta x\to 0}\left(f(x)\frac{f(\Delta x)-1}{\Delta x}\right)=\lim_{\Delta x\to 0}\left(f(x)\frac{f(\Delta x)-f(0)}{\Delta x}\right)=f(x)f'(0),$$

因为 $f'(0)$ 存在，所以 $f'(x)$ 存在.

$f'(x)=f'(0)f(x)$. 又 $f'(0)=a$，故有 $f'(x)-af(x)=0$，于是可得解 $f(x)=Ce^{ax}$，由 $f(0)=1$ 可求得 $C=1$，所以 $f(x)=e^{ax}$.

180 【分析】 本题是微分方程的反问题，可以利用解的定义代入方程，用待定系数法求出 a,b,c，或者利用解的性质和结构来求解.

【解】 (1) **方法一** 将特解代入原微分方程，有

$$9e^{3x}+(4+x)e^x+a[3e^{3x}+(3+x)e^x]+b[e^{3x}+(2+x)e^x]=ce^x,$$

整理得 $$e^{3x}(9+3a+b)+xe^x(1+a+b)+e^x(4+3a+2b)=ce^x,$$

对应项系数相等得到

$$9+3a+b=0,1+a+b=0,4+3a+2b=c,$$

故 $$a=-4,b=3,c=-2.$$

对应齐次方程的特征方程的特征根为 $\lambda_1=1,\lambda_2=3$，齐次线性微分方程的通解为

$$\overline{y}=C_1e^x+C_2e^{3x}.$$

设原方程的特解为 $y^*=Axe^x$，代入微分方程 $y''-4y'+3y=-2e^x$ 得

$$A(x+2)e^x-4A(x+1)e^x+3Axe^x=-2e^x,$$

进而 $A=1$，故原方程的通解为 $y=C_1e^x+C_2e^{3x}+xe^x$.

方法二 可利用解的性质和结构.

由方程的一个特解为 $y=e^{3x}+(2+x)e^x=e^{3x}+2e^x+xe^x$，利用线性微分方程解的性质和结构可看出

$\overline{y}=e^{3x}+2e^x$ 是对应齐次线性微分方程的一个解，

$y^*=xe^x$ 是非齐次线性微分方程的一个解，

因而对应齐次方程的特征方程的根为 $\lambda_1=1,\lambda_2=3$，由根与系数的关系得 $a=-4,b=3$.

再把 $y^*=xe^x$ 代入方程 $y''-4y'+3y=ce^x$ 中，有

$$(x+2)e^x-4(x+1)e^x+3xe^x=ce^x,$$

进而待定系数 $c=-2$，且原方程的通解为 $y=C_1e^x+C_2e^{3x}+xe^x$.

(2) 已知 $\lim\limits_{x\to 0}\dfrac{y(x)}{x}=3$，得 $y(0)=0,y'(0)=3$.

由方程的通解为 $y=C_1e^x+C_2e^{3x}+xe^x$，有 $\begin{cases}C_1+C_2=0,\\C_1+3C_2+1=3.\end{cases}$

解得 $C_1=-1,C_2=1$，所求的特解为 $y=-e^x+e^{3x}+xe^x$.

线性代数

填 空 题

181 【答案】 -3

【分析】 由行列式的定义知含有 x^3 的有两项,一项为 $a_{14}a_{23}a_{32}a_{41} = x^3(x-2) = x^4 - 2x^3$,符号为正,另一项为 $a_{13}a_{24}a_{32}a_{41} = x^2(x-2) = x^3 - 2x^2$,符号为负,从而 x^3 的系数为 -3.

本题也可以利用行列式的性质与展开定理计算出四阶行列式的值,再得出结果.

182 【答案】 $-\frac{1}{2}$

【分析】 由 $\boldsymbol{BA} = \boldsymbol{B} + 2\boldsymbol{E}$ 有 $\boldsymbol{B}(\boldsymbol{A}-\boldsymbol{E}) = 2\boldsymbol{E}$. 故

$$|\boldsymbol{B}|\cdot|\boldsymbol{A}-\boldsymbol{E}| = |2\boldsymbol{E}| = 2^3|\boldsymbol{E}| = 8.$$

又 $|\boldsymbol{A}-\boldsymbol{E}| = \begin{vmatrix} 0 & -2 & 0 \\ 2 & 0 & 3 \\ 0 & 1 & 1 \end{vmatrix} = 4$,得 $|\boldsymbol{B}| = 2$. 所以

$$\left|\left(\frac{1}{3}\boldsymbol{B}\right)^{-1} - 2\boldsymbol{B}^*\right| = |3\boldsymbol{B}^{-1} - 2|\boldsymbol{B}|\boldsymbol{B}^{-1}| = |-\boldsymbol{B}^{-1}| = (-1)^3|\boldsymbol{B}^{-1}| = -\frac{1}{2}.$$

183 【答案】 192

【分析】 由 $|\boldsymbol{A}| = \prod \lambda_i$ 知 $|\boldsymbol{A}| = -2$,又 $|\boldsymbol{A}^*| = |\boldsymbol{A}|^{n-1}$,有 $|\boldsymbol{A}^*| = (-2)^2 = 4$.

又 $\boldsymbol{B} = \boldsymbol{A}^2(\boldsymbol{A}+2\boldsymbol{E})$,因 $\boldsymbol{A}$ 的特征值是 $1,2,-1$,知 $\boldsymbol{A}+2\boldsymbol{E}$ 的特征值是 $3,4,1$,从而

$$|\boldsymbol{B}| = |\boldsymbol{A}|^2|\boldsymbol{A}+2\boldsymbol{E}| = 4\cdot 12 = 48,$$

或者,由 $\boldsymbol{A\alpha} = \lambda\boldsymbol{\alpha}$ 有 $\boldsymbol{A}^n\boldsymbol{\alpha} = \lambda^n\boldsymbol{\alpha}$,于是 $\boldsymbol{B\alpha} = (\boldsymbol{A}^3 + 2\boldsymbol{A}^2)\boldsymbol{\alpha} = (\lambda^3 + 2\lambda^2)\boldsymbol{\alpha}$,得 $\boldsymbol{B}$ 的特征值是 $3,16,1$. 亦有 $|\boldsymbol{B}| = 48$.

所以 $|\boldsymbol{A}^*\boldsymbol{B}^{\mathrm{T}}| = |\boldsymbol{A}^*|\cdot|\boldsymbol{B}^{\mathrm{T}}| = |\boldsymbol{A}^*|\cdot|\boldsymbol{B}| = 192$.

184 【答案】 $\begin{bmatrix} 1 & 2\cdot 2^{10} & 3 \\ 7 & 8\cdot 2^{10} & 9 \\ 4 & 5\cdot 2^{10} & 6 \end{bmatrix}$

【分析】 $\begin{bmatrix} 1 & 0 & 0 \\ 0 & 0 & 1 \\ 0 & 1 & 0 \end{bmatrix}$ 和 $\begin{bmatrix} 1 & 0 & 0 \\ 0 & 2 & 0 \\ 0 & 0 & 1 \end{bmatrix}$ 都是初等矩阵.

$$\begin{bmatrix} 1 & 0 & 0 \\ 0 & 0 & 1 \\ 0 & 1 & 0 \end{bmatrix}^9 = \begin{bmatrix} 1 & 0 & 0 \\ 0 & 0 & 1 \\ 0 & 1 & 0 \end{bmatrix}, \begin{bmatrix} 1 & 0 & 0 \\ 0 & 2 & 0 \\ 0 & 0 & 1 \end{bmatrix}^{10} = \begin{bmatrix} 1 & 0 & 0 \\ 0 & 2^{10} & 0 \\ 0 & 0 & 1 \end{bmatrix},$$

故 $$\boldsymbol{A} = \begin{bmatrix} 1 & 0 & 0 \\ 0 & 0 & 1 \\ 0 & 1 & 0 \end{bmatrix}\begin{bmatrix} 1 & 2 & 3 \\ 4 & 5 & 6 \\ 7 & 8 & 9 \end{bmatrix}\begin{bmatrix} 1 & 0 & 0 \\ 0 & 2^{10} & 0 \\ 0 & 0 & 1 \end{bmatrix} = \begin{bmatrix} 1 & 2 & 3 \\ 7 & 8 & 9 \\ 4 & 5 & 6 \end{bmatrix}\begin{bmatrix} 1 & 0 & 0 \\ 0 & 2^{10} & 0 \\ 0 & 0 & 1 \end{bmatrix}$$

$$=\begin{bmatrix}1 & 2\cdot 2^{10} & 3\\ 7 & 8\cdot 2^{10} & 9\\ 4 & 5\cdot 2^{10} & 6\end{bmatrix}.$$

185 【答案】 $\neq -2$

【分析】 $\boldsymbol{A}\cong\boldsymbol{B}\Leftrightarrow r(\boldsymbol{A})=r(\boldsymbol{B})$，

$$|\boldsymbol{A}|=\begin{vmatrix}1 & -2 & -2\\ 1 & a & a\\ a & 4 & a\end{vmatrix}=(a-4)(a+2),\ |\boldsymbol{B}|=\begin{vmatrix}1 & 2 & 8\\ 2 & 3 & a\\ 1 & 2 & 2a\end{vmatrix}=8-2a.$$

当 $a=4$ 时，$r(\boldsymbol{A})=r(\boldsymbol{B})=2$，当 $a\neq 4$ 且 $a\neq -2$ 时，$r(\boldsymbol{A})=r(\boldsymbol{B})=3$，仅 $a=-2$ 时，$r(\boldsymbol{A})=2$，$r(\boldsymbol{B})=3$，故 $a\neq -2$ 时矩阵 $\boldsymbol{A}$ 和 $\boldsymbol{B}$ 等价.

186 【答案】 $\begin{bmatrix}1 & 0 & -3+3\cdot 2^4\\ 0 & 1 & -2+2\cdot 2^4\\ 0 & 0 & 2^4\end{bmatrix}$

【分析】 由 $\boldsymbol{X}(\boldsymbol{A}-2\boldsymbol{E})=(\boldsymbol{A}-2\boldsymbol{E})\boldsymbol{B}$，

又 $\boldsymbol{A}-2\boldsymbol{E}=\begin{bmatrix}1 & 2 & 3\\ 0 & -1 & 2\\ 0 & 0 & 1\end{bmatrix}$可逆，于是 $\boldsymbol{X}=(\boldsymbol{A}-2\boldsymbol{E})\boldsymbol{B}(\boldsymbol{A}-2\boldsymbol{E})^{-1}$.

$$\boldsymbol{X}^4=(\boldsymbol{A}-2\boldsymbol{E})\boldsymbol{B}^4(\boldsymbol{A}-2\boldsymbol{E})^{-1}$$

$$=\begin{bmatrix}1 & 2 & 3\\ 0 & -1 & 2\\ 0 & 0 & 1\end{bmatrix}\begin{bmatrix}1 & 0 & 0\\ 0 & 1 & 0\\ 0 & 0 & 2^4\end{bmatrix}\begin{bmatrix}1 & 2 & -7\\ 0 & -1 & 2\\ 0 & 0 & 1\end{bmatrix}$$

$$=\begin{bmatrix}1 & 0 & -3+3\cdot 2^4\\ 0 & 1 & -2+2\cdot 2^4\\ 0 & 0 & 2^4\end{bmatrix}.$$

187 【答案】 $\begin{bmatrix}-2k_1 & k_1 & k_1\\ -2k_2 & k_2 & k_2\\ -2k_3 & k_3 & k_3\end{bmatrix}$，$k_1,k_2,k_3$ 不全为 0

【分析】 由 $\boldsymbol{BA}=\boldsymbol{O}$，有 $r(\boldsymbol{A})+r(\boldsymbol{B})\leqslant 3$. 又 $\boldsymbol{B}\neq\boldsymbol{O}$，有 $r(\boldsymbol{B})\geqslant 1$.

$\boldsymbol{A}$ 中有 2 阶子式非零，$r(\boldsymbol{A})\geqslant 2$，从而 $r(\boldsymbol{A})=2$，$r(\boldsymbol{B})=1$.

于是 $|\boldsymbol{A}|=\begin{vmatrix}1 & 2 & 1\\ 0 & 2 & a\\ 2 & a & 0\end{vmatrix}=-(a-2)^2=0$，即 $a=2$.

因 $\boldsymbol{A}^{\mathrm{T}}\boldsymbol{B}^{\mathrm{T}}=\boldsymbol{O}$，$\boldsymbol{B}^{\mathrm{T}}$ 的列向量是 $\boldsymbol{A}^{\mathrm{T}}\boldsymbol{x}=\boldsymbol{0}$ 的解.

$$\boldsymbol{A}^{\mathrm{T}}=\begin{bmatrix}1 & 0 & 2\\ 2 & 2 & 2\\ 1 & 2 & 0\end{bmatrix}\rightarrow\begin{bmatrix}1 & 0 & 2\\ 0 & 1 & -1\\ 0 & 0 & 0\end{bmatrix},$$

$\boldsymbol{A}^{\mathrm{T}}\boldsymbol{x}=\boldsymbol{0}$ 的通解：$k(-2,1,1)^{\mathrm{T}}$，k 为任意常数.

从而 $\boldsymbol{B}=\begin{bmatrix}-2k_1 & k_1 & k_1\\ -2k_2 & k_2 & k_2\\ -2k_3 & k_3 & k_3\end{bmatrix}$，$k_i(i=1,2,3)$ 不全为 0.

188 【答案】 $-\dfrac{1}{3}$

【分析】 $\boldsymbol{\beta}+\boldsymbol{\alpha}_1,\boldsymbol{\beta}+\boldsymbol{\alpha}_2,a\boldsymbol{\beta}+\boldsymbol{\alpha}_3$ 线性相关，存在不全为零的数 k_1,k_2,k_3，使得

$$k_1(\boldsymbol{\beta}+\boldsymbol{\alpha}_1)+k_2(\boldsymbol{\beta}+\boldsymbol{\alpha}_2)+k_3(a\boldsymbol{\beta}+\boldsymbol{\alpha}_3)=\mathbf{0}.$$

整理有

$$(k_1+k_2+k_3a)\boldsymbol{\beta}+(k_1\boldsymbol{\alpha}_1+k_2\boldsymbol{\alpha}_2+k_3\boldsymbol{\alpha}_3)=\mathbf{0}.$$

因已知 $2\boldsymbol{\alpha}_1-\boldsymbol{\alpha}_2+3\boldsymbol{\alpha}_3=\mathbf{0}$，且 $\boldsymbol{\beta}$ 是任意向量，故上式成立，只需取 $k_1=2,k_2=-1,k_3=3$，则有 $2\boldsymbol{\alpha}_1-\boldsymbol{\alpha}_2+3\boldsymbol{\alpha}_3=\mathbf{0}$，且令 $\boldsymbol{\beta}$ 的系数为 0，即 $k_1+k_2+ak_3=2-1+3a=0$，即 $a=-\dfrac{1}{3}$.

189 【答案】 8

【分析】 $\forall t,\boldsymbol{\alpha}_1$ 与 $\boldsymbol{\alpha}_2$ 坐标一定不成比例，即 $\boldsymbol{\alpha}_1,\boldsymbol{\alpha}_2$ 必线性无关，那么 $\boldsymbol{\alpha}_1,\boldsymbol{\alpha}_2$ 是向量组 $\boldsymbol{\alpha}_1,\boldsymbol{\alpha}_2,\boldsymbol{\alpha}_3,\boldsymbol{\alpha}_4$ 的极大线性无关组 $\Leftrightarrow \boldsymbol{\alpha}_3,\boldsymbol{\alpha}_4$ 都可由 $\boldsymbol{\alpha}_1,\boldsymbol{\alpha}_2$ 线性表示.

$$[\boldsymbol{\alpha}_1,\boldsymbol{\alpha}_2\mid\boldsymbol{\alpha}_3,\boldsymbol{\alpha}_4]=\left[\begin{array}{cc:cc}1 & 2 & 2 & t\\ 1 & 4 & 6 & 14\\ -1 & t-6 & 6 & t-4\end{array}\right]\to\left[\begin{array}{cc:cc}1 & 2 & 2 & t\\ 0 & 2 & 4 & 14-t\\ 0 & t-4 & 8 & 2t-4\end{array}\right]$$

$$\to\left[\begin{array}{cc:cc}1 & 2 & 2 & t\\ 0 & 2 & 4 & 14-t\\ 0 & 0 & 32-4t & t^2-14t+48\end{array}\right],$$

仅 $t=8$ 时，$\boldsymbol{\alpha}_3,\boldsymbol{\alpha}_4$ 都可由 $\boldsymbol{\alpha}_1,\boldsymbol{\alpha}_2$ 线性表示，故 $t=8$.

190 【答案】 $k_1(0,-1,1,0)^{\mathrm{T}}+k_2(-1,0,0,1)^{\mathrm{T}}$，$k_1,k_2$ 为任意常数

【分析】 对矩阵 $\boldsymbol{A}$ 分块，记

$$\boldsymbol{A}=\left[\begin{array}{cc:cc}1 & 0 & 0 & 1\\ 0 & 1 & 1 & 0\\ \hdashline 0 & 1 & 1 & 0\\ 1 & 0 & 0 & 1\end{array}\right]=\begin{bmatrix}\boldsymbol{E} & \boldsymbol{G}\\ \boldsymbol{G} & \boldsymbol{E}\end{bmatrix},$$

由于

$$\boldsymbol{G}^2=\begin{bmatrix}0 & 1\\ 1 & 0\end{bmatrix}\begin{bmatrix}0 & 1\\ 1 & 0\end{bmatrix}=\begin{bmatrix}1 & 0\\ 0 & 1\end{bmatrix}=\boldsymbol{E},$$

有

$$\boldsymbol{A}^2=\begin{bmatrix}\boldsymbol{E} & \boldsymbol{G}\\ \boldsymbol{G} & \boldsymbol{E}\end{bmatrix}\begin{bmatrix}\boldsymbol{E} & \boldsymbol{G}\\ \boldsymbol{G} & \boldsymbol{E}\end{bmatrix}=\begin{bmatrix}2\boldsymbol{E} & 2\boldsymbol{G}\\ 2\boldsymbol{G} & 2\boldsymbol{E}\end{bmatrix}=2\boldsymbol{A},$$

$$\Rightarrow \boldsymbol{A}^n=2^{n-1}\boldsymbol{A},$$

所以 $\boldsymbol{A}^n\boldsymbol{x}=\mathbf{0}$ 与 $\boldsymbol{A}\boldsymbol{x}=\mathbf{0}$ 同解，而

$$\boldsymbol{A}\to\begin{bmatrix}1 & 0 & 0 & 1\\ 0 & 1 & 1 & 0\\ 0 & 0 & 0 & 0\\ 0 & 0 & 0 & 0\end{bmatrix},$$

故通解为 $k_1(0,-1,1,0)^{\mathrm{T}}+k_2(-1,0,0,1)^{\mathrm{T}}$，$k_1,k_2$ 为任意常数.

191 【答案】 $k_1(-3,1,1,1)^{\mathrm{T}}+k_2(1,-3,1,1)^{\mathrm{T}}+k_3(1,1,-3,1)^{\mathrm{T}}$，$k_1,k_2,k_3$ 是任意常数

【分析】 由 $\boldsymbol{\alpha}$ 是 $\boldsymbol{A}\boldsymbol{x}=\boldsymbol{0}$ 的基础解系，知 $n-r(\boldsymbol{A})=1$，于是 $r(\boldsymbol{A})=3$.

又 $|\boldsymbol{A}|=(a+3)(a-1)^3$，若 $a=1$，有 $r(\boldsymbol{A})=1$，故 $a=-3$.

由 $r(\boldsymbol{A})=3$ 知 $r(\boldsymbol{A}^*)=1$，$n-r(\boldsymbol{A}^*)=3$.

因 $\boldsymbol{A}^*\boldsymbol{A}=|\boldsymbol{A}|\boldsymbol{E}=\boldsymbol{O}$，知 $\boldsymbol{A}$ 的列向量是 $\boldsymbol{A}^*\boldsymbol{x}=\boldsymbol{0}$ 的解.

因 $\begin{vmatrix}-3&1&1\\1&-3&1\\1&1&-3\end{vmatrix}\neq 0$，$\begin{bmatrix}-3\\1\\1\end{bmatrix}$，$\begin{bmatrix}1\\-3\\1\end{bmatrix}$，$\begin{bmatrix}1\\1\\-3\end{bmatrix}$线性无关.

从而 $\boldsymbol{\alpha}_1=(-3,1,1,1)^{\mathrm{T}}$，$\boldsymbol{\alpha}_2=(1,-3,1,1)^{\mathrm{T}}$，$\boldsymbol{\alpha}_3=(1,1,-3,1)^{\mathrm{T}}$ 必线性无关.

那么 $\boldsymbol{\alpha}_1,\boldsymbol{\alpha}_2,\boldsymbol{\alpha}_3$ 是 $\boldsymbol{A}^*\boldsymbol{x}=\boldsymbol{0}$ 的基础解系.

192 【答案】 $k(3,-2,1)^{\mathrm{T}}$，$k\in\mathbf{R}$

【分析】 $\boldsymbol{A}$ 是实对称矩阵，$\boldsymbol{\alpha}_1$ 和 $\boldsymbol{\alpha}_2$ 是不同特征值的特征向量，相互正交，则 $\boldsymbol{\alpha}_1^{\mathrm{T}}\boldsymbol{\alpha}_2=1+4a-5=0$，得 $a=1$.

由矩阵 $\boldsymbol{A}$ 不可逆，知 $|\boldsymbol{A}|=0$，故 $\lambda=0$ 是 $\boldsymbol{A}$ 的特征值.

设 $\boldsymbol{\alpha}=(x_1,x_2,x_3)^{\mathrm{T}}$ 是 $\lambda=0$ 的特征向量. 于是

$$\begin{cases}\boldsymbol{\alpha}^{\mathrm{T}}\boldsymbol{\alpha}_1=x_1+x_2-x_3=0,\\\boldsymbol{\alpha}^{\mathrm{T}}\boldsymbol{\alpha}_2=x_1+4x_2+5x_3=0,\end{cases}$$

得基础解系 $(3,-2,1)^{\mathrm{T}}$，从而 $\boldsymbol{A}\boldsymbol{x}=\boldsymbol{0}$ 的通解为 $k(3,-2,1)^{\mathrm{T}}$，$k\in\mathbf{R}$.

注意，$\boldsymbol{A}\boldsymbol{\alpha}=0\boldsymbol{\alpha}=\boldsymbol{0}$，即 $\lambda=0$ 的特征向量就是 $\boldsymbol{A}\boldsymbol{x}=\boldsymbol{0}$ 的解. 又 $\boldsymbol{A}\sim\begin{bmatrix}1&&\\&2&\\&&0\end{bmatrix}=\boldsymbol{\Lambda}$，有 $r(\boldsymbol{A})=r(\boldsymbol{\Lambda})=2$，$n-r(\boldsymbol{A})=3-2=1$，从而 $\boldsymbol{\alpha}$ 是 $\boldsymbol{A}\boldsymbol{x}=\boldsymbol{0}$ 的基础解系.

193 【答案】 $a-1,a,a+2$

【分析】 特征多项式

$$|\lambda\boldsymbol{E}-\boldsymbol{A}|=\begin{vmatrix}\lambda-a&0&1\\0&\lambda-a&-1\\1&-1&\lambda-a-1\end{vmatrix}=\begin{vmatrix}0&\lambda-a&1-(\lambda-a-1)(\lambda-a)\\0&\lambda-a&-1\\1&-1&\lambda-a-1\end{vmatrix}$$

$$=\begin{vmatrix}\lambda-a&1-(\lambda-a-1)(\lambda-a)\\\lambda-a&-1\end{vmatrix}=(\lambda-a)(\lambda-a-2)(\lambda-a+1).$$

194 【答案】 6,3,2

【分析】 由 $\boldsymbol{A}^{-1}\boldsymbol{B}\boldsymbol{A}=6\boldsymbol{A}+\boldsymbol{B}\boldsymbol{A}\Rightarrow\boldsymbol{A}^{-1}\boldsymbol{B}=6\boldsymbol{E}+\boldsymbol{B}\Rightarrow(\boldsymbol{A}^{-1}-\boldsymbol{E})\boldsymbol{B}=6\boldsymbol{E}$，知 $\boldsymbol{B}=6(\boldsymbol{A}^{-1}-\boldsymbol{E})^{-1}$.

因为 $\boldsymbol{A}$ 的特征值是 $\frac{1}{2},\frac{1}{3},\frac{1}{4}\Rightarrow\boldsymbol{A}^{-1}$ 的特征值是 $2,3,4\Rightarrow\boldsymbol{A}^{-1}-\boldsymbol{E}$ 的特征值是 $1,2,3\Rightarrow(\boldsymbol{A}^{-1}-\boldsymbol{E})^{-1}$ 的特征值是 $1,\frac{1}{2},\frac{1}{3}$. 所以矩阵 $\boldsymbol{B}$ 的特征值为 6,3,2.

195 【答案】 $\begin{bmatrix}3 & & \\ & 3 & \\ & & -1\end{bmatrix}$

【分析】 设 $\boldsymbol{A\alpha}=\lambda\boldsymbol{\alpha},\boldsymbol{\alpha}\neq\boldsymbol{0}$. 由 $\boldsymbol{A}^2-2\boldsymbol{A}=3\boldsymbol{E}$,有$(\lambda^2-2\lambda-3)\boldsymbol{\alpha}=\boldsymbol{0}$,即 $\lambda^2-2\lambda-3=0$,所以矩阵 $\boldsymbol{A}$ 的特征值为 3 或 -1.

因为 $\boldsymbol{A}$ 是实对称矩阵,且 $r(\boldsymbol{A}+\boldsymbol{E})=2$. 所以 $\boldsymbol{A}\sim\begin{bmatrix}3 & & \\ & 3 & \\ & & -1\end{bmatrix}$.

196 【答案】 1

【分析】 二次型的矩阵 $\boldsymbol{A}=\begin{bmatrix}1 & a & 1\\ a & -5 & b\\ 1 & b & 1\end{bmatrix}$,由题设 $\boldsymbol{A\alpha}=\lambda\boldsymbol{\alpha}$,即 $\begin{bmatrix}1 & a & 1\\ a & -5 & b\\ 1 & b & 1\end{bmatrix}\begin{bmatrix}2\\1\\2\end{bmatrix}=\lambda\begin{bmatrix}2\\1\\2\end{bmatrix}$,

于是$\begin{cases}2+a+2=2\lambda,\\ 2a-5+2b=\lambda,\\ 2+b+2=2\lambda,\end{cases}$ 解得 $a=b=2,\lambda=3$,于是 $\boldsymbol{A}=\begin{bmatrix}1 & 2 & 1\\ 2 & -5 & 2\\ 1 & 2 & 1\end{bmatrix}$.

$$|\lambda\boldsymbol{E}-\boldsymbol{A}|=\begin{vmatrix}\lambda-1 & -2 & -1\\ -2 & \lambda+5 & -2\\ -1 & -2 & \lambda-1\end{vmatrix}=\begin{vmatrix}\lambda & 0 & -\lambda\\ -2 & \lambda+5 & -2\\ -1 & -2 & \lambda-1\end{vmatrix}=\begin{vmatrix}\lambda & 0 & 0\\ -2 & \lambda+5 & -4\\ -1 & -2 & \lambda-2\end{vmatrix}$$
$$=\lambda(\lambda+6)(\lambda-3).$$

所以矩阵 $\boldsymbol{A}$ 的特征值为 $-6,0,3$,正惯性指数为 1.

求出 $a=b=2$ 后,也可以用配方法求出正惯性指数.

$$\begin{aligned}\boldsymbol{x}^{\mathrm{T}}\boldsymbol{Ax}&=x_1^2-5x_2^2+x_3^2+4x_1x_2+2x_1x_3+4x_2x_3\\&=x_1^2+2x_1(2x_2+x_3)+(2x_2+x_3)^2-(2x_2+x_3)^2-5x_2^2+x_3^2+4x_2x_3\\&=(x_1+2x_2+x_3)^2-9x_2^2.\end{aligned}$$

197 【答案】 $-1<a<2$

【分析】 由特征多项式

$$|\lambda\boldsymbol{E}-\boldsymbol{A}|=\begin{vmatrix}\lambda-a & -1 & -1\\ -1 & \lambda-a & 1\\ -1 & 1 & \lambda-a\end{vmatrix}=\begin{vmatrix}\lambda-a-1 & \lambda-a-1 & 0\\ -1 & \lambda-a & 1\\ -1 & 1 & \lambda-a\end{vmatrix}$$
$$=\begin{vmatrix}\lambda-a-1 & 0 & 0\\ -1 & \lambda-a+1 & 1\\ -1 & 2 & \lambda-a\end{vmatrix}$$
$$=(\lambda-a-1)^2(\lambda-a+2),$$

$\boldsymbol{A}$ 的特征值:$a+1,a+1,a-2$.

因规范形是 $y_1^2+y_2^2-y_3^2$,故特征值符号应是+,+,−.

即$\begin{cases}a+1>0,\\ a-2<0,\end{cases}$所以 $-1<a<2$.

198 【答案】 $a<0$

【分析】 矩阵 $\boldsymbol{A}$ 与 $\boldsymbol{B}$ 合同 $\Leftrightarrow \boldsymbol{x}^{\mathrm{T}}\boldsymbol{A}\boldsymbol{x}$ 与 $\boldsymbol{x}^{\mathrm{T}}\boldsymbol{B}\boldsymbol{x}$ 有相同的正、负惯性指数.

由于
$$|\lambda \boldsymbol{E}-\boldsymbol{A}|=\begin{vmatrix}\lambda-1 & -1 & 2\\ -1 & \lambda+2 & -1\\ 2 & -1 & \lambda-1\end{vmatrix}=\lambda(\lambda-3)(\lambda+3),$$
可见 $p_A=1,q_A=1$. 因而 $\boldsymbol{x}^{\mathrm{T}}\boldsymbol{B}\boldsymbol{x}=3x_1^2+ax_2^2$ 的 $p_B=1,q_B=1$ 时，矩阵 $\boldsymbol{A}$ 和 $\boldsymbol{B}$ 合同.

所以 $a<0$ 即可.

【评注】 不要误以为 $a=-3$. 当 $a=-3$ 时，矩阵 $\boldsymbol{A}$ 和 $\boldsymbol{B}$ 不仅合同而且相似.

199 【答案】 1 或 5

【分析】 解空间是二维空间，即 $\boldsymbol{A}\boldsymbol{x}=\boldsymbol{0}$ 的基础解系由两个向量组成. 因此 $n-r(\boldsymbol{A})=2$，亦即 $r(\boldsymbol{A})=2$，对矩阵 $\boldsymbol{A}$ 作初等变换有
$$\boldsymbol{A}=\begin{bmatrix}1 & 2 & 1 & -1\\ 3 & a+5 & -1 & -3\\ 5 & 10 & a & -5\end{bmatrix}\to\begin{bmatrix}1 & 2 & 1 & -1\\ 0 & a-1 & -4 & 0\\ 0 & 0 & a-5 & 0\end{bmatrix},$$
由此可见 $a=5$ 或 $a=1$ 时，$r(\boldsymbol{A})=2$.

【评注】 空间、维数、基等内容仅数学一要求. 你能求出本题解空间的一组规范正交基吗?例如

当 $a=5$ 时，$\frac{1}{\sqrt{2}}(1,0,0,1)^{\mathrm{T}},\frac{1}{\sqrt{26}}(-3,2,2,3)^{\mathrm{T}}$；

当 $a=1$ 时，$\frac{1}{\sqrt{2}}(1,0,0,1)^{\mathrm{T}},\frac{1}{\sqrt{3}}(-1,1,0,1)^{\mathrm{T}}$. 请复习 Schmidt 正交化方法.

200 【答案】 $k\begin{bmatrix}6\\3\\5\end{bmatrix}$，$k$ 为任意常数

【分析】 设向量 $\boldsymbol{\gamma}$ 在两组基下的坐标均为 $\begin{bmatrix}x_1\\x_2\\x_3\end{bmatrix}$，则 $\boldsymbol{\gamma}=(\boldsymbol{\alpha}_1,\boldsymbol{\alpha}_2,\boldsymbol{\alpha}_3)\begin{bmatrix}x_1\\x_2\\x_3\end{bmatrix}=(\boldsymbol{\beta}_1,\boldsymbol{\beta}_2,\boldsymbol{\beta}_3)\begin{bmatrix}x_1\\x_2\\x_3\end{bmatrix}$，

于是 $[(\boldsymbol{\alpha}_1,\boldsymbol{\alpha}_2,\boldsymbol{\alpha}_3)-(\boldsymbol{\beta}_1,\boldsymbol{\beta}_2,\boldsymbol{\beta}_3)]\begin{bmatrix}x_1\\x_2\\x_3\end{bmatrix}=\boldsymbol{0}$，即
$$\begin{bmatrix}0 & 0 & 0\\ 1 & 0 & -2\\ 0 & 2 & 1\end{bmatrix}\begin{bmatrix}x_1\\x_2\\x_3\end{bmatrix}=\begin{bmatrix}0\\0\\0\end{bmatrix}，解得 \begin{bmatrix}x_1\\x_2\\x_3\end{bmatrix}=k\begin{bmatrix}4\\-1\\2\end{bmatrix}，k 为任意常数.$$

所以 $\boldsymbol{\gamma}=(\boldsymbol{\alpha}_1,\boldsymbol{\alpha}_2,\boldsymbol{\alpha}_3)\begin{bmatrix}x_1\\x_2\\x_3\end{bmatrix}=k\begin{bmatrix}1 & 0 & 1\\ 1 & 1 & 0\\ 1 & 1 & 1\end{bmatrix}\begin{bmatrix}4\\-1\\2\end{bmatrix}=k\begin{bmatrix}6\\3\\5\end{bmatrix}$，$k$ 为任意常数.

选 择 题

201 【答案】 A

【分析】 用倍加性质化简行列式,把第1列的-1倍分别加至其他各列,然后把第2列的$-2,-3$倍分别加到第3列和第4列,有

$$D=\begin{vmatrix}a^2 & 2a+1 & 4a+4 & 6a+9\\ b^2 & 2b+1 & 4b+4 & 6b+9\\ c^2 & 2c+1 & 4c+4 & 6c+9\\ d^2 & 2d+1 & 4d+4 & 6d+9\end{vmatrix}=\begin{vmatrix}a^2 & 2a+1 & 2 & 6\\ b^2 & 2b+1 & 2 & 6\\ c^2 & 2c+1 & 2 & 6\\ d^2 & 2d+1 & 2 & 6\end{vmatrix}=0.$$

202 【答案】 D

【分析】 由拉普拉斯展开式

$$\begin{vmatrix}\boldsymbol{A} & -2\boldsymbol{A}\\ \boldsymbol{B} & \boldsymbol{O}\end{vmatrix}=(-1)^{3\times 3}\,|-2\boldsymbol{A}|\cdot|\boldsymbol{B}|=-(-2)^3\,|\boldsymbol{A}|\cdot|\boldsymbol{B}|=-16.$$

203 【答案】 B

【分析】 设λ是$\boldsymbol{A}$的任一特征值,$\boldsymbol{\alpha}$是相应的特征向量,即

$$\boldsymbol{A\alpha}=\lambda\boldsymbol{\alpha},\boldsymbol{\alpha}\neq\boldsymbol{0},$$

那么由

$$\boldsymbol{A}^2+2\boldsymbol{A}=\boldsymbol{O},$$

有

$$(\lambda^2+2\lambda)\boldsymbol{\alpha}=\boldsymbol{0},\boldsymbol{\alpha}\neq\boldsymbol{0},$$

故$\lambda^2+2\lambda=0$,λ为0或-2.

于是$\boldsymbol{A}+3\boldsymbol{E}$的特征值为3或1.

现$|\boldsymbol{A}+3\boldsymbol{E}|=3$,那么$\boldsymbol{A}$的特征值只能是$0,-2,-2$.

则$2\boldsymbol{A}+\boldsymbol{E}$的特征值:$1,-3,-3$.故$|2\boldsymbol{A}+\boldsymbol{E}|=9$.

204 【答案】 D

【分析】 (A) 注意乘法有分配律,$(\boldsymbol{A}+\boldsymbol{E})(\boldsymbol{A}-\boldsymbol{E})$与$(\boldsymbol{A}-\boldsymbol{E})(\boldsymbol{A}+\boldsymbol{E})$均为$\boldsymbol{A}^2-\boldsymbol{E}$,故(A)正确.

(B) 由$(\boldsymbol{A}+\boldsymbol{E})(\boldsymbol{A}-2\boldsymbol{E})+2\boldsymbol{E}=\boldsymbol{A}^2-\boldsymbol{A}=\boldsymbol{O}$,知$(\boldsymbol{A}+\boldsymbol{E})\cdot\frac{1}{2}(2\boldsymbol{E}-\boldsymbol{A})=\boldsymbol{E}$,故(B)正确.

或$\boldsymbol{A}$的特征值只能是0或1,于是$\boldsymbol{A}+\boldsymbol{E}$的特征值只能是1或2.

(C)$\boldsymbol{A}^{\mathrm{T}}\boldsymbol{B}$与$\boldsymbol{B}^{\mathrm{T}}\boldsymbol{A}$均是$1\times 1$矩阵,其转置就是自身,于是$\boldsymbol{A}^{\mathrm{T}}\boldsymbol{B}=(\boldsymbol{A}^{\mathrm{T}}\boldsymbol{B})^{\mathrm{T}}=\boldsymbol{B}^{\mathrm{T}}(\boldsymbol{A}^{\mathrm{T}})^{\mathrm{T}}=\boldsymbol{B}^{\mathrm{T}}\boldsymbol{A}$,即(C)正确.

关于(D),由$\boldsymbol{AB}=\boldsymbol{O}$不能保证必有$\boldsymbol{BA}=\boldsymbol{O}$.

例如$\begin{bmatrix}1&1\\1&1\end{bmatrix}\begin{bmatrix}1&1\\-1&-1\end{bmatrix}=\boldsymbol{O}$,但$\begin{bmatrix}1&1\\-1&-1\end{bmatrix}\begin{bmatrix}1&1\\1&1\end{bmatrix}=\begin{bmatrix}2&2\\-2&-2\end{bmatrix}$.

205 【答案】 C

【分析】 **方法一** $(\boldsymbol{E}+\boldsymbol{BA}^{-1})^{-1}=(\boldsymbol{AA}^{-1}+\boldsymbol{BA}^{-1})^{-1}=[(\boldsymbol{A}+\boldsymbol{B})\boldsymbol{A}^{-1}]^{-1}$

$$= (A^{-1})^{-1}(A+B)^{-1} = A(A+B).$$

注意，因为$(A+B)^2 = E$，即$(A+B)(A+B) = E$，按可逆定义知$(A+B)^{-1} = (A+B)$.

方法二　逐个验算，对于(C) 因$(E+BA^{-1})A(A+B) = (A+B)(A+B) \xlongequal{*} E$（$*$ 是已知条件），故$(E+BA^{-1})^{-1} = A(A+B)$，应选(C).

【评注】 转置有性质$(A+B)^{\mathrm{T}} = A^{\mathrm{T}} + B^{\mathrm{T}}$，而可逆$(A+B)^{-1}$没有这种运算法则，一般情况下$(A+B)^{-1} \neq A^{-1} + B^{-1}$，因此对于$(A+B)^{-1}$通常要用单位矩阵恒等变形的技巧.

计算型的选择题.一般有两个思路：(1) 如方法一，计算出结果，作出选择；(2) 逐个验算如方法二.

206　【答案】 B

【分析】 据已知条件$P_1A = B$，其中$P_1 = \begin{bmatrix}1&0&0\\0&0&1\\0&1&0\end{bmatrix}$；

$$BP_2 = E，其中 P_2 = \begin{bmatrix}1&-3&0\\0&1&0\\0&0&1\end{bmatrix}.$$

于是$P_1AP_2 = E$，故

$$A = P_1^{-1}P_2^{-1} = \begin{bmatrix}1&0&0\\0&0&1\\0&1&0\end{bmatrix}\begin{bmatrix}1&3&0\\0&1&0\\0&0&1\end{bmatrix} = \begin{bmatrix}1&3&0\\0&0&1\\0&1&0\end{bmatrix},$$

那么

$$A^* = |A|A^{-1} = \begin{bmatrix}-1&0&3\\0&0&-1\\0&-1&0\end{bmatrix}.$$

207　【答案】 D

【分析】 观察P,Q的下标，P经三次列变换得到Q.

$$Q = P\begin{bmatrix}1&0&0\\1&1&0\\0&0&1\end{bmatrix}\begin{bmatrix}1&&\\&-1&\\&&1\end{bmatrix}\begin{bmatrix}1&0&0\\0&1&0\\0&0&2\end{bmatrix} = P\begin{bmatrix}1&0&0\\1&-1&0\\0&0&2\end{bmatrix},$$

$$Q^{\mathrm{T}}AQ = \begin{bmatrix}1&1&0\\0&-1&0\\0&0&2\end{bmatrix}P^{\mathrm{T}}AP\begin{bmatrix}1&0&0\\1&-1&0\\0&0&2\end{bmatrix}$$

$$= \begin{bmatrix}1&1&0\\0&-1&0\\0&0&2\end{bmatrix}\begin{bmatrix}1&&\\&2&\\&&3\end{bmatrix}\begin{bmatrix}1&0&0\\1&-1&0\\0&0&2\end{bmatrix} = \begin{bmatrix}3&-2&0\\-2&2&0\\0&0&12\end{bmatrix}.$$

208　【答案】 D

【分析】 A为4×5矩阵，那A^{T}为5×4矩阵.$A^{\mathrm{T}}x = 0$是5个方程4个未知数的齐次方程组，其基础解系为3个解向量，即

$$n - r(A^{\mathrm{T}}) = 4 - r(A^{\mathrm{T}}) = 3,$$

所以 $r(\boldsymbol{A}^{\mathrm{T}})=1$,亦即 $r(\boldsymbol{A})=1$.

209 【答案】 C

【分析】 $|\boldsymbol{A}|=\begin{vmatrix}2&4&2\\1&a&-2\\2&3&a+2\end{vmatrix}=2(a+1)(a-3)$,

若 $a=1$,则 $|\boldsymbol{A}|\neq 0$. $\boldsymbol{A}$ 是可逆矩阵,由 $\boldsymbol{AB}=\boldsymbol{O}$,有 $\boldsymbol{B}=\boldsymbol{O}$ 与 $\boldsymbol{B}\neq\boldsymbol{O}$ 矛盾,
于是(A)(B) 均不可能.
若 $a=3$ 或 $a=-1$,都有 $r(\boldsymbol{A})=2$. 由 $\boldsymbol{AB}=\boldsymbol{O}$ 有 $r(\boldsymbol{A})+r(\boldsymbol{B})\leqslant 3$, $r(\boldsymbol{B})\leqslant 1$.
又因 $\boldsymbol{B}\neq\boldsymbol{O}$,从而 $r(\boldsymbol{B})=1$,所以应选(C).

210 【答案】 C

【分析】 由伴随矩阵 $\boldsymbol{A}^*$ 秩的公式

$$r(\boldsymbol{A}^*)=\begin{cases}n, & r(\boldsymbol{A})=n,\\1, & r(\boldsymbol{A})=n-1,\\0, & r(\boldsymbol{A})<n-1,\end{cases}$$

$$r(\boldsymbol{A}^*)=1\Leftrightarrow r(\boldsymbol{A})=2,$$

当 $a=b$ 时,易见 $r(\boldsymbol{A})\leqslant 1$,可排除(A) 和(B),

当 $a\neq b$ 时,$\boldsymbol{A}$ 中有二阶子式 $\begin{vmatrix}a&b\\b&a\end{vmatrix}\neq 0$,从而

$$r(\boldsymbol{A})=2\Leftrightarrow|\boldsymbol{A}|=0,$$

而 $$|\boldsymbol{A}|=\begin{vmatrix}a&b&b\\b&a&b\\b&b&a\end{vmatrix}=(a+2b)(a-b)^2,$$

所以选(C).

211 【答案】 B

【分析】 经初等变换矩阵的秩不变.

$$\boldsymbol{A}=\begin{bmatrix}1-a&a&0&-a\\-3&6&3&-3\\2-a&a-2&-1&1-a\end{bmatrix}\rightarrow\begin{bmatrix}1-a&a&0&-a\\1&-2&-1&1\\1&-2&-1&1\end{bmatrix}$$

$$\rightarrow\begin{bmatrix}1-a&a&0&-a\\1&-2&-1&1\\0&0&0&0\end{bmatrix},$$

由于二阶子式 $\begin{vmatrix}1-a&0\\1&-1\end{vmatrix}=a-1$, $\begin{vmatrix}a&0\\-2&-1\end{vmatrix}=-a$,不可能同时为 0.

故 $\forall a$,必有 $r(\boldsymbol{A})=2$.

212 【答案】 C

【分析】 因为 $\boldsymbol{AB}=\boldsymbol{E}$ 是 m 阶矩阵,所以 $r(\boldsymbol{AB})=m$.
那么 $r(\boldsymbol{A})\geqslant r(\boldsymbol{AB})=m$,又因 $r(\boldsymbol{A})\leqslant m$,故 $r(\boldsymbol{A})=m$. 于是 $\boldsymbol{A}$ 的行秩 $=r(\boldsymbol{A})=m$,所

以 $\boldsymbol{A}$ 的行向量组线性无关．同理，$\boldsymbol{B}$ 的列秩 $= r(\boldsymbol{B}) = m$，所以 $\boldsymbol{B}$ 的列向量组线性无关．

【评注】 要会用秩来判断抽象向量组的线性相关性．

213 【答案】 A

【分析】 因向量组 Ⅰ 可由 Ⅱ 线性表示，故

$$r(\text{Ⅰ}) \leqslant r(\text{Ⅱ}) = r(\boldsymbol{\beta}_1, \boldsymbol{\beta}_2, \cdots, \boldsymbol{\beta}_s) \leqslant s,$$

当 Ⅰ：$\boldsymbol{\alpha}_1, \boldsymbol{\alpha}_2, \cdots, \boldsymbol{\alpha}_r$ 线性无关时，有 $r(\text{Ⅰ}) = r$，故必有 $r \leqslant s$，即(A) 正确.

设 $\boldsymbol{\alpha}_1 = \begin{pmatrix}1\\0\\0\end{pmatrix}, \boldsymbol{\alpha}_2 = \begin{pmatrix}2\\0\\0\end{pmatrix}, \boldsymbol{\beta}_1 = \begin{pmatrix}1\\0\\0\end{pmatrix}, \boldsymbol{\beta}_2 = \begin{pmatrix}0\\1\\0\end{pmatrix},$

有 Ⅰ 可由 Ⅱ 线性表示，且 Ⅰ 线性相关，但不满足 $r > s$，即(B) 不正确.

又如 $\boldsymbol{\alpha}_1 = \begin{pmatrix}1\\0\\0\end{pmatrix}, \boldsymbol{\alpha}_2 = \begin{pmatrix}2\\0\\0\end{pmatrix}, \boldsymbol{\alpha}_3 = \begin{pmatrix}3\\0\\0\end{pmatrix}, \boldsymbol{\beta}_1 = \begin{pmatrix}1\\0\\0\end{pmatrix}, \boldsymbol{\beta}_2 = \begin{pmatrix}0\\1\\0\end{pmatrix},$

可看出(C) 不正确.

关于(D) 的反例请同学自己构造.

214 【答案】 C

【分析】 因为 $\boldsymbol{\alpha}_1, \boldsymbol{\alpha}_2, \boldsymbol{\alpha}_3, \boldsymbol{\alpha}_4$ 是四个三维向量，所以 $\boldsymbol{\alpha}_1, \boldsymbol{\alpha}_2, \boldsymbol{\alpha}_3, \boldsymbol{\alpha}_4$ 一定线性相关.

若 $\boldsymbol{\alpha}_1, \boldsymbol{\alpha}_2, \boldsymbol{\alpha}_3$ 线性无关，而 $\boldsymbol{\alpha}_1, \boldsymbol{\alpha}_2, \boldsymbol{\alpha}_3, \boldsymbol{\alpha}_4$ 线性相关，那么 $\boldsymbol{\alpha}_4$ 必可由 $\boldsymbol{\alpha}_1, \boldsymbol{\alpha}_2, \boldsymbol{\alpha}_3$ 线性表示. 现(C) 中 $\boldsymbol{\alpha}_4$ 不能由 $\boldsymbol{\alpha}_1, \boldsymbol{\alpha}_2, \boldsymbol{\alpha}_3$ 线性表示，那 $\boldsymbol{\alpha}_1, \boldsymbol{\alpha}_2, \boldsymbol{\alpha}_3$ 肯定线性相关，故(C) 一定成立.

而当 $\boldsymbol{\alpha}_4$ 可由 $\boldsymbol{\alpha}_1, \boldsymbol{\alpha}_2, \boldsymbol{\alpha}_3$ 线性表示时，$\boldsymbol{\alpha}_1, \boldsymbol{\alpha}_2, \boldsymbol{\alpha}_3$ 既可能线性相关，也可能线性无关，故(D) 不正确. 例如

$$\boldsymbol{\alpha}_1 = (1,0,0)^{\mathrm{T}}, \boldsymbol{\alpha}_2 = (0,1,0)^{\mathrm{T}}, \boldsymbol{\alpha}_3 = (2,0,0)^{\mathrm{T}}, \boldsymbol{\alpha}_4 = (1,1,0)^{\mathrm{T}},$$

有 $\boldsymbol{\alpha}_4 = \boldsymbol{\alpha}_1 + \boldsymbol{\alpha}_2$，但 $\boldsymbol{\alpha}_1, \boldsymbol{\alpha}_2, \boldsymbol{\alpha}_3$ 线性相关.

关于(A)，若 $\boldsymbol{\alpha}_1 = (1,0,0)^{\mathrm{T}}, \boldsymbol{\alpha}_2 = (2,0,0)^{\mathrm{T}}, \boldsymbol{\alpha}_3 = (0,1,0)^{\mathrm{T}}, \boldsymbol{\alpha}_4 = (0,3,0)^{\mathrm{T}}$，则有 $\boldsymbol{\alpha}_1, \boldsymbol{\alpha}_2$ 线性相关，$\boldsymbol{\alpha}_3, \boldsymbol{\alpha}_4$ 线性相关，但 $\boldsymbol{\alpha}_1 + \boldsymbol{\alpha}_3 = (1,1,0)^{\mathrm{T}}, \boldsymbol{\alpha}_2 + \boldsymbol{\alpha}_4 = (2,3,0)^{\mathrm{T}}$ 线性无关，故(A) 不正确.

如 $\boldsymbol{\alpha}_4 = -\boldsymbol{\alpha}_1$，可知(B) 不正确.

215 【答案】 D

【分析】 易见 $\begin{vmatrix}1&1&0\\0&2&2\\0&0&3\end{vmatrix} \neq 0$，即三维向量 $(1,0,0)^{\mathrm{T}}, (1,2,0)^{\mathrm{T}}, (0,2,3)^{\mathrm{T}}$ 线性无关.

那么 $\boldsymbol{\alpha}_1, \boldsymbol{\alpha}_2, \boldsymbol{\alpha}_3$ 必线性无关. 从而 $r(\boldsymbol{\alpha}_1, \boldsymbol{\alpha}_2, \boldsymbol{\alpha}_3, \boldsymbol{\alpha}_4) = 3 \Leftrightarrow |\boldsymbol{\alpha}_1, \boldsymbol{\alpha}_2, \boldsymbol{\alpha}_3, \boldsymbol{\alpha}_4| = 0$，即

$$\begin{vmatrix}1&1&0&0\\0&2&2&0\\0&0&3&3\\4&0&0&a\end{vmatrix} = 1 \times \begin{vmatrix}2&2&0\\0&3&3\\0&0&a\end{vmatrix} + 4(-1)^{4+1}\begin{vmatrix}1&0&0\\2&2&0\\0&3&3\end{vmatrix} = 6a - 24 = 0,$$

知必有 $a = 4$.

216 【答案】 C

【分析】 将表出关系合并成矩阵形式有

$$[\boldsymbol{\beta}_1,\boldsymbol{\beta}_2,\boldsymbol{\beta}_3,\boldsymbol{\beta}_4,\boldsymbol{\beta}_5]=[\boldsymbol{\alpha}_1,\boldsymbol{\alpha}_2,\boldsymbol{\alpha}_3,\boldsymbol{\alpha}_4]\begin{bmatrix}1&0&0&0&2\\0&1&0&1&1\\1&0&1&1&1\\1&-1&1&0&0\end{bmatrix}\xlongequal{\text{记}}[\boldsymbol{\alpha}_1,\boldsymbol{\alpha}_2,\boldsymbol{\alpha}_3,\boldsymbol{\alpha}_4]\boldsymbol{C}=\boldsymbol{AC}.$$

因四个四维向量 $\boldsymbol{\alpha}_1,\boldsymbol{\alpha}_2,\boldsymbol{\alpha}_3,\boldsymbol{\alpha}_4$ 线性无关,故 $|\boldsymbol{\alpha}_1,\boldsymbol{\alpha}_2,\boldsymbol{\alpha}_3,\boldsymbol{\alpha}_4|\neq 0$. $\boldsymbol{A}=[\boldsymbol{\alpha}_1,\boldsymbol{\alpha}_2,\boldsymbol{\alpha}_3,\boldsymbol{\alpha}_4]$ 是可逆矩阵,故有 $r(\boldsymbol{C})=r(\boldsymbol{AC})=r(\boldsymbol{\beta}_1,\boldsymbol{\beta}_2,\boldsymbol{\beta}_3,\boldsymbol{\beta}_4,\boldsymbol{\beta}_5)$,

$$\boldsymbol{C}=\begin{bmatrix}1&0&0&0&2\\0&1&0&1&1\\1&0&1&1&1\\1&-1&1&0&0\end{bmatrix}\to\begin{bmatrix}1&0&0&0&2\\0&1&0&1&1\\0&0&1&1&-1\\0&-1&1&0&-2\end{bmatrix}\to\begin{bmatrix}1&0&0&0&2\\0&1&0&1&1\\0&0&1&1&-1\\0&0&1&1&-1\end{bmatrix}$$

$$\to\begin{bmatrix}1&0&0&0&2\\0&1&0&1&1\\0&0&1&1&-1\\0&0&0&0&0\end{bmatrix},$$

故知 $r(\boldsymbol{\beta}_1,\boldsymbol{\beta}_2,\boldsymbol{\beta}_3,\boldsymbol{\beta}_4,\boldsymbol{\beta}_5)=r(\boldsymbol{C})=3$,故应选(C).

217 【答案】 A

【分析】 由 $\boldsymbol{\eta}_1,\boldsymbol{\eta}_2$ 是 $\boldsymbol{Ax}=\boldsymbol{0}$ 的基础解系,知 $n-r(\boldsymbol{A})=2$,

有 $r(\boldsymbol{\alpha}_1,\boldsymbol{\alpha}_2,\boldsymbol{\alpha}_3,\boldsymbol{\alpha}_4)=r(\boldsymbol{A})=2$.

又 $\boldsymbol{A\eta}_1=\boldsymbol{0},\boldsymbol{A\eta}_2=\boldsymbol{0}$,有

$$\begin{cases}3\boldsymbol{\alpha}_1+\boldsymbol{\alpha}_2-2\boldsymbol{\alpha}_3+2\boldsymbol{\alpha}_4=\boldsymbol{0}, & (1)\\ \quad -\boldsymbol{\alpha}_2+2\boldsymbol{\alpha}_3+\boldsymbol{\alpha}_4=\boldsymbol{0}, & (2)\end{cases}$$

(1)+(2) 得 $\boldsymbol{\alpha}_1=-\boldsymbol{\alpha}_4$,

代入(1) 得 $\boldsymbol{\alpha}_1+\boldsymbol{\alpha}_2-2\boldsymbol{\alpha}_3=\boldsymbol{0}$, (3)

故 ① 正确.

如 $\boldsymbol{\alpha}_1,\boldsymbol{\alpha}_3$ 线性相关,不妨设 $\boldsymbol{\alpha}_1=k\boldsymbol{\alpha}_3$,则有 $\boldsymbol{\alpha}_2=(2-k)\boldsymbol{\alpha}_3$.

那么 $r(\boldsymbol{\alpha}_1,\boldsymbol{\alpha}_2,\boldsymbol{\alpha}_3,\boldsymbol{\alpha}_4)=r(k\boldsymbol{\alpha}_3,(2-k)\boldsymbol{\alpha}_3,\boldsymbol{\alpha}_3,-k\boldsymbol{\alpha}_3)\neq 2$,矛盾.

从而 $\boldsymbol{\alpha}_1,\boldsymbol{\alpha}_3$ 必线性无关,② 正确.类似知 ④ 正确.

至于 ③,$(\boldsymbol{\alpha}_1,\boldsymbol{\alpha}_1+\boldsymbol{\alpha}_2,\boldsymbol{\alpha}_3-\boldsymbol{\alpha}_4)\to(\boldsymbol{\alpha}_1,\boldsymbol{\alpha}_2,\boldsymbol{\alpha}_3)$.且 $r(\boldsymbol{\alpha}_1,\boldsymbol{\alpha}_2,\boldsymbol{\alpha}_3)=2$,故 ③ 正确.

218 【答案】 D

【分析】 $\boldsymbol{A}$ 是 $m\times n$ 矩阵.

$\boldsymbol{Ax}=\boldsymbol{0}$ 只有零解 $\Leftrightarrow r(\boldsymbol{A})=n$,

$\boldsymbol{Ax}=\boldsymbol{b}$ 有唯一解 $\Leftrightarrow r(\boldsymbol{A})=r(\boldsymbol{A},\boldsymbol{b})=n$,

那么当 $r(\boldsymbol{A})=n$ 时,能否保证 $r(\boldsymbol{A},\boldsymbol{b})=n$?

若 $\boldsymbol{A}$ 是 n 阶矩阵,结论肯定正确,现在 $\boldsymbol{A}$ 是 $m\times n$ 矩阵且 $m\neq n$,考查下面的例子:

$$\begin{cases}x_1+x_2=0,\\x_1-x_2=0,\\2x_1+2x_2=0,\end{cases}\quad\begin{cases}x_1+x_2=1,\\x_1-x_2=2,\\2x_1+2x_2=3,\end{cases}\quad\begin{cases}x_1+x_2=1,\\x_1-x_2=3,\\2x_1+2x_2=2,\end{cases}$$

$\boldsymbol{Ax}=\mathbf{0}$ 只有零解，但 $\boldsymbol{Ax}=\boldsymbol{b}$ 可能无解也可能有唯一解，所以(A) 不正确.

类似地，$\boldsymbol{Ax}=\mathbf{0}$ 有非零解 $\Leftrightarrow r(\boldsymbol{A})<n$.

由 $r(\boldsymbol{A})<n \not\Rightarrow r(\boldsymbol{A})=r(\boldsymbol{A},\boldsymbol{b})<n$，例如

$$\begin{cases} x_1+x_2+x_3=0, \\ 2x_1+2x_2+2x_3=0, \end{cases} \quad \begin{cases} x_1+x_2+x_3=1, \\ 2x_1+2x_2+2x_3=3, \end{cases} \quad \begin{cases} x_1+x_2+x_3=1, \\ 2x_1+2x_2+2x_3=2, \end{cases}$$

当 $\boldsymbol{Ax}=\mathbf{0}$ 有非零解时，$\boldsymbol{Ax}=\boldsymbol{b}$ 可能无解，也可能有无穷多解，所以(B) 不正确.

方程组 $\boldsymbol{Ax}=\boldsymbol{b}$ 有无穷多解 $\Leftrightarrow r(\boldsymbol{A})=r(\boldsymbol{A},\boldsymbol{b})<n$，因为 $r(\boldsymbol{A})<n$，故 $\boldsymbol{Ax}=\mathbf{0}$ 必有非零解，即(D) 正确.

复习数学要注意学习举反例.

219 【答案】 A

【分析】 $\boldsymbol{A}$ 是 $m\times n$ 矩阵，$r(\boldsymbol{A})=r$，若 $r=m$，则 $m=r(\boldsymbol{A})\leqslant r(\boldsymbol{A},\boldsymbol{b})\leqslant m$，于是 $r(\boldsymbol{A})=r(\boldsymbol{A},\boldsymbol{b})$，故方程组 $\boldsymbol{Ax}=\boldsymbol{b}$ 有解，即(A) 正确.

或者，由 $r(\boldsymbol{A})=m$，$\boldsymbol{A}$ 是 $m\times n$ 矩阵，知 $\boldsymbol{A}$ 的行秩为 m，即 $\boldsymbol{A}$ 的行向量组线性无关，那么其延伸组（即 $(\boldsymbol{A},\boldsymbol{b})$ 的行向量）必线性无关，即 $(\boldsymbol{A},\boldsymbol{b})$ 的行秩为 m，亦得到 $r(\boldsymbol{A})=r(\boldsymbol{A},\boldsymbol{b})$，从而方程组 $\boldsymbol{Ax}=\boldsymbol{b}$ 有解.

关于(B) 和(D) 不正确的原因，请回看上题(1991,4).

至于(C)，$\boldsymbol{A}$ 是 n 阶矩阵，由克拉默法则 $\boldsymbol{Ax}=\boldsymbol{b}$ 有唯一解 $\Leftrightarrow r(\boldsymbol{A})=n$，而现在的条件为 $r(\boldsymbol{A})=r$，r 和 n 之间没有任何信息.

220 【答案】 D

【分析】 $\boldsymbol{A}$ 中有个 3 阶子式 $\begin{vmatrix} 1 & -1 & 2 \\ 1 & 1 & 4 \\ 1 & 1 & 1 \end{vmatrix}\neq 0$，于是 $r(\boldsymbol{A})=3$.

$\boldsymbol{A}^{\mathrm{T}}$ 是 4×3 矩阵，$r(\boldsymbol{A}^{\mathrm{T}})=r(\boldsymbol{A})=3$，故 $\boldsymbol{A}^{\mathrm{T}}\boldsymbol{x}=\mathbf{0}$ 只有零解.

$\boldsymbol{A}$ 是 3×4 矩阵，$r(\boldsymbol{A})=3<4$，$\boldsymbol{Ax}=\mathbf{0}$ 必有非零解，从而可构造非零矩阵 $\boldsymbol{B}$，使 $\boldsymbol{AB}=\boldsymbol{O}$.

由 $r(\boldsymbol{A}^{\mathrm{T}}\boldsymbol{A})=r(\boldsymbol{A}\boldsymbol{A}^{\mathrm{T}})=r(\boldsymbol{A})=3$，$\boldsymbol{A}^{\mathrm{T}}\boldsymbol{A}$ 是四阶矩阵，$\boldsymbol{A}\boldsymbol{A}^{\mathrm{T}}$ 是三阶矩阵，故(D) 错误.

221 【答案】 A

【分析】 若 $\boldsymbol{A}^n\boldsymbol{\alpha}=\mathbf{0}$，则 $\boldsymbol{A}^{n+1}\boldsymbol{\alpha}=\boldsymbol{A}(\boldsymbol{A}^n\boldsymbol{\alpha})=\boldsymbol{A}\mathbf{0}=\mathbf{0}$，即若 $\boldsymbol{\alpha}$ 是(Ⅰ)的解，则 $\boldsymbol{\alpha}$ 必是(Ⅱ)的解，可见命题 ① 正确.

下面的问题是选(A) 还是选(B)？即 ② 与 ④ 哪一个命题正确？

如果 $\boldsymbol{A}^{n+1}\boldsymbol{\alpha}=\mathbf{0}$，而 $\boldsymbol{A}^n\boldsymbol{\alpha}\neq\mathbf{0}$，那么对于向量组 $\boldsymbol{\alpha},\boldsymbol{A\alpha},\boldsymbol{A}^2\boldsymbol{\alpha},\cdots,\boldsymbol{A}^n\boldsymbol{\alpha}$，一方面有：

若 $k\boldsymbol{\alpha}+k_1\boldsymbol{A\alpha}+k_2\boldsymbol{A}^2\boldsymbol{\alpha}+\cdots+k_n\boldsymbol{A}^n\boldsymbol{\alpha}=\mathbf{0}$，用 $\boldsymbol{A}^n$ 左乘上式的两边，并把 $\boldsymbol{A}^{n+1}\boldsymbol{\alpha}=\mathbf{0},\boldsymbol{A}^{n+2}\boldsymbol{\alpha}=\mathbf{0},\cdots$ 代入，得

$$k\boldsymbol{A}^n\boldsymbol{\alpha}=\mathbf{0},$$

由于 $\boldsymbol{A}^n\boldsymbol{\alpha}\neq\mathbf{0}$ 可知必有 $k=0$. 类似地用 $\boldsymbol{A}^{n-1}$ 左乘可得 $k_1=0,\cdots$.

因此，$\boldsymbol{\alpha},\boldsymbol{A\alpha},\boldsymbol{A}^2\boldsymbol{\alpha},\cdots,\boldsymbol{A}^n\boldsymbol{\alpha}$ 线性无关. 但另一方面，这是 $n+1$ 个 n 维向量，它们必然线性相关，两者矛盾. 故 $\boldsymbol{A}^{n+1}\boldsymbol{\alpha}=\mathbf{0}$ 时，必有 $\boldsymbol{A}^n\boldsymbol{\alpha}=\mathbf{0}$，即(Ⅱ)的解必是(Ⅰ)的解. 因此命题 ② 正确.

故命题 ①② 正确，即 $\boldsymbol{A}^n\boldsymbol{x}=\mathbf{0}$ 和 $\boldsymbol{A}^{n+1}\boldsymbol{x}=\mathbf{0}$ 是同解方程，故应选(A).

222 【答案】 C

【分析】 观察下标知矩阵 $\boldsymbol{A}$ 经两次列变换得到矩阵 $\boldsymbol{BA}$. 即

$$\boldsymbol{BA}=\begin{bmatrix}a_{11}&a_{12}&a_{13}\\a_{21}&a_{22}&a_{23}\\a_{31}&a_{32}&a_{33}\end{bmatrix}\begin{bmatrix}1&0&0\\0&0&1\\0&1&0\end{bmatrix}\begin{bmatrix}1&0&0\\0&4&0\\0&0&1\end{bmatrix}=\boldsymbol{A}\begin{bmatrix}1&0&0\\0&0&1\\0&4&0\end{bmatrix},$$

又矩阵 $\boldsymbol{A}$ 可逆,有 $\boldsymbol{A}^{-1}\boldsymbol{BA}=\begin{bmatrix}1&0&0\\0&0&1\\0&4&0\end{bmatrix}$,即 $\boldsymbol{B}\sim\begin{bmatrix}1&0&0\\0&0&1\\0&4&0\end{bmatrix}$.

$$\begin{vmatrix}\lambda-1&0&0\\0&\lambda&-1\\0&-4&\lambda\end{vmatrix}=(\lambda-1)\begin{vmatrix}\lambda&-1\\-4&\lambda\end{vmatrix}=(\lambda-1)(\lambda-2)(\lambda+2),$$

相似矩阵有相同的特征值,$\boldsymbol{B}$ 的特征值是 $1,2,-2$,选(C).

223 【答案】 D

【分析】 (A) 是下三角矩阵,主对角线元素就是矩阵的特征值,因而矩阵有三个不同的特征值,所以矩阵必可以相似对角化.

(B) 是实对称矩阵,实对称矩阵必可以相似对角化.

(C) 是秩为 1 的矩阵,由 $|\lambda\boldsymbol{E}-\boldsymbol{A}|=\lambda^3+4\lambda^2$,知矩阵的特征值是 $-4,0,0$. 对于二重根 $\lambda=0$,由秩

$$r(0\boldsymbol{E}-\boldsymbol{A})=r(\boldsymbol{A})=1$$

知齐次方程组 $(0\boldsymbol{E}-\boldsymbol{A})\boldsymbol{x}=\boldsymbol{0}$ 的基础解系有 $3-1=2$ 个线性无关的解向量,即 $\lambda=0$ 有两个线性无关的特征向量. 从而矩阵必可以相似对角化.

(D) 是上三角矩阵,主对角线上的元素 $2,-1,2$ 就是矩阵的特征值,对于二重特征值 $\lambda=2$,由秩

$$r(2\boldsymbol{E}-\boldsymbol{A})=r\begin{bmatrix}0&-1&-2\\0&3&-3\\0&0&0\end{bmatrix}=2$$

知齐次方程组 $(2\boldsymbol{E}-\boldsymbol{A})\boldsymbol{x}=\boldsymbol{0}$ 只有 $3-2=1$ 个线性无关的解,亦即 $\lambda=2$ 只有一个线性无关的特征向量,故矩阵必不能相似对角化. 所以应当选(D).

【评注】 (A) 与(B) 是矩阵相似对角化的充分条件. 当特征值有重根时,有些矩阵能相似对角化,有些矩阵不能相似对角化,这时关键是检查秩,以便查清矩阵是否有 n 个线性无关的特征向量.

224 【答案】 B

【分析】 $\boldsymbol{A}\sim\boldsymbol{C}$,即存在可逆阵 $\boldsymbol{P}$,使 $\boldsymbol{P}^{-1}\boldsymbol{AP}=\boldsymbol{C}$. $\boldsymbol{B}\sim\boldsymbol{D}$,即存在可逆阵 $\boldsymbol{Q}$,使 $\boldsymbol{Q}^{-1}\boldsymbol{BQ}=\boldsymbol{D}$,故存在可逆阵 $\begin{bmatrix}\boldsymbol{P}&\boldsymbol{O}\\\boldsymbol{O}&\boldsymbol{Q}\end{bmatrix}$,使得

$$\begin{bmatrix}\boldsymbol{P}&\boldsymbol{O}\\\boldsymbol{O}&\boldsymbol{Q}\end{bmatrix}^{-1}\begin{bmatrix}\boldsymbol{A}&\boldsymbol{O}\\\boldsymbol{O}&\boldsymbol{B}\end{bmatrix}\begin{bmatrix}\boldsymbol{P}&\boldsymbol{O}\\\boldsymbol{O}&\boldsymbol{Q}\end{bmatrix}=\begin{bmatrix}\boldsymbol{P}^{-1}&\boldsymbol{O}\\\boldsymbol{O}&\boldsymbol{Q}^{-1}\end{bmatrix}\begin{bmatrix}\boldsymbol{A}&\boldsymbol{O}\\\boldsymbol{O}&\boldsymbol{B}\end{bmatrix}\begin{bmatrix}\boldsymbol{P}&\boldsymbol{O}\\\boldsymbol{O}&\boldsymbol{Q}\end{bmatrix}=\begin{bmatrix}\boldsymbol{P}^{-1}\boldsymbol{AP}&\boldsymbol{O}\\\boldsymbol{O}&\boldsymbol{Q}^{-1}\boldsymbol{BQ}\end{bmatrix}=\begin{bmatrix}\boldsymbol{C}&\boldsymbol{O}\\\boldsymbol{O}&\boldsymbol{D}\end{bmatrix},$$

得 $\begin{bmatrix}\boldsymbol{A}&\boldsymbol{O}\\\boldsymbol{O}&\boldsymbol{B}\end{bmatrix}\sim\begin{bmatrix}\boldsymbol{C}&\boldsymbol{O}\\\boldsymbol{O}&\boldsymbol{D}\end{bmatrix}$,应选(B). (A)(C)(D) 显然不成立.

若 $A=\begin{bmatrix}1&0\\0&2\end{bmatrix}$ 和 $C=\begin{bmatrix}2&0\\0&1\end{bmatrix}$,$B=\begin{bmatrix}1&1\\0&0\end{bmatrix}$ 和 $D=\begin{bmatrix}1&0\\0&0\end{bmatrix}$ 有 $A\sim C$ 和 $B\sim D$,但

$A+B=\begin{bmatrix}2&1\\0&2\end{bmatrix}$ 和 $C+D=\begin{bmatrix}3&0\\0&1\end{bmatrix}$ 不相似;

$AB=\begin{bmatrix}1&1\\0&0\end{bmatrix}$ 和 $CD=\begin{bmatrix}2&0\\0&0\end{bmatrix}$ 不相似.

关于(D),请说出 $\begin{bmatrix}0&0&1&0\\0&0&0&2\\1&1&0&0\\0&0&0&0\end{bmatrix}$ 和 $\begin{bmatrix}0&0&2&0\\0&0&0&1\\1&0&0&0\\0&0&0&0\end{bmatrix}$ 不相似的理由.

225 【答案】 D

【分析】 $\alpha\alpha^{\mathrm{T}}$ 是秩为 1 的矩阵,由于 $\alpha^{\mathrm{T}}\alpha=1$,故 $\alpha\alpha^{\mathrm{T}}$ 的特征值是 1,0,0,所以矩阵 A 的特征值为:5,2,2.

又因 A 是实对称矩阵,必可相似对角化,故应选(D).你能否写出此时的可逆矩阵 P,使得 $P^{-1}AP=\begin{bmatrix}2&&\\&2&\\&&5\end{bmatrix}$ 吗?

226 【答案】 B

【分析】 二次型 $x^{\mathrm{T}}Ax$ 经正交变换 $x=Qy$ 化为新的二次型 $y^{\mathrm{T}}By$,由于

$$x^{\mathrm{T}}Ax=(Qy)^{\mathrm{T}}A(Qy)=y^{\mathrm{T}}(Q^{\mathrm{T}}AQ)y,$$

则有 $Q^{\mathrm{T}}AQ=B$.即原二次型矩阵 A 和新二次型矩阵 B 合同,又因 Q 是正交矩阵,$Q^{\mathrm{T}}=Q^{-1}$,故

$$Q^{\mathrm{T}}AQ=Q^{-1}AQ=B,$$

因此在正交变换下,二次型矩阵 A 与 B 不仅合同而且相似.

因为两个实对称矩阵相似的充分必要条件是有相同的特征值,现在

$$|\lambda E-A|=\begin{vmatrix}\lambda-1&-3&0\\-3&\lambda-1&0\\0&0&\lambda-2\end{vmatrix}=(\lambda-2)(\lambda-4)(\lambda+2),$$

知矩阵 A 的特征值是 2,4,-2.所以应当选(B).

【评注】 如果你选择的是(A).看看是不是在用配方法?用配方法得到的矩阵仅仅合同并不相似,这一点要理解清楚.(D) 是二次型 f 的规范形的矩阵,仍然是只合同不相似.

本题中,与矩阵 A 合同的矩阵是(A)(B)(D),与 A 相似的是(B).

227 【答案】 C

【分析】 $x^{\mathrm{T}}Ax=2x_1^2+(x_2+x_3)^2$ 与 $y^{\mathrm{T}}By=y_1^2+3y_2^2$,

有相同的正、负惯性指数,A 与 B 一定合同.

又 $|\lambda E-A|=\begin{vmatrix}\lambda-2&0&0\\0&\lambda-1&-1\\0&-1&\lambda-1\end{vmatrix}=\lambda(\lambda-2)^2$,

A 的特征值是 2,2,0,B 的特征值是 1,3,0,从而 A 和 B 不相似.

228 【答案】 C

【分析】 $\boldsymbol{A}$ 和 $\boldsymbol{B}$ 合同 $\Leftrightarrow$ 二次型 $\boldsymbol{x}^{\mathrm{T}}\boldsymbol{A}\boldsymbol{x}$ 和 $\boldsymbol{x}^{\mathrm{T}}\boldsymbol{B}\boldsymbol{x}$ 有相同的正、负惯性指数.

由 $\boldsymbol{A},\boldsymbol{B}$ 相似,知 $\boldsymbol{A}$ 和 $\boldsymbol{B}$ 有相同的特征值 $\Rightarrow$ 二次型 $\boldsymbol{x}^{\mathrm{T}}\boldsymbol{A}\boldsymbol{x}$ 和 $\boldsymbol{x}^{\mathrm{T}}\boldsymbol{B}\boldsymbol{x}$ 有相同的标准形 $\Rightarrow\boldsymbol{A}$ 和 $\boldsymbol{B}$ 合同.(A) 正确.

由 $\boldsymbol{A},\boldsymbol{B}$ 合同 $\Rightarrow\boldsymbol{A}$ 和 $\boldsymbol{B}$ 有相同的正、负惯性指数 $\Rightarrow\boldsymbol{A}$ 和 $\boldsymbol{B}$ 的特征值有相同的正、负号,而 $\boldsymbol{B}$ 和 $9\boldsymbol{B}$ 的特征值是 9 倍的关系,从而 $\boldsymbol{A}$ 和 $9\boldsymbol{B}$ 的特征值有相同的正、负号,故 $\boldsymbol{A}$ 和 $9\boldsymbol{B}$ 有相同的正、负惯性指数,(B) 正确.

因为 $\boldsymbol{A}$ 和 $\boldsymbol{A}+k\boldsymbol{E}$ 的正、负惯性指数不一定相同,所以 $\boldsymbol{A}+k\boldsymbol{E}$ 和 $\boldsymbol{B}+k\boldsymbol{E}$ 的正、负惯性指数可以不同.例如

$\boldsymbol{A}=\begin{bmatrix}1&\\&2\end{bmatrix},\boldsymbol{B}=\begin{bmatrix}3&\\&4\end{bmatrix};\boldsymbol{A}-\boldsymbol{E}=\begin{bmatrix}0&\\&1\end{bmatrix},\boldsymbol{B}-\boldsymbol{E}=\begin{bmatrix}2&\\&3\end{bmatrix}$,故(C) 不正确.

若 $\boldsymbol{A}$ 和 $\boldsymbol{B}$ 合同,则存在可逆矩阵 $\boldsymbol{C}$ 使 $\boldsymbol{C}^{\mathrm{T}}\boldsymbol{A}\boldsymbol{C}=\boldsymbol{B}$.因为 $\boldsymbol{C}$ 可逆,故

$$r(\boldsymbol{B})=r(\boldsymbol{C}^{\mathrm{T}}\boldsymbol{A}\boldsymbol{C})=r(\boldsymbol{A}\boldsymbol{C})=r(\boldsymbol{A}),$$

即(D) 正确.

229 【答案】 D

【分析】 将初等行、列变换,用左、右乘初等阵表出,由题设

$$\boldsymbol{A}\boldsymbol{E}_{ij}=\boldsymbol{B},\boldsymbol{E}_{ij}\boldsymbol{B}=\boldsymbol{C},$$

故

$$\boldsymbol{C}=\boldsymbol{E}_{ij}\boldsymbol{B}=\boldsymbol{E}_{ij}\boldsymbol{A}\boldsymbol{E}_{ij},$$

因 $\boldsymbol{E}_{ij}=\boldsymbol{E}_{ij}^{\mathrm{T}}=\boldsymbol{E}_{ij}^{-1}$,故

$$\boldsymbol{C}=\boldsymbol{E}_{ij}\boldsymbol{A}\boldsymbol{E}_{ij}=\boldsymbol{E}_{ij}^{-1}\boldsymbol{A}\boldsymbol{E}_{ij}=\boldsymbol{E}_{ij}^{\mathrm{T}}\boldsymbol{A}\boldsymbol{E}_{ij},$$

即 $\boldsymbol{C}\cong\boldsymbol{A},\boldsymbol{C}\sim\boldsymbol{A}$,且 $\boldsymbol{C}\simeq\boldsymbol{A}$,故应选(D).

230 【答案】 D

【分析】 $\boldsymbol{\alpha}_1,\boldsymbol{\alpha}_2,\boldsymbol{\alpha}_3$ 是 $\mathbf{R}^3$ 的一组基 $\Leftrightarrow|\boldsymbol{\alpha}_1,\boldsymbol{\alpha}_2,\boldsymbol{\alpha}_3|\neq0$.

$(-1,1,-1)^{\mathrm{T}}=-\boldsymbol{\alpha}_2$,故(A) 不可能.

易见 $\begin{vmatrix}1&1&0\\-2&-1&0\\1&1&1\end{vmatrix}=\begin{vmatrix}1&1\\-2&-1\end{vmatrix}\neq0$,所以选(D).

解 答 题

231 【解】 (1) 由 $\boldsymbol{A}\boldsymbol{B}=\boldsymbol{A}+\boldsymbol{B}$ 有 $\boldsymbol{A}\boldsymbol{B}-\boldsymbol{B}-\boldsymbol{A}+\boldsymbol{E}=\boldsymbol{E}$,即

$$(\boldsymbol{A}-\boldsymbol{E})\boldsymbol{B}-(\boldsymbol{A}-\boldsymbol{E})=\boldsymbol{E},$$

从而 $(\boldsymbol{A}-\boldsymbol{E})(\boldsymbol{B}-\boldsymbol{E})=\boldsymbol{E}$.故矩阵 $\boldsymbol{A}-\boldsymbol{E}$ 可逆.

(2) 因 $\boldsymbol{A}-\boldsymbol{E}$ 可逆且 $(\boldsymbol{A}-\boldsymbol{E})^{-1}=\boldsymbol{B}-\boldsymbol{E}$,有

$$(\boldsymbol{A}-\boldsymbol{E})(\boldsymbol{B}-\boldsymbol{E})=(\boldsymbol{B}-\boldsymbol{E})(\boldsymbol{A}-\boldsymbol{E}),$$

即有 $\boldsymbol{A}\boldsymbol{B}=\boldsymbol{B}\boldsymbol{A}$,于是

$$r(\boldsymbol{A}\boldsymbol{B}-\boldsymbol{B}\boldsymbol{A}+2\boldsymbol{E})=r(2\boldsymbol{E})=n.$$

(3) 由(1) 知 $(\boldsymbol{B}-\boldsymbol{E})^{-1}=\boldsymbol{A}-\boldsymbol{E}$,

那么 $\boldsymbol{A}=\boldsymbol{E}+(\boldsymbol{B}-\boldsymbol{E})^{-1}=\begin{bmatrix}1&&\\&1&\\&&1\end{bmatrix}+\begin{bmatrix}0&1&0\\0&2&1\\1&0&0\end{bmatrix}^{-1}=\begin{bmatrix}1&0&1\\1&1&0\\-2&1&1\end{bmatrix}$.

232 【解】 矩阵 $\boldsymbol{A},\boldsymbol{B}$ 等价 $\Leftrightarrow r(\boldsymbol{A})=r(\boldsymbol{B})$.

因 $|\boldsymbol{A}|=0$ 且 $r(\boldsymbol{A})=2$,故 $|\boldsymbol{B}|=0$,即 $a=0$ 且 $a=0$ 时 $r(\boldsymbol{B})=2$.

$$\boldsymbol{A}=\begin{bmatrix}1&1&0\\0&1&-1\\1&0&1\end{bmatrix}\xrightarrow[\boldsymbol{P}_1]{行}\begin{bmatrix}1&1&0\\0&1&-1\\0&-1&1\end{bmatrix}\xrightarrow[\boldsymbol{P}_2]{行}\begin{bmatrix}1&1&0\\0&1&-1\\0&0&0\end{bmatrix}\xrightarrow[\boldsymbol{Q}_1]{列}\begin{bmatrix}1&0&0\\0&1&-1\\0&0&0\end{bmatrix}\xrightarrow[\boldsymbol{Q}_2]{列}\begin{bmatrix}1&0&0\\0&1&0\\0&0&0\end{bmatrix},$$

其中 $\boldsymbol{P}_1=\begin{bmatrix}1&0&0\\0&1&0\\-1&0&1\end{bmatrix},\boldsymbol{P}_2=\begin{bmatrix}1&0&0\\0&1&0\\0&1&1\end{bmatrix},\boldsymbol{Q}_1=\begin{bmatrix}1&-1&0\\0&1&0\\0&0&1\end{bmatrix},\boldsymbol{Q}_2=\begin{bmatrix}1&0&0\\0&1&1\\0&0&1\end{bmatrix}$.

$$\boldsymbol{B}=\begin{bmatrix}1&-2&0\\0&0&3\\0&0&1\end{bmatrix}\xrightarrow[\boldsymbol{Q}_3]{列}\begin{bmatrix}1&0&0\\0&0&3\\0&0&1\end{bmatrix}\xrightarrow[\boldsymbol{P}_3]{行}\begin{bmatrix}1&0&0\\0&0&0\\0&0&1\end{bmatrix}\xrightarrow[\boldsymbol{P}_4]{行}\begin{bmatrix}1&0&0\\0&0&1\\0&0&0\end{bmatrix}\xrightarrow[\boldsymbol{Q}_4]{列}\begin{bmatrix}1&0&0\\0&1&0\\0&0&0\end{bmatrix},$$

于是 $\boldsymbol{P}_2\boldsymbol{P}_1\boldsymbol{A}\boldsymbol{Q}_1\boldsymbol{Q}_2=\boldsymbol{P}_4\boldsymbol{P}_3\boldsymbol{B}\boldsymbol{Q}_3\boldsymbol{Q}_4,\boldsymbol{P}_3^{-1}\boldsymbol{P}_4^{-1}\boldsymbol{P}_2\boldsymbol{P}_1\boldsymbol{A}\boldsymbol{Q}_1\boldsymbol{Q}_2\boldsymbol{Q}_4^{-1}\boldsymbol{Q}_3^{-1}=\boldsymbol{B}$.

$$故\ \boldsymbol{P}=\boldsymbol{P}_3^{-1}\boldsymbol{P}_4^{-1}\boldsymbol{P}_2\boldsymbol{P}_1=\begin{bmatrix}1&0&0\\0&1&-3\\0&0&1\end{bmatrix}^{-1}\begin{bmatrix}1&0&0\\0&0&1\\0&1&0\end{bmatrix}^{-1}\begin{bmatrix}1&0&0\\0&1&0\\0&1&1\end{bmatrix}\begin{bmatrix}1&0&0\\0&1&0\\-1&0&1\end{bmatrix}$$

$$=\begin{bmatrix}1&0&0\\-1&4&1\\0&1&0\end{bmatrix},$$

$$\boldsymbol{Q}=\boldsymbol{Q}_1\boldsymbol{Q}_2\boldsymbol{Q}_4^{-1}\boldsymbol{Q}_3^{-1}=\begin{bmatrix}1&-3&-1\\0&1&1\\0&1&0\end{bmatrix}.$$

注意,矩阵 $\boldsymbol{P},\boldsymbol{Q}$ 不唯一.

233 【解】 (1) 由

$$|\boldsymbol{\alpha}_1,\boldsymbol{\alpha}_2,\boldsymbol{\alpha}_3,\boldsymbol{\alpha}_4|=\begin{vmatrix}1&2&0&3\\4&7&1&10\\0&1&-1&b\\2&3&a&4\end{vmatrix}=\begin{vmatrix}1&0&0&0\\4&-1&1&-2\\0&1&-1&b\\2&-1&a&-2\end{vmatrix}=(a-1)(b-2),$$

所以 $a=1$ 或 $b=2$ 时向量组 $\boldsymbol{\alpha}_1,\boldsymbol{\alpha}_2,\boldsymbol{\alpha}_3,\boldsymbol{\alpha}_4$ 线性相关.

(2) 当 $b=2$ 时,

$$[\boldsymbol{\alpha}_1,\boldsymbol{\alpha}_2,\boldsymbol{\alpha}_3\mid\boldsymbol{\alpha}_4]=\left[\begin{array}{ccc:c}1&2&0&3\\4&7&1&10\\0&1&-1&2\\2&3&a&4\end{array}\right]\to\left[\begin{array}{ccc:c}1&0&2&-1\\&1&-1&2\\&&a-1&0\\&&&0\end{array}\right],$$

对于任意 a,$\boldsymbol{\alpha}_4$ 均可由 $\boldsymbol{\alpha}_1,\boldsymbol{\alpha}_2,\boldsymbol{\alpha}_3$ 线性表示.

如果 $a\neq1,b=2$,有 $\boldsymbol{\alpha}_4=-\boldsymbol{\alpha}_1+2\boldsymbol{\alpha}_2$.

如果 $a=1,b=2$,有 $\boldsymbol{\alpha}_4=(-1-2t)\boldsymbol{\alpha}_1+(2+t)\boldsymbol{\alpha}_2+t\boldsymbol{\alpha}_3$,$t$ 为任意常数.

当 $a=1$ 时,

$$[\boldsymbol{\alpha}_1,\boldsymbol{\alpha}_2,\boldsymbol{\alpha}_3\mid\boldsymbol{\alpha}_4]=\left[\begin{array}{ccc:c}1&2&0&3\\4&7&1&10\\0&1&-1&b\\2&3&1&4\end{array}\right]\to\left[\begin{array}{ccc:c}1&2&0&3\\&1&-1&b\\&&&b-2\\&&&0\end{array}\right],$$

如果 $b \neq 2$，$\boldsymbol{\alpha}_4$ 不能由 $\boldsymbol{\alpha}_1,\boldsymbol{\alpha}_2,\boldsymbol{\alpha}_3$ 线性表示.

若 $a=1,b=2$，$\boldsymbol{\alpha}_4$ 可由 $\boldsymbol{\alpha}_1,\boldsymbol{\alpha}_2,\boldsymbol{\alpha}_3$ 线性表示，表示法同上.

(3) 当 $a=1$ 且 $b=2$ 时，$r(\boldsymbol{\alpha}_1,\boldsymbol{\alpha}_2,\boldsymbol{\alpha}_3,\boldsymbol{\alpha}_4)=2$，极大无关组为 $\boldsymbol{\alpha}_1,\boldsymbol{\alpha}_2$；

当 $a=1$ 且 $b\neq 2$ 时，$r(\boldsymbol{\alpha}_1,\boldsymbol{\alpha}_2,\boldsymbol{\alpha}_3,\boldsymbol{\alpha}_4)=3$，极大无关组为 $\boldsymbol{\alpha}_1,\boldsymbol{\alpha}_2,\boldsymbol{\alpha}_4$；

当 $a\neq 1$ 且 $b=2$ 时，$r(\boldsymbol{\alpha}_1,\boldsymbol{\alpha}_2,\boldsymbol{\alpha}_3,\boldsymbol{\alpha}_4)=3$，极大无关组为 $\boldsymbol{\alpha}_1,\boldsymbol{\alpha}_2,\boldsymbol{\alpha}_3$.

234 【解】(1) 由题设知 $r(\boldsymbol{A})=r(\boldsymbol{B})$，对矩阵 $\boldsymbol{A},\boldsymbol{B}$ 分别作初等行变换.

$$\boldsymbol{A}=\begin{bmatrix}1&0&2\\1&-1&0\\0&1&2\end{bmatrix}\to\begin{bmatrix}1&0&2\\0&-1&-2\\0&1&2\end{bmatrix}\to\begin{bmatrix}1&0&2\\0&1&2\\0&0&0\end{bmatrix},$$

$$\boldsymbol{B}=\begin{bmatrix}-1&2&2\\2&-1&2\\-2&2&a\end{bmatrix}\to\begin{bmatrix}1&-2&-2\\0&3&6\\0&-2&a-4\end{bmatrix}\to\begin{bmatrix}1&-2&-2\\0&1&2\\0&0&a\end{bmatrix},$$

所以 $a=0$.

(2) 由于 $\boldsymbol{PA}=\boldsymbol{B}\Leftrightarrow\boldsymbol{A}^{\mathrm{T}}\boldsymbol{P}^{\mathrm{T}}=\boldsymbol{B}^{\mathrm{T}}$，问题转化为求满足 $\boldsymbol{A}^{\mathrm{T}}\boldsymbol{P}^{\mathrm{T}}=\boldsymbol{B}^{\mathrm{T}}$ 的所有可逆矩阵 $\boldsymbol{P}$.

考虑矩阵方程 $\boldsymbol{A}^{\mathrm{T}}\boldsymbol{X}=\boldsymbol{B}^{\mathrm{T}}$，记 $\boldsymbol{X}=(\boldsymbol{x}_1,\boldsymbol{x}_2,\boldsymbol{x}_3)$，$\boldsymbol{B}^{\mathrm{T}}=(\boldsymbol{\beta}_1,\boldsymbol{\beta}_2,\boldsymbol{\beta}_3)$，则有

$$\boldsymbol{A}^{\mathrm{T}}(\boldsymbol{x}_1,\boldsymbol{x}_2,\boldsymbol{x}_3)=(\boldsymbol{A}^{\mathrm{T}}\boldsymbol{x}_1,\boldsymbol{A}^{\mathrm{T}}\boldsymbol{x}_2,\boldsymbol{A}^{\mathrm{T}}\boldsymbol{x}_3)=(\boldsymbol{\beta}_1,\boldsymbol{\beta}_2,\boldsymbol{\beta}_3),$$

求解 $\boldsymbol{A}^{\mathrm{T}}\boldsymbol{X}=\boldsymbol{B}^{\mathrm{T}}$ 可以转化为求解三个方程组 $\boldsymbol{A}^{\mathrm{T}}\boldsymbol{x}_i=\boldsymbol{\beta}_i(i=1,2,3)$. 对矩阵 $[\boldsymbol{A}^{\mathrm{T}}\vdots\boldsymbol{B}^{\mathrm{T}}]$ 作初等行变换：

$$[\boldsymbol{A}^{\mathrm{T}}\vdots\boldsymbol{B}^{\mathrm{T}}]=\left[\begin{array}{ccc:ccc}1&1&0&-1&2&-2\\0&-1&1&2&-1&2\\2&0&2&2&2&0\end{array}\right]\to\left[\begin{array}{ccc:ccc}1&1&0&-1&2&-2\\0&-1&1&2&-1&2\\0&0&0&0&0&0\end{array}\right]$$

$$\to\left[\begin{array}{ccc:ccc}1&0&1&1&1&0\\0&1&-1&-2&1&-2\\0&0&0&0&0&0\end{array}\right].$$

所以 $\boldsymbol{A}^{\mathrm{T}}\boldsymbol{x}=\boldsymbol{0}$ 的基础解系为 $\boldsymbol{\xi}=\begin{bmatrix}-1\\1\\1\end{bmatrix}$，

方程组 $\boldsymbol{A}^{\mathrm{T}}\boldsymbol{x}_1=\boldsymbol{\beta}_1$ 的通解为 $\boldsymbol{\eta}_1=k_1\begin{bmatrix}-1\\1\\1\end{bmatrix}+\begin{bmatrix}1\\-2\\0\end{bmatrix}=\begin{bmatrix}1-k_1\\-2+k_1\\k_1\end{bmatrix}$，$k_1$ 为任意常数，

方程组 $\boldsymbol{A}^{\mathrm{T}}\boldsymbol{x}_2=\boldsymbol{\beta}_2$ 的通解为 $\boldsymbol{\eta}_2=k_2\begin{bmatrix}-1\\1\\1\end{bmatrix}+\begin{bmatrix}1\\1\\0\end{bmatrix}=\begin{bmatrix}1-k_2\\1+k_2\\k_2\end{bmatrix}$，$k_2$ 为任意常数，

方程组 $\boldsymbol{A}^{\mathrm{T}}\boldsymbol{x}_3=\boldsymbol{\beta}_3$ 的通解为 $\boldsymbol{\eta}_3=k_3\begin{bmatrix}-1\\1\\1\end{bmatrix}+\begin{bmatrix}0\\-2\\0\end{bmatrix}=\begin{bmatrix}-k_3\\-2+k_3\\k_3\end{bmatrix}$，$k_3$ 为任意常数.

满足 $\boldsymbol{A}^{\mathrm{T}}\boldsymbol{X}=\boldsymbol{B}^{\mathrm{T}}$ 的 $\boldsymbol{X}=\begin{bmatrix}1-k_1&1-k_2&-k_3\\-2+k_1&1+k_2&-2+k_3\\k_1&k_2&k_3\end{bmatrix}$，

当 $|\boldsymbol{X}|=\begin{vmatrix}1-k_1&1-k_2&-k_3\\-2+k_1&1+k_2&-2+k_3\\k_1&k_2&k_3\end{vmatrix}=3k_3+2(k_2-k_1)\neq 0$ 时，$\boldsymbol{X}$ 可逆.

故所求可逆矩阵 $\boldsymbol{P}=\boldsymbol{X}^{\mathrm{T}}=\begin{bmatrix}1-k_1 & -2+k_1 & k_1\\ 1-k_2 & 1+k_2 & k_2\\ -k_3 & -2+k_3 & k_3\end{bmatrix}$，其中 k_1,k_2,k_3 为满足 $3k_3+2(k_2-k_1)\neq 0$ 的任意常数.

235 【解】 由 $[\boldsymbol{\alpha}_1,\boldsymbol{\alpha}_2,\boldsymbol{\alpha}_3]=\begin{bmatrix}1 & 3 & 9\\ 2 & 0 & 6\\ -3 & -8 & -25\end{bmatrix}\to\begin{bmatrix}1 & 3 & 9\\ 0 & 1 & 2\\ 0 & 0 & 0\end{bmatrix}$，知 $r(\mathrm{I})=2$.

因对任意的 $a,\boldsymbol{\beta}_1,\boldsymbol{\beta}_2$ 坐标不成比例，知 $\boldsymbol{\beta}_1,\boldsymbol{\beta}_2$ 一定线性无关. 那么 $r(\mathrm{II})=2\Leftrightarrow|\boldsymbol{\beta}_1,\boldsymbol{\beta}_2,\boldsymbol{\beta}_3|=0$，

即 $\begin{vmatrix}0 & a & b\\ 1 & 2 & 1\\ -1 & -3 & 0\end{vmatrix}=\begin{vmatrix}0 & a & b\\ 0 & -1 & 1\\ -1 & -3 & 0\end{vmatrix}=-b-a=0$，得 $a=-b$.

由 $\boldsymbol{\beta}_2$ 可由（Ⅰ）线性表示 $\Leftrightarrow\boldsymbol{\beta}_2$ 可由 $\boldsymbol{\alpha}_1,\boldsymbol{\alpha}_2$ 线性表示（因 $r(\mathrm{I})=2$，$\boldsymbol{\alpha}_1,\boldsymbol{\alpha}_2$ 为极大无关组）

$$\left[\begin{array}{cc:c}1 & 3 & a\\ 2 & 0 & 2\\ -3 & -8 & -3\end{array}\right]\to\left[\begin{array}{cc:c}1 & 3 & a\\ 0 & 1 & 3a-3\\ 0 & 0 & 8a-8\end{array}\right],$$

所以 $a=1,b=-1$.

由 $r(\mathrm{I})=r(\mathrm{II})=2$，

$$\boldsymbol{\alpha}_1=\begin{bmatrix}1\\2\\-3\end{bmatrix},\boldsymbol{\alpha}_2=\begin{bmatrix}3\\0\\-8\end{bmatrix}\quad 与\quad \boldsymbol{\beta}_1=\begin{bmatrix}0\\1\\-1\end{bmatrix},\boldsymbol{\beta}_2=\begin{bmatrix}1\\2\\-3\end{bmatrix}$$

分别是（Ⅰ）和（Ⅱ）的极大线性无关组. 易见 $\boldsymbol{\beta}_1$ 不能由 $\boldsymbol{\alpha}_1,\boldsymbol{\alpha}_2$ 线性表示.

所以向量组（Ⅰ）和（Ⅱ）不等价.

236 【解】 (1) 设 $\boldsymbol{A\beta}=\lambda\boldsymbol{\beta}$，即

$$\begin{bmatrix}1 & a & -1\\ 1 & 1 & -1\\ 0 & 4 & b\end{bmatrix}\begin{bmatrix}1\\1\\2\end{bmatrix}=\lambda\begin{bmatrix}1\\1\\2\end{bmatrix},$$

有
$$\begin{cases}1+a-2=\lambda,\\ 1+1-2=\lambda,\\ 0+4+2b=2\lambda,\end{cases}$$

解出
$$\lambda=0,a=1,b=-2.$$

(2) 由 $\boldsymbol{A}^2=\begin{bmatrix}1 & 1 & -1\\ 1 & 1 & -1\\ 0 & 4 & -2\end{bmatrix}\begin{bmatrix}1 & 1 & -1\\ 1 & 1 & -1\\ 0 & 4 & -2\end{bmatrix}=\begin{bmatrix}2 & -2 & 0\\ 2 & -2 & 0\\ 4 & -4 & 0\end{bmatrix}$，那么

$$[\boldsymbol{A}^2\mid\boldsymbol{\beta}]=\left[\begin{array}{ccc:c}2 & -2 & 0 & 1\\ 2 & -2 & 0 & 1\\ 4 & -4 & 0 & 2\end{array}\right]\to\left[\begin{array}{ccc:c}1 & -1 & 0 & \frac{1}{2}\\ 0 & 0 & 0 & 0\\ 0 & 0 & 0 & 0\end{array}\right],$$

且
$$n-r(\boldsymbol{A}^2)=3-1=2,$$

解出方程组通解为：

$$\left(\frac{1}{2},0,0\right)^{\mathrm{T}}+k_1(1,1,0)^{\mathrm{T}}+k_2(0,0,1)^{\mathrm{T}},k_1,k_2 \text{ 为任意常数.}$$

237 【解】 如果存在经过 A,B,C 的曲线 $y=k_1x+k_2x^2+k_3x^3$，则应有

$$\begin{cases} k_1 + k_2 + k_3 = 1, \\ 2k_1 + 4k_2 + 8k_3 = 2, \\ ak_1 + a^2k_2 + a^3k_3 = 1, \end{cases}$$

对增广矩阵作初等行变换，有

$$[\boldsymbol{A} \mid \boldsymbol{b}] = \left[\begin{array}{ccc:c} 1 & 1 & 1 & 1 \\ 2 & 4 & 8 & 2 \\ a & a^2 & a^3 & 1 \end{array}\right] \to \left[\begin{array}{ccc:c} 1 & 1 & 1 & 1 \\ 0 & 1 & 3 & 0 \\ 0 & a^2-a & a^3-a & 1-a \end{array}\right] \to \left[\begin{array}{ccc:c} 1 & 0 & -2 & 1 \\ 0 & 1 & 3 & 0 \\ 0 & 0 & a(a-1)(a-2) & 1-a \end{array}\right].$$

(1) 当 $a \neq 0, a \neq 1, a \neq 2$ 时，方程组有唯一解，

$$k_1 = 1 - \frac{2}{a(a-2)}, k_2 = \frac{3}{a(a-2)}, k_3 = \frac{-1}{a(a-2)},$$

则曲线方程为

$$y = \frac{a^2-2a-2}{a(a-2)}x + \frac{3}{a(a-2)}x^2 - \frac{1}{a(a-2)}x^3.$$

(2) 当 $a=1$ 时，点 A,C 重合，此时

$$[\boldsymbol{A} \mid \boldsymbol{b}] \to \left[\begin{array}{ccc:c} 1 & 0 & -2 & 1 \\ 0 & 1 & 3 & 0 \\ 0 & 0 & 0 & 0 \end{array}\right],$$

方程组有无穷多解 $\begin{bmatrix} k_1 \\ k_2 \\ k_3 \end{bmatrix} = \begin{bmatrix} 1 \\ 0 \\ 0 \end{bmatrix} + k\begin{bmatrix} 2 \\ -3 \\ 1 \end{bmatrix}$，

那么经过 $A(C)$、B 三点的曲线为 $y=(1+2k)x-3kx^2+kx^3$，k 为任意常数.

(3) 当 $a=0$ 或 $a=2$ 时，$r(\boldsymbol{A})=2, r(\boldsymbol{A},\boldsymbol{b})=3$，方程组无解. 此时不存在满足题中要求的曲线.

238 【解】 (1) 对增广矩阵作初等行变换，有

$$\overline{\boldsymbol{A}} = \left[\begin{array}{cccc:c} 1 & -2 & 3 & 4 & 5 \\ 2 & -4 & 5 & 6 & 7 \\ 4 & a & 9 & 10 & 11 \end{array}\right] \to \left[\begin{array}{cccc:c} 1 & -2 & 3 & 4 & 5 \\ 0 & a+8 & 0 & 0 & 0 \\ 0 & 0 & 1 & 2 & 3 \end{array}\right],$$

对 $\forall a$，恒有 $r(\boldsymbol{A}) = r(\overline{\boldsymbol{A}})$，方程组总有解.

当 $a=-8$ 时，$r(\boldsymbol{A}) = r(\overline{\boldsymbol{A}}) = 2$.

$$\overline{\boldsymbol{A}} \to \left[\begin{array}{cccc:c} 1 & -2 & 0 & -2 & -4 \\ & & 1 & 2 & 3 \\ & & & 0 & 0 \end{array}\right],$$

得通解：$(-4,0,3,0)^{\mathrm{T}} + k_1(2,1,0,0)^{\mathrm{T}} + k_2(2,0,-2,1)^{\mathrm{T}}$，$k_1,k_2$ 为任意常数.

当 $a \neq -8$ 时，$r(\boldsymbol{A}) = r(\overline{\boldsymbol{A}}) = 3$.

$$\overline{\boldsymbol{A}} \to \left[\begin{array}{cccc:c} 1 & 0 & 0 & -2 & -4 \\ & 1 & 0 & 0 & 0 \\ & & 1 & 2 & 3 \end{array}\right],$$

得通解：$(-4,0,3,0)^{\mathrm{T}} + k(2,0,-2,1)^{\mathrm{T}}$，$k$ 为任意常数.

(2) 当 $a=-8$ 时，如 $x_1 = x_2$，有

$$-4+2k_1+2k_2 = 0+k_1+0, \text{即 } k_1 = 4-2k_2,$$

令 $k_2=t, k_1=4-2t$，代入整理得，

$$\boldsymbol{x}=(4,4,3,0)^{\mathrm{T}}+t(-2,-2,-2,1)^{\mathrm{T}}, t\text{ 为任意常数.}$$

当 $a\neq-8$ 时，如 $x_1=x_2$，有

$$-4+2k=0+0, \text{即 } k=2,$$

有唯一解：$(0,0,-1,2)^{\mathrm{T}}$.

239 【解】 方程组系数矩阵的行列式为

$$|\boldsymbol{A}|=\begin{vmatrix}1&1&1\\1&2&a\\1&4&a^2\end{vmatrix}=(a-1)(a-2).$$

由 $|\boldsymbol{A}|=0$，得 $a=1$ 或 $a=2$.

当 $a=1$ 时，

$$[\boldsymbol{A}\vdots\boldsymbol{\beta}]=\left[\begin{array}{ccc:c}1&1&1&1\\1&2&1&3\\1&4&1&7\end{array}\right]\to\left[\begin{array}{ccc:c}1&1&1&1\\0&1&0&2\\0&3&0&6\end{array}\right]\to\left[\begin{array}{ccc:c}1&1&1&1\\0&1&0&2\\0&0&0&0\end{array}\right]\to\left[\begin{array}{ccc:c}1&0&1&-1\\0&1&0&2\\0&0&0&0\end{array}\right],$$

因为 $r(\boldsymbol{A}\vdots\boldsymbol{\beta})=r(\boldsymbol{A})=2<3$，故方程组 $\boldsymbol{Ax}=\boldsymbol{\beta}$ 有无穷多解，同解方程组为

$$\begin{cases}x_1=-x_3-1,\\x_2=2,\end{cases}$$

通解为 $\begin{pmatrix}x_1\\x_2\\x_3\end{pmatrix}=c\begin{pmatrix}-1\\0\\1\end{pmatrix}+\begin{pmatrix}-1\\2\\0\end{pmatrix}$，$c$ 为任意常数.

当 $a=2$ 时，

$$[\boldsymbol{A}\vdots\boldsymbol{\beta}]=\left[\begin{array}{ccc:c}1&1&1&1\\1&2&2&3\\1&4&4&7\end{array}\right]\to\left[\begin{array}{ccc:c}1&1&1&1\\0&1&1&2\\0&3&3&6\end{array}\right]\to\left[\begin{array}{ccc:c}1&1&1&1\\0&1&1&2\\0&0&0&0\end{array}\right]\to\left[\begin{array}{ccc:c}1&0&0&-1\\0&1&1&2\\0&0&0&0\end{array}\right],$$

因为 $r(\boldsymbol{A}\vdots\boldsymbol{\beta})=r(\boldsymbol{A})=2<3$，故方程组 $\boldsymbol{Ax}=\boldsymbol{\beta}$ 有无穷多解，同解方程组为

$$\begin{cases}x_1=-1,\\x_2=-x_3+2,\end{cases}$$

通解为 $\begin{pmatrix}x_1\\x_2\\x_3\end{pmatrix}=c\begin{pmatrix}0\\-1\\1\end{pmatrix}+\begin{pmatrix}-1\\2\\0\end{pmatrix}$，$c$ 为任意常数.

240 【证明】 必要性　若 $\boldsymbol{A}^2=\boldsymbol{A}$，则 $\boldsymbol{A}(\boldsymbol{A}-\boldsymbol{E})=\boldsymbol{O}$，于是

$$r(\boldsymbol{A})+r(\boldsymbol{A}-\boldsymbol{E})\leqslant n. \qquad ①$$

又 $r(\boldsymbol{A})+r(\boldsymbol{A}-\boldsymbol{E})=r(\boldsymbol{A})+r(\boldsymbol{E}-\boldsymbol{A})\geqslant r[\boldsymbol{A}+(\boldsymbol{E}-\boldsymbol{A})]=r(\boldsymbol{E})$，

即

$$r(\boldsymbol{A})+r(\boldsymbol{A}-\boldsymbol{E})\geqslant n. \qquad ②$$

比较①②得 $r(\boldsymbol{A})+r(\boldsymbol{A}-\boldsymbol{E})=n$.

充分性　设 $r(\boldsymbol{A})=r$，则 $r(\boldsymbol{A}-\boldsymbol{E})=n-r$.

于是 $\boldsymbol{Ax}=\boldsymbol{0}$ 有 $n-r$ 个线性无关的解，设为 $\boldsymbol{\alpha}_{r+1},\boldsymbol{\alpha}_{r+2},\cdots,\boldsymbol{\alpha}_n$.

故 $(\boldsymbol{E}-\boldsymbol{A})\boldsymbol{x}=\boldsymbol{0}$ 有 $n-(n-r)$ 个线性无关的解，设为 $\boldsymbol{\alpha}_1,\boldsymbol{\alpha}_2,\cdots,\boldsymbol{\alpha}_r$.

即矩阵 $\boldsymbol{A}$,

对特征值 $\lambda=1$ 有 r 个线性无关的特征向量.

对特征值 $\lambda=0$ 有 $n-r$ 个线性无关的特征向量.

令 $\boldsymbol{P}=[\boldsymbol{\alpha}_1,\boldsymbol{\alpha}_2,\cdots,\boldsymbol{\alpha}_n]$,则 $\boldsymbol{P}$ 可逆,且 $\boldsymbol{P}^{-1}\boldsymbol{A}\boldsymbol{P}=\boldsymbol{\Lambda}=\begin{bmatrix}\boldsymbol{E}_r & \\ & \boldsymbol{O}\end{bmatrix}$. 而 $\boldsymbol{P}^{-1}\boldsymbol{A}^2\boldsymbol{P}=\boldsymbol{\Lambda}^2=\boldsymbol{\Lambda}$,那么 $\boldsymbol{P}^{-1}\boldsymbol{A}^2\boldsymbol{P}=\boldsymbol{P}^{-1}\boldsymbol{A}\boldsymbol{P}$. 故必有 $\boldsymbol{A}^2=\boldsymbol{A}$.

241 【解】(1) 必要性　由于方程组 $\boldsymbol{A}\boldsymbol{x}=\boldsymbol{0}$ 与 $\boldsymbol{B}\boldsymbol{x}=\boldsymbol{0}$ 同解,所以 $3-r(\boldsymbol{A})=3-r(\boldsymbol{B})$,故 $r(\boldsymbol{A})=r(\boldsymbol{B})$.

若 $\boldsymbol{\alpha}$ 是 $\boldsymbol{A}\boldsymbol{x}=\boldsymbol{0}$ 的解,则有 $\boldsymbol{A}\boldsymbol{\alpha}=\boldsymbol{0}$ 与 $\boldsymbol{B}\boldsymbol{\alpha}=\boldsymbol{0}$,于是 $\begin{pmatrix}\boldsymbol{A}\\ \boldsymbol{B}\end{pmatrix}\boldsymbol{\alpha}=\begin{pmatrix}\boldsymbol{A}\boldsymbol{\alpha}\\ \boldsymbol{B}\boldsymbol{\alpha}\end{pmatrix}=\begin{pmatrix}\boldsymbol{0}\\ \boldsymbol{0}\end{pmatrix}$,即 $\boldsymbol{\alpha}$ 是 $\begin{pmatrix}\boldsymbol{A}\\ \boldsymbol{B}\end{pmatrix}\boldsymbol{x}=\begin{pmatrix}\boldsymbol{0}\\ \boldsymbol{0}\end{pmatrix}$ 的解.

另一方面,若 $\boldsymbol{\alpha}$ 是 $\begin{pmatrix}\boldsymbol{A}\\ \boldsymbol{B}\end{pmatrix}\boldsymbol{x}=\begin{pmatrix}\boldsymbol{0}\\ \boldsymbol{0}\end{pmatrix}$ 的解,则有 $\begin{pmatrix}\boldsymbol{A}\\ \boldsymbol{B}\end{pmatrix}\boldsymbol{\alpha}=\begin{pmatrix}\boldsymbol{A}\boldsymbol{\alpha}\\ \boldsymbol{B}\boldsymbol{\alpha}\end{pmatrix}=\begin{pmatrix}\boldsymbol{0}\\ \boldsymbol{0}\end{pmatrix}$,于是 $\boldsymbol{A}\boldsymbol{\alpha}=\boldsymbol{0}$,即 $\boldsymbol{\alpha}$ 是 $\boldsymbol{A}\boldsymbol{x}=\boldsymbol{0}$ 的解.

综上,方程组 $\boldsymbol{A}\boldsymbol{x}=\boldsymbol{0}$ 与 $\begin{pmatrix}\boldsymbol{A}\\ \boldsymbol{B}\end{pmatrix}\boldsymbol{x}=\begin{pmatrix}\boldsymbol{0}\\ \boldsymbol{0}\end{pmatrix}$ 同解,所以 $r(\boldsymbol{A})=r\begin{pmatrix}\boldsymbol{A}\\ \boldsymbol{B}\end{pmatrix}$,从而 $r(\boldsymbol{A})=r(\boldsymbol{B})=r\begin{pmatrix}\boldsymbol{A}\\ \boldsymbol{B}\end{pmatrix}$.

充分性　记 $\boldsymbol{A}=\begin{pmatrix}\boldsymbol{\alpha}_1^{\mathrm{T}}\\ \boldsymbol{\alpha}_2^{\mathrm{T}}\\ \boldsymbol{\alpha}_3^{\mathrm{T}}\end{pmatrix}$,$\boldsymbol{B}=\begin{pmatrix}\boldsymbol{\beta}_1^{\mathrm{T}}\\ \boldsymbol{\beta}_2^{\mathrm{T}}\\ \boldsymbol{\beta}_3^{\mathrm{T}}\end{pmatrix}$,由于 $r(\boldsymbol{A})=r\begin{pmatrix}\boldsymbol{A}\\ \boldsymbol{B}\end{pmatrix}$,于是矩阵 $\boldsymbol{A}$ 的行向量组 $\boldsymbol{\alpha}_1^{\mathrm{T}},\boldsymbol{\alpha}_2^{\mathrm{T}},\boldsymbol{\alpha}_3^{\mathrm{T}}$ 与矩阵 $\begin{pmatrix}\boldsymbol{A}\\ \boldsymbol{B}\end{pmatrix}$ 的行向量组 $\boldsymbol{\alpha}_1^{\mathrm{T}},\boldsymbol{\alpha}_2^{\mathrm{T}},\boldsymbol{\alpha}_3^{\mathrm{T}},\boldsymbol{\beta}_1^{\mathrm{T}},\boldsymbol{\beta}_2^{\mathrm{T}},\boldsymbol{\beta}_3^{\mathrm{T}}$ 的秩相同,所以向量组 $\boldsymbol{\alpha}_1^{\mathrm{T}},\boldsymbol{\alpha}_2^{\mathrm{T}},\boldsymbol{\alpha}_3^{\mathrm{T}}$ 的极大无关组也是向量组 $\boldsymbol{\alpha}_1^{\mathrm{T}},\boldsymbol{\alpha}_2^{\mathrm{T}},\boldsymbol{\alpha}_3^{\mathrm{T}},\boldsymbol{\beta}_1^{\mathrm{T}},\boldsymbol{\beta}_2^{\mathrm{T}},\boldsymbol{\beta}_3^{\mathrm{T}}$ 的极大无关组,于是向量组 $\boldsymbol{\beta}_1^{\mathrm{T}},\boldsymbol{\beta}_2^{\mathrm{T}},\boldsymbol{\beta}_3^{\mathrm{T}}$ 可由向量组 $\boldsymbol{\alpha}_1^{\mathrm{T}},\boldsymbol{\alpha}_2^{\mathrm{T}},\boldsymbol{\alpha}_3^{\mathrm{T}}$ 线性表示,故存在矩阵 $\boldsymbol{P}$,使得 $\boldsymbol{B}=\boldsymbol{P}\boldsymbol{A}$.

若 $\boldsymbol{\alpha}$ 是 $\boldsymbol{A}\boldsymbol{x}=\boldsymbol{0}$ 的解,则有 $\boldsymbol{A}\boldsymbol{\alpha}=\boldsymbol{0}$,于是 $\boldsymbol{B}\boldsymbol{\alpha}=\boldsymbol{P}\boldsymbol{A}\boldsymbol{\alpha}=\boldsymbol{0}$,所以 $\boldsymbol{\alpha}$ 是 $\boldsymbol{B}\boldsymbol{x}=\boldsymbol{0}$ 的解.

类似地,由 $r(\boldsymbol{B})=r\begin{pmatrix}\boldsymbol{A}\\ \boldsymbol{B}\end{pmatrix}$,可得 $\boldsymbol{B}\boldsymbol{x}=\boldsymbol{0}$ 的解均为 $\boldsymbol{A}\boldsymbol{x}=\boldsymbol{0}$ 的解. 因此方程组 $\boldsymbol{A}\boldsymbol{x}=\boldsymbol{0}$ 与 $\boldsymbol{B}\boldsymbol{x}=\boldsymbol{0}$ 同解.

(2) 由于 $\boldsymbol{A}=\begin{bmatrix}1&0&1\\0&1&1\\0&0&0\end{bmatrix}$,$\boldsymbol{B}=\begin{bmatrix}1&0&a\\0&1&1\\0&2&2\end{bmatrix}$,于是 $r(\boldsymbol{A})=2$,$r(\boldsymbol{B})=2$,又

$$\begin{pmatrix}\boldsymbol{A}\\ \boldsymbol{B}\end{pmatrix}=\begin{bmatrix}1&0&1\\0&1&1\\0&0&0\\1&0&a\\0&1&1\\0&2&2\end{bmatrix}\to\begin{bmatrix}1&0&1\\0&1&1\\0&0&a-1\\0&0&0\\0&0&0\\0&0&0\end{bmatrix},$$

由于方程组 $\boldsymbol{A}\boldsymbol{x}=\boldsymbol{0}$ 与 $\boldsymbol{B}\boldsymbol{x}=\boldsymbol{0}$ 不同解,故 $r\begin{pmatrix}\boldsymbol{A}\\ \boldsymbol{B}\end{pmatrix}\neq 2$,所以数 a 满足的条件是 $a\neq 1$.

242 【解】(1) 由已知条件，有

$$\boldsymbol{A}[\boldsymbol{\alpha}_1,\boldsymbol{\alpha}_2,\boldsymbol{\alpha}_3]=[3\boldsymbol{\alpha}_1+4\boldsymbol{\alpha}_3,2\boldsymbol{\alpha}_1-\boldsymbol{\alpha}_2+2\boldsymbol{\alpha}_3,-2\boldsymbol{\alpha}_1-3\boldsymbol{\alpha}_3]$$
$$=[\boldsymbol{\alpha}_1,\boldsymbol{\alpha}_2,\boldsymbol{\alpha}_3]\begin{bmatrix}3&2&-2\\0&-1&0\\4&2&-3\end{bmatrix}.$$

记 $\boldsymbol{P}=[\boldsymbol{\alpha}_1,\boldsymbol{\alpha}_2,\boldsymbol{\alpha}_3]$，由 $\boldsymbol{\alpha}_1,\boldsymbol{\alpha}_2,\boldsymbol{\alpha}_3$ 线性无关，知 $\boldsymbol{P}$ 为可逆矩阵.

记 $\boldsymbol{B}=\begin{bmatrix}3&2&-2\\0&-1&0\\4&2&-3\end{bmatrix}$. 则有 $\boldsymbol{AP}=\boldsymbol{PB}$，即 $\boldsymbol{P}^{-1}\boldsymbol{AP}=\boldsymbol{B}$，矩阵 $\boldsymbol{A}$ 和 $\boldsymbol{B}$ 相似.

又 $$|\lambda\boldsymbol{E}-\boldsymbol{B}|=\begin{vmatrix}\lambda-3&-2&2\\0&\lambda+1&0\\-4&-2&\lambda+3\end{vmatrix}=(\lambda+1)\begin{vmatrix}\lambda-3&2\\-4&\lambda+3\end{vmatrix}=(\lambda-1)(\lambda+1)^2,$$

所以矩阵 $\boldsymbol{B}$ 的特征值为 $1,-1,-1$. 那么矩阵 $\boldsymbol{A}$ 的特征值亦为 $1,-1,-1$.

(2) 当 $\lambda=-1$ 时，

$$-\boldsymbol{E}-\boldsymbol{B}=\begin{bmatrix}-4&-2&2\\0&0&0\\-4&-2&2\end{bmatrix},$$

有 $r(-\boldsymbol{E}-\boldsymbol{B})=1$，$n-r(-\boldsymbol{E}-\boldsymbol{B})=3-1=2$，即矩阵 $\boldsymbol{B}$ 属于特征值 $\lambda=-1$ 有两个线性无关的特征向量. 从而 $\boldsymbol{B}\sim\boldsymbol{\Lambda}$，因 $\boldsymbol{A}\sim\boldsymbol{B}$，故 $\boldsymbol{A}$ 可相似对角化.

(3) 因 $\boldsymbol{A}\sim\begin{bmatrix}1&&\\&-1&\\&&-1\end{bmatrix}$，有 $\boldsymbol{A}+\boldsymbol{E}\sim\begin{bmatrix}2&&\\&0&\\&&0\end{bmatrix}$，

且 $\boldsymbol{A}$ 可逆，于是

$$r(\boldsymbol{A}^2+\boldsymbol{A})=r[\boldsymbol{A}(\boldsymbol{A}+\boldsymbol{E})]=r(\boldsymbol{A}+\boldsymbol{E})=1.$$

243 【解】由 $\boldsymbol{A}$ 的特征多项式

$$|\lambda\boldsymbol{E}-\boldsymbol{A}|=\begin{vmatrix}\lambda-2&-a&-1\\0&\lambda+1&0\\-3&-2&\lambda\end{vmatrix}=(\lambda+1)\begin{vmatrix}\lambda-2&-1\\-3&\lambda\end{vmatrix}=(\lambda+1)^2(\lambda-3),$$

因 $\boldsymbol{A}$ 有 3 个线性无关的特征向量，于是 $\lambda=-1$ 必有 2 个线性无关的特征向量，从而秩 $r(-\boldsymbol{E}-\boldsymbol{A})=1$，求出 $a=2$.

对 $\lambda=3$，由 $(3\boldsymbol{E}-\boldsymbol{A})\boldsymbol{x}=\boldsymbol{0}$ 得特征向量 $\boldsymbol{\alpha}_1=(1,0,1)^{\mathrm{T}}$.

对 $\lambda=-1$，由 $(-\boldsymbol{E}-\boldsymbol{A})\boldsymbol{x}=\boldsymbol{0}$ 得特征向量 $\boldsymbol{\alpha}_2=(1,0,-3)^{\mathrm{T}}$，$\boldsymbol{\alpha}_3=(0,1,-2)^{\mathrm{T}}$.

令 $\boldsymbol{P}=[\boldsymbol{\alpha}_1,\boldsymbol{\alpha}_2,\boldsymbol{\alpha}_3]=\begin{bmatrix}1&1&0\\0&0&1\\1&-3&-2\end{bmatrix}$，有 $\boldsymbol{P}^{-1}\boldsymbol{AP}=\boldsymbol{\Lambda}=\begin{bmatrix}3&&\\&-1&\\&&-1\end{bmatrix}$.

于是 $\boldsymbol{P}^{-1}\boldsymbol{A}^n\boldsymbol{P}=\boldsymbol{\Lambda}^n$. 那么

$$\boldsymbol{A}^n=\boldsymbol{P}\boldsymbol{\Lambda}^n\boldsymbol{P}^{-1}$$
$$=\begin{bmatrix}1&1&0\\0&0&1\\1&-3&-2\end{bmatrix}\begin{bmatrix}3^n&&\\&(-1)^n&\\&&(-1)^n\end{bmatrix}\frac{1}{4}\begin{bmatrix}3&2&1\\1&-2&-1\\0&4&0\end{bmatrix}$$

$$=\frac{1}{4}\begin{bmatrix}3^{n+1}+(-1)^n & 2\cdot 3^n+2\cdot(-1)^{n+1} & 3^n+(-1)^{n+1}\\ 0 & 4\cdot(-1)^n & 0\\ 3^{n+1}-3(-1)^n & 2\cdot 3^n-2\cdot(-1)^n & 3^n+3(-1)^n\end{bmatrix}.$$

244 【解】 (1) 由于 $A\boldsymbol{\alpha}_i=(i-1)\boldsymbol{\alpha}_i, i=1,2,3$,于是

$$A\boldsymbol{\alpha}_1=0\boldsymbol{\alpha}_1, A\boldsymbol{\alpha}_2=\boldsymbol{\alpha}_2, A\boldsymbol{\alpha}_3=2\boldsymbol{\alpha}_3.$$

又 $\boldsymbol{\alpha}_i$ 均非零,所以 $\boldsymbol{\alpha}_1,\boldsymbol{\alpha}_2,\boldsymbol{\alpha}_3$ 依次为矩阵 $\boldsymbol{A}$ 属于特征值 0,1,2 的特征向量,从而 $\boldsymbol{\alpha}_1,\boldsymbol{\alpha}_2,\boldsymbol{\alpha}_3$ 线性无关.

(2) 记 $\boldsymbol{P}=[\boldsymbol{\alpha}_1,\boldsymbol{\alpha}_2,\boldsymbol{\alpha}_3]=\begin{bmatrix}a & c & 1\\ b & 1 & 0\\ 1 & 0 & 0\end{bmatrix}$,由(1)知矩阵 $\boldsymbol{P}$ 可逆,且 $\boldsymbol{P}^{-1}=\begin{bmatrix}0 & 0 & 1\\ 0 & 1 & -b\\ 1 & -c & -a+bc\end{bmatrix}$,

由于

$$\boldsymbol{AP}=[A\boldsymbol{\alpha}_1,A\boldsymbol{\alpha}_2,A\boldsymbol{\alpha}_3]=[\boldsymbol{0},\boldsymbol{\alpha}_2,2\boldsymbol{\alpha}_3]=[\boldsymbol{\alpha}_1,\boldsymbol{\alpha}_2,\boldsymbol{\alpha}_3]\begin{bmatrix}0 & 0 & 0\\ 0 & 1 & 0\\ 0 & 0 & 2\end{bmatrix}=\boldsymbol{P}\begin{bmatrix}0 & 0 & 0\\ 0 & 1 & 0\\ 0 & 0 & 2\end{bmatrix},$$

所以

$$\boldsymbol{A}=\boldsymbol{P}\begin{bmatrix}0 & 0 & 0\\ 0 & 1 & 0\\ 0 & 0 & 2\end{bmatrix}\boldsymbol{P}^{-1}=\begin{bmatrix}a & c & 1\\ b & 1 & 0\\ 1 & 0 & 0\end{bmatrix}\begin{bmatrix}0 & 0 & 0\\ 0 & 1 & 0\\ 0 & 0 & 2\end{bmatrix}\begin{bmatrix}0 & 0 & 1\\ 0 & 1 & -b\\ 1 & -c & -a+bc\end{bmatrix}=\begin{bmatrix}2 & -c & -2a+bc\\ 0 & 1 & -b\\ 0 & 0 & 0\end{bmatrix}.$$

【评注】 矩阵属于不同特征值的特征向量线性无关.

245 【解】 (1) 矩阵 $\boldsymbol{A}$ 的特征多项式为

$$|\lambda\boldsymbol{E}-\boldsymbol{A}|=\begin{vmatrix}\lambda-3 & -1 & -2\\ 0 & \lambda-2 & 0\\ 1-t & 1 & \lambda-t\end{vmatrix}=(\lambda-2)[\lambda^2-(3+t)\lambda+t+2],$$

由题设矩阵 $\boldsymbol{A}$ 有二重特征值,所以 $\lambda^2-(3+t)\lambda+t+2$ 有因式 $(\lambda-2)$,或 $\lambda^2-(3+t)\lambda+t+2$ 为完全平方项.

若 $\lambda^2-(3+t)\lambda+t+2$ 有因式 $(\lambda-2)$,则 2 为 $\lambda^2-(3+t)\lambda+t+2=0$ 的根.

即 $2^2-2(3+t)+t+2=0$,得 $t=0$. 此时

$$|\lambda\boldsymbol{E}-\boldsymbol{A}|=\begin{vmatrix}\lambda-3 & -1 & -2\\ 0 & \lambda-2 & 0\\ 1 & 1 & \lambda\end{vmatrix}=(\lambda-2)(\lambda^2-3\lambda+2)=(\lambda-2)^2(\lambda-1).$$

故矩阵 $\boldsymbol{A}$ 的特征值为 2,2,1.

若 $\lambda^2-(3+t)\lambda+t+2$ 为完全平方项,则 $(3+t)^2-4(t+2)=0$,即 $(t+1)^2=0$,得 $t=-1$. 此时

$$|\lambda\boldsymbol{E}-\boldsymbol{A}|=\begin{vmatrix}\lambda-3 & -1 & -2\\ 0 & \lambda-2 & 0\\ 2 & 1 & \lambda+1\end{vmatrix}=(\lambda-2)(\lambda-1)^2.$$

故矩阵 $\boldsymbol{A}$ 的特征值为 2,1,1.

综上 $t=0$ 或 $t=-1$.

(2) 当 $t=0$ 时,对于二重特征值 2,由于 $r(2\boldsymbol{E}-\boldsymbol{A})=r\begin{bmatrix}-1&-1&-2\\0&0&0\\1&1&2\end{bmatrix}=1$,所以属于二重特征值 2 的线性无关的特征向量有 2 个,此时矩阵 $\boldsymbol{A}$ 能相似于对角矩阵.

解方程组 $(2\boldsymbol{E}-\boldsymbol{A})\boldsymbol{x}=\boldsymbol{0}$,求得属于特征值 2 的线性无关的特征向量为

$$\boldsymbol{\alpha}_1=\begin{pmatrix}-1\\1\\0\end{pmatrix},\boldsymbol{\alpha}_2=\begin{pmatrix}-2\\0\\1\end{pmatrix},$$

解方程组 $(\boldsymbol{E}-\boldsymbol{A})\boldsymbol{x}=\boldsymbol{0}$,求得属于特征值 1 的特征向量 $\boldsymbol{\alpha}_3=\begin{pmatrix}-1\\0\\1\end{pmatrix}$.

令 $\boldsymbol{P}=[\boldsymbol{\alpha}_1,\boldsymbol{\alpha}_2,\boldsymbol{\alpha}_3]=\begin{bmatrix}-1&-2&-1\\1&0&0\\0&1&1\end{bmatrix}$,则 $\boldsymbol{P}^{-1}\boldsymbol{A}\boldsymbol{P}=\begin{bmatrix}2&&\\&2&\\&&1\end{bmatrix}$.

当 $t=-1$ 时,由于 $r(\boldsymbol{E}-\boldsymbol{A})=r\begin{bmatrix}-2&-1&-2\\0&-1&0\\2&1&2\end{bmatrix}=2$,所以属于二重特征值 1 的线性无关的特征向量只有 1 个,此时矩阵 $\boldsymbol{A}$ 不能相似于对角矩阵.

【评注】 本题需要确定参数 t,根据已知条件矩阵有二重特征值,分析重根的情况,可求出参数 t 的两个值,这里容易错误地只求出一个 t 值. 之后要根据 t 取不同的值讨论矩阵能否相似对角化.

246 【解】 (1) 设数 k_1,k_2,k_3 使得

$$k_1\boldsymbol{\alpha}_1+k_2\boldsymbol{\alpha}_2+k_3\boldsymbol{\alpha}_3=\boldsymbol{0}, \quad ①$$

在 ① 式两端左乘矩阵 $\boldsymbol{A}$ 得

$$k_1\boldsymbol{A}\boldsymbol{\alpha}_1+k_2\boldsymbol{A}\boldsymbol{\alpha}_2+k_3\boldsymbol{A}\boldsymbol{\alpha}_3=\boldsymbol{0}.$$

由于 $\boldsymbol{A}\boldsymbol{\alpha}_1=\boldsymbol{0},\boldsymbol{A}\boldsymbol{\alpha}_2=\boldsymbol{\alpha}_1,\boldsymbol{A}\boldsymbol{\alpha}_3=\boldsymbol{\alpha}_2$,所以

$$k_2\boldsymbol{\alpha}_1+k_3\boldsymbol{\alpha}_2=\boldsymbol{0}, \quad ②$$

在 ② 式两端左乘矩阵 $\boldsymbol{A}$,并利用 $\boldsymbol{A}\boldsymbol{\alpha}_1=\boldsymbol{0},\boldsymbol{A}\boldsymbol{\alpha}_2=\boldsymbol{\alpha}_1$ 得

$$k_3\boldsymbol{\alpha}_1=\boldsymbol{0}.$$

由于 $\boldsymbol{\alpha}_1\neq\boldsymbol{0}$,所以 $k_3=0$. 将 $k_3=0$ 代入到 ② 式得 $k_2=0$. 将 $k_3=k_2=0$ 代入到 ① 式得 $k_1=0$. 因此向量组 $\boldsymbol{\alpha}_1,\boldsymbol{\alpha}_2,\boldsymbol{\alpha}_3$ 线性无关.

(2) 记 $\boldsymbol{P}=[\boldsymbol{\alpha}_1,\boldsymbol{\alpha}_2,\boldsymbol{\alpha}_3]$,则由(1) 知矩阵 $\boldsymbol{P}$ 可逆,且

$$\boldsymbol{A}\boldsymbol{P}=\boldsymbol{A}[\boldsymbol{\alpha}_1,\boldsymbol{\alpha}_2,\boldsymbol{\alpha}_3]=[\boldsymbol{A}\boldsymbol{\alpha}_1,\boldsymbol{A}\boldsymbol{\alpha}_2,\boldsymbol{A}\boldsymbol{\alpha}_3]=[\boldsymbol{0},\boldsymbol{\alpha}_1,\boldsymbol{\alpha}_2]=[\boldsymbol{\alpha}_1,\boldsymbol{\alpha}_2,\boldsymbol{\alpha}_3]\begin{bmatrix}0&1&0\\0&0&1\\0&0&0\end{bmatrix}=\boldsymbol{P}\begin{bmatrix}0&1&0\\0&0&1\\0&0&0\end{bmatrix},$$

于是 $\boldsymbol{P}^{-1}\boldsymbol{A}\boldsymbol{P}=\begin{bmatrix}0&1&0\\0&0&1\\0&0&0\end{bmatrix}$,即矩阵 $\boldsymbol{A}$ 与 $\boldsymbol{B}=\begin{bmatrix}0&1&0\\0&0&1\\0&0&0\end{bmatrix}$ 相似.

由于矩阵 $\boldsymbol{B}=\begin{bmatrix}0&1&0\\0&0&1\\0&0&0\end{bmatrix}$ 的特征值为 $\lambda_1=\lambda_2=\lambda_3=0$，对于三重特征值 0，由于 $r(0\boldsymbol{E}-\boldsymbol{B})=2$，于是方程组 $(0\boldsymbol{E}-\boldsymbol{B})\boldsymbol{x}=\boldsymbol{0}$ 的基础解系由一个向量构成，即矩阵 $\boldsymbol{B}$ 属于三重特征值 0 的特征向量只有一个，所以矩阵 $\boldsymbol{B}$ 不能对角化，从而矩阵 $\boldsymbol{A}$ 不能对角化.

247 【解】 由题设得

$$\boldsymbol{A}[\boldsymbol{\alpha}_1,\boldsymbol{\alpha}_2,\boldsymbol{\alpha}_3]=[\boldsymbol{A\alpha}_1,\boldsymbol{A\alpha}_2,\boldsymbol{A\alpha}_3]=[\boldsymbol{\alpha}_1,2\boldsymbol{\alpha}_1+t\boldsymbol{\alpha}_2,\boldsymbol{\alpha}_1+2\boldsymbol{\alpha}_3]=[\boldsymbol{\alpha}_1,\boldsymbol{\alpha}_2,\boldsymbol{\alpha}_3]\begin{bmatrix}1&2&1\\0&t&0\\0&0&2\end{bmatrix}.$$

由于 $\boldsymbol{\alpha}_1,\boldsymbol{\alpha}_2,\boldsymbol{\alpha}_3$ 线性无关，所以 $\boldsymbol{P}=[\boldsymbol{\alpha}_1,\boldsymbol{\alpha}_2,\boldsymbol{\alpha}_3]$ 可逆，且 $\boldsymbol{P}^{-1}\boldsymbol{AP}=\begin{bmatrix}1&2&1\\0&t&0\\0&0&2\end{bmatrix}$，即矩阵 $\boldsymbol{A}$ 与矩阵 $\boldsymbol{B}=\begin{bmatrix}1&2&1\\0&t&0\\0&0&2\end{bmatrix}$ 相似.

解 $|\lambda\boldsymbol{E}-\boldsymbol{B}|=\begin{vmatrix}\lambda-1&-2&-1\\0&\lambda-t&0\\0&0&\lambda-2\end{vmatrix}=(\lambda-1)(\lambda-t)(\lambda-2)=0$，得矩阵 $\boldsymbol{B}$ 的特征值为 $1,2,t$.

当 $t\neq 1,2$ 时，矩阵 $\boldsymbol{B}$ 有 3 个互不相同的特征值，从而 $\boldsymbol{B}$ 可以相似于对角矩阵.

当 $t=1$ 时，矩阵 $\boldsymbol{B}=\begin{bmatrix}1&2&1\\0&1&0\\0&0&2\end{bmatrix}$ 的特征值为 1,1,2.

对于二重特征值 1，由于 $r(\boldsymbol{E}-\boldsymbol{B})=r\begin{bmatrix}0&-2&-1\\0&0&0\\0&0&-1\end{bmatrix}=2$，于是方程组 $(\boldsymbol{E}-\boldsymbol{B})\boldsymbol{x}=\boldsymbol{0}$ 的基础解系由一个非零向量构成，故矩阵 $\boldsymbol{B}$ 属于二重特征值 1 的线性无关的特征向量只有一个，所以矩阵 $\boldsymbol{B}$ 不能相似于对角矩阵.

当 $t=2$ 时，矩阵 $\boldsymbol{B}=\begin{bmatrix}1&2&1\\0&2&0\\0&0&2\end{bmatrix}$ 的特征值为 1,2,2.

对于二重特征值 2，由于 $r(2\boldsymbol{E}-\boldsymbol{B})=r\begin{bmatrix}1&-2&-1\\0&0&0\\0&0&0\end{bmatrix}=1$，于是方程组 $(2\boldsymbol{E}-\boldsymbol{B})\boldsymbol{x}=\boldsymbol{0}$ 的基础解系由两个无关向量构成，故矩阵 $\boldsymbol{B}$ 属于二重特征值 2 的线性无关的特征向量有两个，所以矩阵 $\boldsymbol{B}$ 能相似于对角矩阵.

综上，当 $t\neq 1$ 时，矩阵 $\boldsymbol{A}$ 能相似于对角矩阵，当 $t=1$ 时，矩阵 $\boldsymbol{A}$ 不能相似于对角矩阵.

【评注】 这是一道综合题，考核点为矩阵运算与相似对角化. 本题要讨论全面，注意特征值互不相同时，矩阵一定能相似于对角矩阵，当特征多项式有重根时，我们只要关注重根的情况就可以了，每一个特征值的重数与属于它线性无关特征向量的个数相等时，矩阵能相似于对角矩阵，否则不能相似于对角矩阵.

248 【解】 (1) 因为实对称矩阵的特征值不同特征向量相互正交，

所以 $\boldsymbol{\alpha}_1^{\mathrm{T}}\boldsymbol{\alpha}_2=-1-a-1=0$，得 $a=-2$.

故设 $\lambda=0$ 的特征向量为 $\boldsymbol{\alpha}=(x_1,x_2,x_3)^{\mathrm{T}}$，则有

$$\begin{cases}\boldsymbol{\alpha}_1^{\mathrm{T}}\boldsymbol{\alpha}=-x_1-x_2+x_3=0,\\ \boldsymbol{\alpha}_2^{\mathrm{T}}\boldsymbol{\alpha}=x_1-2x_2-x_3=0,\end{cases}$$

得基础解系 $(1,0,1)^{\mathrm{T}}$.

因此，矩阵 $\boldsymbol{A}$ 属于特征值 $\lambda=0$ 的特征向量为

$$k(1,0,1)^{\mathrm{T}},k\neq 0.$$

(2) 由 $\boldsymbol{A}\boldsymbol{\alpha}_1=\boldsymbol{\alpha}_1,\boldsymbol{A}\boldsymbol{\alpha}_2=-2\boldsymbol{\alpha}_2,\boldsymbol{A}\boldsymbol{\alpha}=0\boldsymbol{\alpha}$，有

$$\boldsymbol{A}[\boldsymbol{\alpha}_1,\boldsymbol{\alpha}_2,\boldsymbol{\alpha}]=[\boldsymbol{\alpha}_1,-2\boldsymbol{\alpha}_2,\boldsymbol{0}],$$

故

$$\begin{aligned}\boldsymbol{A}&=[\boldsymbol{\alpha}_1,-2\boldsymbol{\alpha}_2,\boldsymbol{0}][\boldsymbol{\alpha}_1,\boldsymbol{\alpha}_2,\boldsymbol{\alpha}]^{-1}\\&=\begin{bmatrix}-1&-2&0\\-1&4&0\\1&2&0\end{bmatrix}\begin{bmatrix}-1&1&1\\-1&-2&0\\1&-1&1\end{bmatrix}^{-1}=\begin{bmatrix}0&1&0\\1&-1&-1\\0&-1&0\end{bmatrix}.\end{aligned}$$

于是 $\boldsymbol{x}^{\mathrm{T}}\boldsymbol{A}\boldsymbol{x}=-x_2^2+2x_1x_2-2x_2x_3$.

(3) $\boldsymbol{A}$ 的特征值：$1,-2,0$，

$\boldsymbol{A}+k\boldsymbol{E}$ 的特征值：$k+1,k-2,k$，

规范形是 $y_1^2+y_2^2-y_3^2,p=2,q=1$. 故

$$\begin{cases}k+1>0,\\k>0,\\k-2<0,\end{cases}\quad \text{所以 } k\in(0,2).$$

249 【解】 二次型矩阵

$$\boldsymbol{A}=\begin{bmatrix}0&1&-1\\1&2&a\\-1&a&0\end{bmatrix}.$$

(1) 因二次型的秩为 2，即 $r(\boldsymbol{A})=2$，$\boldsymbol{A}$ 中有 $\begin{vmatrix}0&1\\1&2\end{vmatrix}\neq 0$，故 $r(\boldsymbol{A})=2\Leftrightarrow|\boldsymbol{A}|=0$.

由 $|\boldsymbol{A}|=-2a-2=0$，所以 $a=-1$.

(2) $$|\lambda\boldsymbol{E}-\boldsymbol{A}|=\begin{vmatrix}\lambda&-1&1\\-1&\lambda-2&1\\1&1&\lambda\end{vmatrix}=\lambda(\lambda-3)(\lambda+1),$$

矩阵 $\boldsymbol{A}$ 的特征值：$3,0,-1$.

由$(3\boldsymbol{E}-\boldsymbol{A})\boldsymbol{x}=\boldsymbol{0}$得单位特征向量$\boldsymbol{\gamma}_1=\frac{1}{\sqrt{6}}(-1,-2,1)^{\mathrm{T}}$.

由$(0\boldsymbol{E}-\boldsymbol{A})\boldsymbol{x}=\boldsymbol{0}$得单位特征向量$\boldsymbol{\gamma}_2=\frac{1}{\sqrt{3}}(-1,1,1)^{\mathrm{T}}$.

由$(-\boldsymbol{E}-\boldsymbol{A})\boldsymbol{x}=\boldsymbol{0}$得单位特征向量$\boldsymbol{\gamma}_3=\frac{1}{\sqrt{2}}(1,0,1)^{\mathrm{T}}$.

令$\boldsymbol{Q}=[\boldsymbol{\gamma}_1,\boldsymbol{\gamma}_2,\boldsymbol{\gamma}_3]=\begin{bmatrix}-\frac{1}{\sqrt{6}} & -\frac{1}{\sqrt{3}} & \frac{1}{\sqrt{2}}\\ -\frac{2}{\sqrt{6}} & \frac{1}{\sqrt{3}} & 0\\ \frac{1}{\sqrt{6}} & \frac{1}{\sqrt{3}} & \frac{1}{\sqrt{2}}\end{bmatrix}$,经$\boldsymbol{x}=\boldsymbol{Q}\boldsymbol{y}$有$\boldsymbol{x}^{\mathrm{T}}\boldsymbol{A}\boldsymbol{x}=\boldsymbol{y}^{\mathrm{T}}\boldsymbol{\Lambda}\boldsymbol{y}=3y_1^2-y_3^2$.

(3)$\boldsymbol{A}+k\boldsymbol{E}$的特征值为$k+3,k,k-1$.

当$k>1$时,$\boldsymbol{A}+k\boldsymbol{E}$的特征值全大于0,矩阵是正定矩阵.

250 【解】 二次型的矩阵$\boldsymbol{A}=\begin{bmatrix}1 & 2 & -1\\ 2 & a+3 & 1\\ -1 & 1 & a\end{bmatrix}$,由题设知二次型的正负惯性指数均为1,所以$r(\boldsymbol{A})=2$.

矩阵$\boldsymbol{A}$中有二阶非零子式$\begin{vmatrix}1 & -1\\ 2 & 1\end{vmatrix}$,又$|\boldsymbol{A}|=\begin{vmatrix}1 & 2 & -1\\ 2 & a+3 & 1\\ -1 & 1 & a\end{vmatrix}=(a-4)(a+2)$,故$a=4$或$a=-2$.

当$a=4$时,

$$\begin{aligned}f(x_1,x_2,x_3)&=x_1^2+7x_2^2+4x_3^2+4x_1x_2+2x_2x_3-2x_1x_3\\&=x_1^2+2x_1(2x_2-x_3)+(2x_2-x_3)^2-(2x_2-x_3)^2+2x_2x_3+7x_2^2+4x_3^2\\&=(x_1+2x_2-x_3)^2+3x_2^2+3x_3^2+6x_2x_3\\&=(x_1+2x_2-x_3)^2+3(x_2+x_3)^2,\end{aligned}$$

此时,二次型的正惯性指数为2,不符合题意.

当$a=-2$时,

$$\begin{aligned}f(x_1,x_2,x_3)&=x_1^2+x_2^2-2x_3^2+4x_1x_2+2x_2x_3-2x_1x_3\\&=x_1^2+2x_1(2x_2-x_3)+(2x_2-x_3)^2-(2x_2-x_3)^2+2x_2x_3+x_2^2-2x_3^2\\&=(x_1+2x_2-x_3)^2-3x_2^2-3x_3^2+6x_2x_3\\&=(x_1+2x_2-x_3)^2-3(x_2-x_3)^2.\end{aligned}$$

令$\begin{cases}z_1=x_1+2x_2-x_3,\\ z_2=\sqrt{3}(x_2-x_3),\\ z_3=x_3,\end{cases}$ 即$\begin{bmatrix}x_1\\ x_2\\ x_3\end{bmatrix}=\begin{bmatrix}1 & \frac{-2}{\sqrt{3}} & -1\\ 0 & \frac{1}{\sqrt{3}} & 1\\ 0 & 0 & 1\end{bmatrix}\begin{bmatrix}z_1\\ z_2\\ z_3\end{bmatrix}$,有$f=z_1^2-z_2^2$.

因此所求的 $a=-2$，可逆线性变换为 $\begin{bmatrix}x_1\\x_2\\x_3\end{bmatrix}=\begin{bmatrix}1&\frac{-2}{\sqrt{3}}&-1\\0&\frac{1}{\sqrt{3}}&1\\0&0&1\end{bmatrix}\begin{bmatrix}z_1\\z_2\\z_3\end{bmatrix}$.

251 【解】 (1) 记 $\boldsymbol{A}=\boldsymbol{\alpha}\boldsymbol{\alpha}^{\mathrm{T}}+\boldsymbol{\beta}\boldsymbol{\beta}^{\mathrm{T}}=(\boldsymbol{\alpha},\boldsymbol{\beta})\begin{pmatrix}\boldsymbol{\alpha}^{\mathrm{T}}\\\boldsymbol{\beta}^{\mathrm{T}}\end{pmatrix}$，于是 $r(\boldsymbol{A})=r\left((\boldsymbol{\alpha},\boldsymbol{\beta})\begin{pmatrix}\boldsymbol{\alpha}^{\mathrm{T}}\\\boldsymbol{\beta}^{\mathrm{T}}\end{pmatrix}\right)=r(\boldsymbol{\alpha},\boldsymbol{\beta})=2$. 由于

$$\begin{pmatrix}\boldsymbol{\alpha}^{\mathrm{T}}\\\boldsymbol{\beta}^{\mathrm{T}}\end{pmatrix}=\begin{bmatrix}1&a&1\\2&0&-2\end{bmatrix}\rightarrow\begin{bmatrix}1&a&1\\0&-2a&-4\end{bmatrix}\rightarrow\begin{bmatrix}1&a&1\\0&\frac{1}{2}a&1\end{bmatrix}\rightarrow\begin{bmatrix}1&\frac{1}{2}a&0\\0&\frac{1}{2}a&1\end{bmatrix},$$

所以方程组 $\begin{pmatrix}\boldsymbol{\alpha}^{\mathrm{T}}\\\boldsymbol{\beta}^{\mathrm{T}}\end{pmatrix}\boldsymbol{x}=\boldsymbol{0}$ 的解为 $k\begin{pmatrix}a\\-2\\a\end{pmatrix}$，$k$ 为任意常数.

从而方程组 $\boldsymbol{A}\boldsymbol{x}=\boldsymbol{0}$ 即方程组 $(\boldsymbol{\alpha}\boldsymbol{\alpha}^{\mathrm{T}}+\boldsymbol{\beta}\boldsymbol{\beta}^{\mathrm{T}})\boldsymbol{x}=\boldsymbol{0}$ 的解为 $k\begin{pmatrix}a\\-2\\a\end{pmatrix}$，$k$ 为任意常数.

(2) 由于 $\boldsymbol{\alpha}^{\mathrm{T}}\boldsymbol{\beta}=0$，所以向量 $\boldsymbol{\alpha},\boldsymbol{\beta}$ 正交. 又

$$\boldsymbol{A}\boldsymbol{\alpha}=(\boldsymbol{\alpha}\boldsymbol{\alpha}^{\mathrm{T}}+\boldsymbol{\beta}\boldsymbol{\beta}^{\mathrm{T}})\boldsymbol{\alpha}=\boldsymbol{\alpha}\boldsymbol{\alpha}^{\mathrm{T}}\boldsymbol{\alpha}+\boldsymbol{\beta}\boldsymbol{\beta}^{\mathrm{T}}\boldsymbol{\alpha}=(\boldsymbol{\alpha}^{\mathrm{T}}\boldsymbol{\alpha})\boldsymbol{\alpha}=(2+a^2)\boldsymbol{\alpha},$$
$$\boldsymbol{A}\boldsymbol{\beta}=(\boldsymbol{\alpha}\boldsymbol{\alpha}^{\mathrm{T}}+\boldsymbol{\beta}\boldsymbol{\beta}^{\mathrm{T}})\boldsymbol{\beta}=\boldsymbol{\alpha}\boldsymbol{\alpha}^{\mathrm{T}}\boldsymbol{\beta}+\boldsymbol{\beta}\boldsymbol{\beta}^{\mathrm{T}}\boldsymbol{\beta}=(\boldsymbol{\beta}^{\mathrm{T}}\boldsymbol{\beta})\boldsymbol{\beta}=8\boldsymbol{\beta},$$

所以 $\boldsymbol{\alpha},\boldsymbol{\beta}$ 是矩阵 $\boldsymbol{A}$ 分别属于特征值 $\lambda_1=2+a^2$，$\lambda_2=8$ 的特征向量.

由(1)知 $\boldsymbol{A}\begin{pmatrix}a\\-2\\a\end{pmatrix}=\boldsymbol{0}$，所以 $\boldsymbol{\gamma}=\begin{pmatrix}a\\-2\\a\end{pmatrix}$ 为矩阵 $\boldsymbol{A}$ 属于特征值 $\lambda_3=0$ 的特征向量.

由于 $\boldsymbol{\alpha},\boldsymbol{\beta},\boldsymbol{\gamma}$ 两两正交，将其单位化

$$\boldsymbol{p}_1=\frac{\boldsymbol{\alpha}}{|\boldsymbol{\alpha}|}=\frac{1}{\sqrt{a^2+2}}\begin{pmatrix}1\\a\\1\end{pmatrix},\boldsymbol{p}_2=\frac{\boldsymbol{\beta}}{|\boldsymbol{\beta}|}=\frac{1}{\sqrt{2}}\begin{pmatrix}1\\0\\-1\end{pmatrix},\boldsymbol{p}_3=\frac{\boldsymbol{\gamma}}{|\boldsymbol{\gamma}|}=\frac{1}{\sqrt{2a^2+4}}\begin{pmatrix}a\\-2\\a\end{pmatrix}.$$

令 $\boldsymbol{P}=[\boldsymbol{p}_1,\boldsymbol{p}_2,\boldsymbol{p}_3]$，则 $\boldsymbol{P}$ 为正交矩阵，且 $\boldsymbol{P}^{-1}\boldsymbol{A}\boldsymbol{P}=\boldsymbol{P}^{\mathrm{T}}\boldsymbol{A}\boldsymbol{P}=\begin{bmatrix}2+a^2&&\\&8&\\&&0\end{bmatrix}$，

作正交变换 $\boldsymbol{x}=\boldsymbol{P}\boldsymbol{y}$，二次型 $f(x_1,x_2,x_3)$ 化为标准形 $(a^2+2)y_1^2+8y_2^2$.

【评注】 对于 n 阶矩阵 $\boldsymbol{A}$，有如下常用结论：$r(\boldsymbol{A}^{\mathrm{T}}\boldsymbol{A})=r(\boldsymbol{A})$；方程组 $(\boldsymbol{A}^{\mathrm{T}}\boldsymbol{A})\boldsymbol{x}=\boldsymbol{0}$ 与 $\boldsymbol{A}\boldsymbol{x}=\boldsymbol{0}$ 同解.

252 【解】 二次型 $f(x_1,x_2,x_3)$ 与 $g(y_1,y_2,y_3)$ 的矩阵分别为

$$\boldsymbol{A}=\begin{bmatrix}1&1&1\\1&2&0\\1&0&2\end{bmatrix},\boldsymbol{B}=\begin{bmatrix}1&-1&0\\-1&1&0\\0&0&t\end{bmatrix}.$$

由于二次型 $f(x_1,x_2,x_3)=\boldsymbol{x}^{\mathrm{T}}\boldsymbol{A}\boldsymbol{x}$ 经正交变换 $\boldsymbol{x}=\boldsymbol{Q}\boldsymbol{y}$，化为二次型 $g(y_1,y_2,y_3)=\boldsymbol{y}^{\mathrm{T}}\boldsymbol{B}\boldsymbol{y}$，所以 $\boldsymbol{B}=\boldsymbol{Q}^{\mathrm{T}}\boldsymbol{A}\boldsymbol{Q}=\boldsymbol{Q}^{-1}\boldsymbol{A}\boldsymbol{Q}$，即矩阵 $\boldsymbol{A}$ 与 $\boldsymbol{B}$ 相似，从而 $\mathrm{tr}\boldsymbol{A}=\mathrm{tr}\boldsymbol{B}$，于是有 $1+2+2=1+1+t$，从而 $t=3$. 由于

$$|\lambda\boldsymbol{E}-\boldsymbol{A}|=\begin{vmatrix}\lambda-1&-1&-1\\-1&\lambda-2&0\\-1&0&\lambda-2\end{vmatrix}=\lambda(\lambda-2)(\lambda-3),$$

故矩阵 $\boldsymbol{A}$ 的特征值为 $\lambda_1=0,\lambda_2=2,\lambda_3=3$，

对于特征值 $\lambda_1=0$，由方程组 $(0\boldsymbol{E}-\boldsymbol{A})\boldsymbol{x}=\boldsymbol{0}$ 求得矩阵 $\boldsymbol{A}$ 属于特征值 0 的特征向量为 $\boldsymbol{\alpha}_1=\begin{pmatrix}-2\\1\\1\end{pmatrix}$，单位化得 $\boldsymbol{\beta}_1=\dfrac{1}{\sqrt{6}}\begin{pmatrix}-2\\1\\1\end{pmatrix}$.

对于特征值 $\lambda_2=2$，由方程组 $(2\boldsymbol{E}-\boldsymbol{A})\boldsymbol{x}=\boldsymbol{0}$ 求得矩阵 $\boldsymbol{A}$ 属于特征值 2 的特征向量为 $\boldsymbol{\alpha}_2=\begin{pmatrix}0\\-1\\1\end{pmatrix}$，单位化得 $\boldsymbol{\beta}_2=\dfrac{1}{\sqrt{2}}\begin{pmatrix}0\\-1\\1\end{pmatrix}$.

对于特征值 $\lambda_3=3$，由方程组 $(3\boldsymbol{E}-\boldsymbol{A})\boldsymbol{x}=\boldsymbol{0}$ 求得矩阵 $\boldsymbol{A}$ 属于特征值 3 的特征向量为 $\boldsymbol{\alpha}_3=\begin{pmatrix}1\\1\\1\end{pmatrix}$，单位化得 $\boldsymbol{\beta}_3=\dfrac{1}{\sqrt{3}}\begin{pmatrix}1\\1\\1\end{pmatrix}$.

令 $\boldsymbol{Q}_1=[\boldsymbol{\beta}_1,\boldsymbol{\beta}_2,\boldsymbol{\beta}_3]=\begin{bmatrix}\frac{-2}{\sqrt{6}}&0&\frac{1}{\sqrt{3}}\\\frac{1}{\sqrt{6}}&\frac{-1}{\sqrt{2}}&\frac{1}{\sqrt{3}}\\\frac{1}{\sqrt{6}}&\frac{1}{\sqrt{2}}&\frac{1}{\sqrt{3}}\end{bmatrix}$，则 $\boldsymbol{Q}_1$ 为正交矩阵，且

$$\boldsymbol{Q}_1^{-1}\boldsymbol{A}\boldsymbol{Q}_1=\boldsymbol{Q}_1^{\mathrm{T}}\boldsymbol{A}\boldsymbol{Q}_1=\begin{bmatrix}0&0&0\\0&2&0\\0&0&3\end{bmatrix}.$$

由于矩阵 $\boldsymbol{A}$ 与 $\boldsymbol{B}$ 相似，所以矩阵 $\boldsymbol{B}$ 的特征值也为 $\lambda_1=0,\lambda_2=2,\lambda_3=3$.

对于特征值 $\lambda_1=0$，由方程组 $(0\boldsymbol{E}-\boldsymbol{B})\boldsymbol{x}=\boldsymbol{0}$ 求得矩阵 $\boldsymbol{B}$ 属于特征值 0 的特征向量为 $\boldsymbol{\gamma}_1=\begin{pmatrix}1\\1\\0\end{pmatrix}$，单位化得 $\boldsymbol{\eta}_1=\dfrac{1}{\sqrt{2}}\begin{pmatrix}1\\1\\0\end{pmatrix}$.

对于特征值 $\lambda_2=2$，由方程组 $(2\boldsymbol{E}-\boldsymbol{B})\boldsymbol{x}=\boldsymbol{0}$ 求得矩阵 $\boldsymbol{B}$ 属于特征值 2 的特征向量为 $\boldsymbol{\gamma}_2=\begin{pmatrix}-1\\1\\0\end{pmatrix}$，单位化得 $\boldsymbol{\eta}_2=\dfrac{1}{\sqrt{2}}\begin{pmatrix}-1\\1\\0\end{pmatrix}$.

对于特征值 $\lambda_3=3$，由方程组 $(3\boldsymbol{E}-\boldsymbol{B})\boldsymbol{x}=\boldsymbol{0}$ 求得矩阵 $\boldsymbol{B}$ 属于特征值 3 的特征向量为 $\boldsymbol{\gamma}_3=\begin{pmatrix}0\\0\\1\end{pmatrix}$.

令 $\boldsymbol{Q}_2=[\boldsymbol{\eta}_1,\boldsymbol{\eta}_2,\boldsymbol{\gamma}_3]=\begin{bmatrix}\frac{1}{\sqrt{2}} & \frac{-1}{\sqrt{2}} & 0\\ \frac{1}{\sqrt{2}} & \frac{1}{\sqrt{2}} & 0\\ 0 & 0 & 1\end{bmatrix}$，则 $\boldsymbol{Q}_2$ 为正交矩阵，且 $\boldsymbol{Q}_2^{-1}\boldsymbol{B}\boldsymbol{Q}_2=\boldsymbol{Q}_2^{\mathrm{T}}\boldsymbol{B}\boldsymbol{Q}_2=\begin{bmatrix}0&0&0\\0&2&0\\0&0&3\end{bmatrix}$.

由于 $\boldsymbol{Q}_1^{-1}\boldsymbol{A}\boldsymbol{Q}_1=\boldsymbol{Q}_2^{-1}\boldsymbol{B}\boldsymbol{Q}_2=\begin{bmatrix}0&0&0\\0&2&0\\0&0&3\end{bmatrix}$，所以 $\boldsymbol{Q}_2\boldsymbol{Q}_1^{-1}\boldsymbol{A}\boldsymbol{Q}_1\boldsymbol{Q}_2^{-1}=\boldsymbol{B}$，令

$$\boldsymbol{Q}=\boldsymbol{Q}_1\boldsymbol{Q}_2^{-1}=\begin{bmatrix}\frac{-2}{\sqrt{6}} & 0 & \frac{1}{\sqrt{3}}\\ \frac{1}{\sqrt{6}} & \frac{-1}{\sqrt{2}} & \frac{1}{\sqrt{3}}\\ \frac{1}{\sqrt{6}} & \frac{1}{\sqrt{2}} & \frac{1}{\sqrt{3}}\end{bmatrix}\begin{bmatrix}\frac{1}{\sqrt{2}} & \frac{1}{\sqrt{2}} & 0\\ \frac{-1}{\sqrt{2}} & \frac{1}{\sqrt{2}} & 0\\ 0 & 0 & 1\end{bmatrix}=\frac{1}{2\sqrt{3}}\begin{bmatrix}-2 & -2 & 2\\ 1+\sqrt{3} & 1-\sqrt{3} & 2\\ 1-\sqrt{3} & 1+\sqrt{3} & 2\end{bmatrix}.$$

则 $\boldsymbol{Q}$ 为正交矩阵，且 $\boldsymbol{Q}^{-1}\boldsymbol{A}\boldsymbol{Q}=\boldsymbol{Q}^{\mathrm{T}}\boldsymbol{A}\boldsymbol{Q}=\boldsymbol{B}$. 从而在正交变换 $\boldsymbol{x}=\boldsymbol{Q}\boldsymbol{y}$ 下，二次型 $f(x_1,x_2,x_3)=\boldsymbol{x}^{\mathrm{T}}\boldsymbol{A}\boldsymbol{x}$ 化为二次型 $g(y_1,y_2,y_3)=\boldsymbol{y}^{\mathrm{T}}\boldsymbol{B}\boldsymbol{y}$.

【评注】 本题要求考生掌握，经正交变换后两个二次型对应的矩阵既合同又相似，从而确定 t 的值. 已知二次型，求正交变换，将其化为标准形是常规问题，本题中的二次型 $f(x_1,x_2,x_3)$ 与 $g(y_1,y_2,y_3)$ 均不是标准形，所以看起来不是常规问题，但我们可以借助标准形将二者联系起来，从而将问题转化为常规问题，本题的计算量偏大.

253 **【解】** 由题设知，二次型 $f(x_1,x_2,x_3)$ 与 $g(y_1,y_2,y_3)$ 的规范形相同，即正负惯性指数相同. 由于

$$\begin{aligned}f(x_1,x_2,x_3)&=x_1^2+2x_2^2+2x_3^2+2x_1x_2+2x_1x_3\\&=x_1^2+2x_1(x_2+x_3)+(x_2+x_3)^2-(x_2+x_3)^2+2x_2^2+2x_3^2\\&=(x_1+x_2+x_3)^2+x_2^2+x_3^2-2x_2x_3\\&=(x_1+x_2+x_3)^2+(x_2-x_3)^2,\end{aligned}$$

所以二次型 $f(x_1,x_2,x_3)$ 的正惯性指数为 2，负惯性指数为 0. 由于

$$\begin{aligned}g(y_1,y_2,y_3)&=y_1^2+y_2^2+ty_3^2-2y_1y_2\\&=(y_1-y_2)^2+ty_3^2,\end{aligned}$$

要使二次型 $g(y_1,y_2,y_3)$ 的正惯性指数为 2，负惯性指数为 0，则有 $t>0$.

进一步，作可逆线性变换 $\begin{cases}z_1=x_1+x_2+x_3,\\ z_2=x_2-x_3,\\ z_3=x_3,\end{cases}$ 即 $\begin{pmatrix}z_1\\z_2\\z_3\end{pmatrix}=\begin{bmatrix}1&1&1\\0&1&-1\\0&0&1\end{bmatrix}\begin{pmatrix}x_1\\x_2\\x_3\end{pmatrix}$，二次型 $f(x_1,x_2,x_3)$ 化为规范形 $z_1^2+z_2^2$.

作可逆线性变换 $\begin{cases}z_1=y_1-y_2,\\ z_2=\sqrt{t}y_3,\\ z_3=y_2,\end{cases}$ 即 $\begin{pmatrix}z_1\\z_2\\z_3\end{pmatrix}=\begin{bmatrix}1&-1&0\\0&0&\sqrt{t}\\0&1&0\end{bmatrix}\begin{pmatrix}y_1\\y_2\\y_3\end{pmatrix}$，二次型 $g(y_1,y_2,y_3)$ 化为规范形 $z_1^2+z_2^2$.

由于 $\begin{pmatrix}x_1\\x_2\\x_3\end{pmatrix}=\begin{bmatrix}1&1&1\\0&1&-1\\0&0&1\end{bmatrix}^{-1}\begin{pmatrix}z_1\\z_2\\z_3\end{pmatrix}=\begin{bmatrix}1&1&1\\0&1&-1\\0&0&1\end{bmatrix}^{-1}\begin{bmatrix}1&-1&0\\0&0&\sqrt{t}\\0&1&0\end{bmatrix}\begin{pmatrix}y_1\\y_2\\y_3\end{pmatrix}=\begin{bmatrix}1&-3&-\sqrt{t}\\0&1&\sqrt{t}\\0&1&0\end{bmatrix}\begin{pmatrix}y_1\\y_2\\y_3\end{pmatrix}$.

令 $\boldsymbol{P}=\begin{bmatrix}1&-3&-\sqrt{t}\\0&1&\sqrt{t}\\0&1&0\end{bmatrix}$,经过可逆线性变换 $\boldsymbol{x}=\boldsymbol{Py}$,二次型 $f(x_1,x_2,x_3)$ 化为 $g(y_1,y_2,y_3)$.

【评注】 本题有参数,如何确定其取值范围?题设条件是二次型 f 经可逆线性变换化为二次型 g,这时两个二次型所对应的矩阵是合同的,但不一定相似,上面给出的解法是用配方法确定二次型的正负惯性指数,得出参数 t 的取值范围. 在这里再给出另外一种确定参数 t 取值范围的方法. 注意二次型的正负惯性指数即其矩阵的正负惯性指数,等于矩阵的正负特征值的个数.

二次型 $f(x_1,x_2,x_3)$ 与 $g(y_1,y_2,y_3)$ 的矩阵分别为

$$\boldsymbol{A}=\begin{bmatrix}1&1&1\\1&2&0\\1&0&2\end{bmatrix},\boldsymbol{B}=\begin{bmatrix}1&-1&0\\-1&1&0\\0&0&t\end{bmatrix}.$$

解 $|\lambda\boldsymbol{E}-\boldsymbol{A}|=\lambda(\lambda-2)(\lambda-3)=0$,得矩阵 $\boldsymbol{A}$ 的特征值为 0,2,3,从而 $\boldsymbol{A}$ 的正惯性指数为 2,负惯性指数为 0.

解 $|\lambda\boldsymbol{E}-\boldsymbol{B}|=\begin{vmatrix}\lambda-1&1&0\\1&\lambda-1&0\\0&0&\lambda-t\end{vmatrix}=\lambda(\lambda-2)(\lambda-t)=0$,得矩阵 $\boldsymbol{B}$ 的特征值为 0,2,t,要使矩阵 $\boldsymbol{B}$ 的正惯性指数为 2,负惯性指数为 0,则有 $t>0$.

254 **【解】** (1) 二次型 $f(x_1,x_2,x_3)=x_1^2+x_3^2-6x_1x_3$ 的矩阵为

$$\boldsymbol{A}=\begin{bmatrix}1&0&-3\\0&0&0\\-3&0&1\end{bmatrix},$$

$|\lambda\boldsymbol{E}-\boldsymbol{A}|=\begin{vmatrix}\lambda-1&0&3\\0&\lambda&0\\3&0&\lambda-1\end{vmatrix}=\lambda(\lambda-4)(\lambda+2)$,所以矩阵 $\boldsymbol{A}$ 的特征值为 4,-2,0.

二次型 $g(y_1,y_2,y_3)=y_1^2-y_2^2-y_3^2-2y_2y_3$ 的矩阵为

$$\boldsymbol{B}=\begin{bmatrix}1&0&0\\0&-1&-1\\0&-1&-1\end{bmatrix},$$

$|\lambda\boldsymbol{E}-\boldsymbol{B}|=\begin{vmatrix}\lambda-1&0&0\\0&\lambda+1&1\\0&1&\lambda+1\end{vmatrix}=\lambda(\lambda-1)(\lambda+2)$,所以矩阵 $\boldsymbol{B}$ 的特征值为 1,-2,0.

由于矩阵 $\boldsymbol{A}$ 与矩阵 $\boldsymbol{B}$ 的特征值不同,所以矩阵 $\boldsymbol{A}$ 与 $\boldsymbol{B}$ 不相似,从而不存在正交变换 $\boldsymbol{x}=\boldsymbol{Qy}$,使得二次型 $f(x_1,x_2,x_3)$ 化为二次型 $g(y_1,y_2,y_3)$.

(2) 由(1) 知矩阵 $\boldsymbol{A}$ 的特征值为 4,-2,0,矩阵 $\boldsymbol{B}$ 的特征值为 1,-2,0,所以矩阵 $\boldsymbol{A}$ 与矩阵

$\boldsymbol{B}$ 的正负惯性指数相同，故矩阵 $\boldsymbol{A}$ 与 $\boldsymbol{B}$ 合同，从而存在可逆线性变换 $\boldsymbol{x}=\boldsymbol{P}\boldsymbol{y}$，使得二次型 $f(x_1,x_2,x_3)$ 化为二次型 $g(y_1,y_2,y_3)$.

$$\begin{aligned}f(x_1,x_2,x_3)&=x_1^2+x_3^2-6x_1x_3\\&=x_1^2-6x_1x_3+9x_3^2-8x_3^2\\&=(x_1-3x_3)^2-(2\sqrt{2}x_3)^2,\end{aligned}$$

作可逆线性变换 $\begin{cases}z_1=x_1-3x_3\\z_2=2\sqrt{2}x_3\\z_3=x_2\end{cases}$，即 $\begin{pmatrix}x_1\\x_2\\x_3\end{pmatrix}=\begin{pmatrix}1&\frac{3\sqrt{2}}{4}&0\\0&0&1\\0&\frac{\sqrt{2}}{4}&0\end{pmatrix}\begin{pmatrix}z_1\\z_2\\z_3\end{pmatrix}$，

二次型 $f(x_1,x_2,x_3)$ 化为规范形 $z_1^2-z_2^2$.

$$\begin{aligned}g(y_1,y_2,y_3)&=y_1^2-y_2^2-y_3^2-2y_2y_3\\&=y_1^2-(y_2+y_3)^2,\end{aligned}$$

作可逆线性变换 $\begin{cases}z_1=y_1\\z_2=y_2+y_3\\z_3=y_3\end{cases}$，即 $\begin{pmatrix}z_1\\z_2\\z_3\end{pmatrix}=\begin{pmatrix}1&0&0\\0&1&1\\0&0&1\end{pmatrix}\begin{pmatrix}y_1\\y_2\\y_3\end{pmatrix}$，

二次型 $g(y_1,y_2,y_3)$ 化为规范形 $z_1^2-z_2^2$.

因此，作可逆线性变换

$$\begin{pmatrix}x_1\\x_2\\x_3\end{pmatrix}=\begin{pmatrix}1&\frac{3\sqrt{2}}{4}&0\\0&0&1\\0&\frac{\sqrt{2}}{4}&0\end{pmatrix}\begin{pmatrix}z_1\\z_2\\z_3\end{pmatrix}=\begin{pmatrix}1&\frac{3\sqrt{2}}{4}&0\\0&0&1\\0&\frac{\sqrt{2}}{4}&0\end{pmatrix}\begin{pmatrix}1&0&0\\0&1&1\\0&0&1\end{pmatrix}\begin{pmatrix}y_1\\y_2\\y_3\end{pmatrix}=\begin{pmatrix}1&\frac{3\sqrt{2}}{4}&\frac{3\sqrt{2}}{4}\\0&0&1\\0&\frac{\sqrt{2}}{4}&\frac{\sqrt{2}}{4}\end{pmatrix}\begin{pmatrix}y_1\\y_2\\y_3\end{pmatrix},$$

二次型 $f(x_1,x_2,x_3)$ 化为二次型 $g(y_1,y_2,y_3)$，所求变换矩阵 $\boldsymbol{P}=\begin{pmatrix}1&\frac{3\sqrt{2}}{4}&\frac{3\sqrt{2}}{4}\\0&0&1\\0&\frac{\sqrt{2}}{4}&\frac{\sqrt{2}}{4}\end{pmatrix}$.

255 【解】 (1) 由 $\boldsymbol{A}^2-2\boldsymbol{A}=3\boldsymbol{E}$，有 $\boldsymbol{A}\cdot\frac{1}{3}(\boldsymbol{A}-2\boldsymbol{E})=\boldsymbol{E}$.

所以 $\boldsymbol{A}$ 可逆且 $\boldsymbol{A}^{-1}=\frac{1}{3}(\boldsymbol{A}-2\boldsymbol{E})$.

(2) 设 λ 是 $\boldsymbol{A}$ 的特征值，$\boldsymbol{\alpha}$ 是对应的特征向量，即 $\boldsymbol{A\alpha}=\lambda\boldsymbol{\alpha},\boldsymbol{\alpha}\neq\boldsymbol{0}$.

由 $\boldsymbol{A}^2-2\boldsymbol{A}-3\boldsymbol{E}=\boldsymbol{O}$ 有 $\lambda^2-2\lambda-3=0$，

$\boldsymbol{A}$ 的特征值为 3 或 -1，那么 $\boldsymbol{A}+2\boldsymbol{E}$ 的特征值是 5 或 1.

由 $|\boldsymbol{A}+2\boldsymbol{E}|=25$，知 $\boldsymbol{A}$ 的特征值只能是 $3,3,-1$，

于是 $|\boldsymbol{A}-\boldsymbol{E}|=2\cdot2\cdot(-2)=-8$.

(3) 因 $(\boldsymbol{A}^{\mathrm{T}}\boldsymbol{A})^{\mathrm{T}}=\boldsymbol{A}^{\mathrm{T}}(\boldsymbol{A}^{\mathrm{T}})^{\mathrm{T}}=\boldsymbol{A}^{\mathrm{T}}\boldsymbol{A}$，即 $\boldsymbol{A}^{\mathrm{T}}\boldsymbol{A}$ 是对称矩阵.

由 $\boldsymbol{A}$ 可逆，对 $\boldsymbol{A}^{\mathrm{T}}\boldsymbol{A}=\boldsymbol{A}^{\mathrm{T}}\boldsymbol{E}\boldsymbol{A}$ 知 $\boldsymbol{A}^{\mathrm{T}}\boldsymbol{A}$ 与 $\boldsymbol{E}$ 合同，

从而 $\boldsymbol{A}^{\mathrm{T}}\boldsymbol{A}$ 是正定矩阵.

概率论与数理统计

填 空 题

256 【答案】 $\frac{1}{20}$

【分析】 **方法一** 记 $A=$“查完 5 个零件正好查出 3 个次品”，现要求 $P(A)$ 值.其实事件 A 由两事件合成:$B=$“前 4 次检查，查出 2 个次品”和 $C=$“第 5 次检查，查出的零件为次品”，即 $A=BC$，由乘法公式

$$P(A)=P(BC)=P(B)P(C\mid B).$$

事件 B 是前 4 次检查中有 2 个正品 2 个次品的组合，故 $P(B)=\frac{C_3^2\cdot C_7^2}{C_{10}^4}=\frac{3}{10}$.

已知 B 发生的条件下，也就是已检查了 2 正 2 次，剩下 6 个零件，其中 5 正 1 次，再要抽检一个恰是次品的概率 $P(C\mid B)=\frac{1}{6}$.

总之 $P(A)=\frac{3}{10}\times\frac{1}{6}=\frac{1}{20}$.

方法二 本题也可以用古典概型计算 $P(A)$.事实上，将 10 个零件任意排成一行，每一种排列视为 10 个零件的一种检查顺序，总数为 $10!$.事件 A 等价于在 3 个次品中选一个放在第 5 个位置上，然后在 7 个正品中取 2 个与余下的 2 个次品排在前 4 个位置上，最后将其余 5 个正品随意排在后 5 个位置上，所以 $P(A)=\frac{C_3^1C_7^2C_2^2\cdot 4!\cdot 5!}{10!}=\frac{1}{20}$.

方法三 本题可以更简化为只考虑 3 个次品在 10 次检查中的位置.问题转化为前 4 个位中选 2 个放次品，第 5 个位置也必须放次品，故 $P(A)=\frac{C_4^2\cdot 1}{C_{10}^3}=\frac{1}{20}$.

方法四 如果只考虑正品的位置，则前 4 位中选 2 个放正品，最后 5 位也放正品，则 $P(A)=\frac{C_4^2C_5^5}{C_{10}^7}=\frac{C_4^2}{C_{10}^3}=\frac{1}{20}$.

【评注】 求解古典概型问题时，$P(A)=\frac{m}{n}$，其中 n 是样本空间中样本点的总数，在样本空间的选取上当然越简单越好，方法三和方法四提供的方法就比较简单，因而求 m 也会相对简单. C_{10}^3 要比 $10!$简单多了.

257 【答案】 $\frac{2}{3}$

【分析】 从 X 和 Y 的边缘分布就有

X \ Y	-1	0	1	
0				$\frac{1}{3}$
1				$\frac{2}{3}$
	$\frac{1}{3}$	$\frac{1}{3}$	$\frac{1}{3}$	

，

再根据 $P\{X^2=Y^2\}=1$，就有 $P\{X^2\neq Y^2\}=0$，即 $P\{X=0,Y=-1\}=P\{X=0,Y=1\}=P\{X=1,Y=0\}=0$.

总之

X \ Y	-1	0	1	
0	0		0	$\frac{1}{3}$
1		0		$\frac{2}{3}$
	$\frac{1}{3}$	$\frac{1}{3}$	$\frac{1}{3}$	

，最后得到

X \ Y	-1	0	1	
0	0	$\frac{1}{3}$	0	$\frac{1}{3}$
1	$\frac{1}{3}$	0	$\frac{1}{3}$	$\frac{2}{3}$
	$\frac{1}{3}$	$\frac{1}{3}$	$\frac{1}{3}$	

，

$X+Y$	0	2
P	$\frac{2}{3}$	$\frac{1}{3}$

. 答案应填 $\frac{2}{3}$.

258 【答案】 $\frac{3}{4}$

【分析】 $C=(A\cup B)(\overline{A}\cup B)(A\cup\overline{B})=B(A\cup\overline{B})=AB$.

A,B 独立. 所以 $P(C)=P(AB)=P(A)P(B)=\frac{1}{2}\times\frac{1}{2}=\frac{1}{4}$.

$P(\overline{C})=1-P(C)=1-\frac{1}{4}=\frac{3}{4}$.

259 【答案】 $\frac{1}{2}(1+\ln 2)$

【分析】 记 $(0,1)$ 中任取的两个数为 X,Y，则 $(X,Y)\in\Omega=\{(x,y)\mid 0<x<1,0<y<1\}$. Ω 为基本事件全体，并且取 Ω 中任何一点的可能性都一样，因此我们的试验是几何概型，事件 $A=$"两数之积小于 $\frac{1}{2}$" $=\left\{XY<\frac{1}{2}\right\}$ 等价于 $(X,Y)\in\Omega_A=$

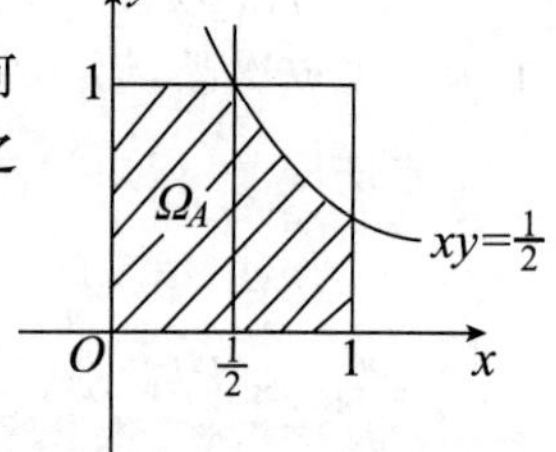

$\left\{(x,y)\mid xy<\frac{1}{2},0<x<1,0<y<1\right\}$，由几何概型得

$$P(A)=P\left\{XY<\frac{1}{2}\right\}=\frac{\text{区域 }\Omega_A\text{ 的面积}}{\text{区域 }\Omega\text{ 的面积}}$$

$$=\frac{1}{2}+\int_{\frac{1}{2}}^{1}\frac{1}{2x}\mathrm{d}x=\frac{1}{2}+\frac{1}{2}\ln x\Big|_{\frac{1}{2}}^{1}=\frac{1}{2}(1+\ln 2).$$

260 【答案】 $3\leqslant b<4$

【分析】 先确定 a，$\sum_{k=1}^{\infty}P\{X=k\}=\sum_{k=1}^{\infty}\frac{a}{k(k+1)}=a\sum_{k=1}^{\infty}\left(\frac{1}{k}-\frac{1}{k+1}\right)=1$，解得 $a=1$.

$$F(x)=P\{X\leqslant x\}=\sum_{k\leqslant x}\left(\frac{1}{k}-\frac{1}{k+1}\right).$$

当 $i\leqslant x<i+1$ 时，$F(x)=\sum_{k\leqslant i}\left(\frac{1}{k}-\frac{1}{k+1}\right)=1-\frac{1}{i+1}$.

现 $F(b)=\frac{3}{4}=1-\frac{1}{4}$,故 $3\leqslant b<4$.

261 【答案】 $f_X(x)=\begin{cases} x, & 0\leqslant x\leqslant 1 \\ 2-x, & 1<x\leqslant 2 \\ 0, & 其他 \end{cases}$

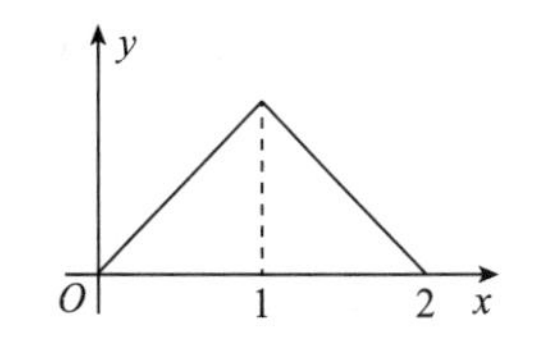

【分析】 $f_X(x)=\int_{-\infty}^{+\infty}f(x,y)\mathrm{d}y$.

当 $x<0$ 或 $x>2$ 时,$f_X(x)=0$;

当 $0\leqslant x\leqslant 1$ 时,$f_X(x)=\int_0^x \mathrm{d}y=x$;

当 $1<x\leqslant 2$ 时,$f_X(x)=\int_0^{2-x}\mathrm{d}y=2-x$.

262 【答案】 $\begin{cases} 2\mathrm{e}^{-2y-1}, & y>-\frac{1}{2} \\ 0, & y\leqslant -\frac{1}{2} \end{cases}$

【分析】 $X\sim E(2)$,所以其概率密度 $f_X(x)=\begin{cases} 2\mathrm{e}^{-2x}, & x>0, \\ 0, & x\leqslant 0. \end{cases}$

现 $Y=X-\frac{1}{2}$,所以 $F_Y(y)=P\{Y\leqslant y\}=P\left\{X-\frac{1}{2}\leqslant y\right\}=P\left\{X\leqslant y+\frac{1}{2}\right\}$

$$=\int_{-\infty}^{y+\frac{1}{2}}f_X(x)\mathrm{d}x=F_X\left(y+\frac{1}{2}\right),$$

$$f_Y(y)=F'_Y(y)=F'_X\left(y+\frac{1}{2}\right)=f_X\left(y+\frac{1}{2}\right)=\begin{cases} 2\mathrm{e}^{-2y-1}, & y>-\frac{1}{2}, \\ 0, & y\leqslant -\frac{1}{2}. \end{cases}$$

263 【答案】 3

【分析】 $P\{X\leqslant a\mid X>2\}=1-P\{X>a\mid X>2\}=1-\frac{P\{X>a,X>2\}}{P\{X>2\}}$

$$=1-\frac{P\{X>a\}}{P\{X>2\}}=1-\frac{\int_a^{+\infty}2\mathrm{e}^{-2t}\mathrm{d}t}{\int_2^{+\infty}2\mathrm{e}^{-2t}\mathrm{d}t}$$

$$=1-\frac{\mathrm{e}^{-2a}}{\mathrm{e}^{-4}}=1-\mathrm{e}^{-2(a-2)}=1-\mathrm{e}^{-2}.$$

解得 $a=3$.

【评注】 熟记指数分布 $E(\lambda)$ 的性质:当 $X\sim E(\lambda)$ 时,

(1)$P\{X>t\}=\mathrm{e}^{-\lambda t},t>0$.

(2)$P\{X>t+s\mid X>s\}=P\{X>t\},t,s>0$.

则有 $P\{X\leqslant a\mid X>2\}=1-P\{X>a\mid X>2\}=1-P\{X>a-2\}$

$$=1-\mathrm{e}^{-2(a-2)}=1-\mathrm{e}^{-2},即\ a=3.$$

264 【答案】 $f_Z(z)=\begin{cases}1-\dfrac{z}{2}, & 0\leqslant z\leqslant 2\\ 0, & \text{其他}\end{cases}$

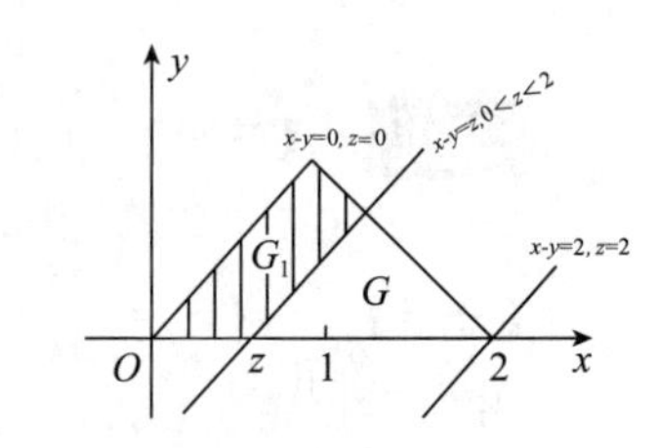

【分析】 设 $Z=X-Y$ 的分布函数为 $F_Z(z)$,

则 $F_Z(z)=P\{Z\leqslant z\}=P\{X-Y\leqslant z\}$,

当 $z<0$ 时,$F_Z(z)=0$,

当 $0\leqslant z\leqslant 2$ 时,

$$F_Z(z)=P\{X-Y\leqslant z\}=\iint\limits_{x-y\leqslant z}f(x,y)\mathrm{d}x\mathrm{d}y=\iint\limits_{G_1}\mathrm{d}x\mathrm{d}y$$

$$=G_1\text{ 的面积}=1-G\text{ 的面积}$$

$$=1-\left(\frac{2-z}{2}\right)^2=\frac{(4-z)}{4}z.$$

当 $2<z$ 时,$F_Z(z)=1$,

总之 $f_Z(z)=F'_Z(z)=\begin{cases}1-\dfrac{z}{2}, & 0\leqslant z\leqslant 2,\\ 0, & \text{其他}.\end{cases}$

265 【答案】 $1-\mathrm{e}^{-\frac{\lambda}{2}}+\mathrm{e}^{-\lambda}$

【分析】 服从指数分布的随机变量 X 的概率密度:

$$f(x)=\begin{cases}\lambda\mathrm{e}^{-\lambda x}, & x>0,\\ 0, & x\leqslant 0.\end{cases}\quad(\lambda>0)$$

因为 Y 是由 $|X|\leqslant 1$ 和 $|X|>1$ 定义而来,只要找出 Y 与 X 的关系就不难求出 $P\left\{Y\leqslant\frac{1}{2}\right\}$.

$$\begin{aligned}P\left\{Y\leqslant\frac{1}{2}\right\}&=P\left\{Y\leqslant\frac{1}{2},|X|\leqslant 1\right\}+P\left\{Y\leqslant\frac{1}{2},|X|>1\right\}\\&=P\left\{X\leqslant\frac{1}{2},|X|\leqslant 1\right\}+P\left\{-X\leqslant\frac{1}{2},|X|>1\right\}\\&=P\left\{X\leqslant\frac{1}{2},-1\leqslant X\leqslant 1\right\}+P\left\{X\geqslant-\frac{1}{2},X>1\right\}\\&=P\left\{-1\leqslant X\leqslant\frac{1}{2}\right\}+P\{X>1\}=1-P\left\{\frac{1}{2}<X\leqslant 1\right\}\\&=1-\int_{\frac{1}{2}}^{1}\lambda\mathrm{e}^{-\lambda x}\mathrm{d}x=1-\mathrm{e}^{-\frac{\lambda}{2}}+\mathrm{e}^{-\lambda}.\end{aligned}$$

【评注】 在计算指数分布的概率时,

$P\{|X|\leqslant 1\}=P\{-1\leqslant X\leqslant 1\}=P\{X\leqslant 1\}$.

$P\{|X|>1\}=P\{X>1\}+P\{X<-1\}=P\{X>1\}$.

$P\{X>a\}=\int_a^{+\infty}\lambda\mathrm{e}^{-\lambda x}\mathrm{d}x=\mathrm{e}^{-\lambda a}(a>0)$.

记住这些公式,计算会很方便.

266 【答案】 2

【分析】 $X\sim N(0,1),f_X(x)=\dfrac{1}{\sqrt{2\pi}}\mathrm{e}^{-\frac{x^2}{2}},-\infty<x<+\infty$.

$X=x$ 时，$f_{Y|X}(y\mid x)\sim N(x,1)$，即有 $-\infty<x<+\infty$ 时，$f_{Y|X}(y\mid x)=\dfrac{1}{\sqrt{2\pi}}e^{-\frac{(y-x)^2}{2}}$，$-\infty<y<+\infty$.

$(X,Y)\sim f(x,y)=f_X(x)f_{Y|X}(y\mid x)=\dfrac{1}{\sqrt{2\pi}}e^{-\frac{x^2}{2}}\cdot\dfrac{1}{\sqrt{2\pi}}e^{-\frac{(y-x)^2}{2}}$.

$$f(x,y)=\frac{1}{2\pi}e^{-\frac{1}{2}(2x^2-2xy+y^2)},-\infty<x<+\infty,-\infty<y<+\infty.$$

已知二维正态 $(X,Y)\sim N(\mu_1,\mu_2;\sigma_1^2,\sigma_2^2;\rho)$ 的密度为

$$f_1(x,y)=\frac{1}{2\pi\sigma_1\sigma_2\sqrt{1-\rho^2}}\exp\left\{-\frac{1}{2(1-\rho^2)}\left[\frac{(x-\mu_1)^2}{\sigma_1^2}-\frac{2\rho(x-\mu_1)(y-\mu_2)}{\sigma_1\sigma_2}+\frac{(y-\mu_2)^2}{\sigma_2^2}\right]\right\},$$

$-\infty<x<+\infty,-\infty<y<+\infty$.

显然 $(X,Y)\sim f(x,y)$ 是二维正态 $f_1(x,y)$ 的一个特例，且因 $f(x,y)$ 的 $f_X(x)\sim N(0,1)$.
所以 $(X,Y)\sim f(x,y)\sim N(0,\mu_2;1,\sigma_2^2;\rho)$，其中 σ_2^2 就是 DY.

对比 $f(x,y)$ 和 $f_1(x,y)$ 就有 $\begin{cases}\dfrac{1}{2\pi}=\dfrac{1}{2\pi\sigma_1\sigma_2\sqrt{1-\rho^2}},\\-\dfrac{1}{2}\cdot 2x^2=-\dfrac{1}{2(1-\rho^2)}\cdot\dfrac{(x-\mu_1)^2}{\sigma_1^2}\end{cases}$，即 $\begin{cases}1=\dfrac{1}{\sigma_2\sqrt{1-\rho^2}},\\1=\dfrac{1}{2(1-\rho^2)}.\end{cases}$

解得 $\sigma_2=\sqrt{2},DY=\sigma_2^2=2$.

267 【答案】 $F(x,y)=\begin{cases}0, & x\leqslant 0 \text{ 或 } y\leqslant 0\\1-e^{-\lambda x}, & 0<x\leqslant y\\1-e^{-\lambda y}, & 0<y<x\end{cases}$

【分析】 已知 X 的概率密度

$$f(x)=\begin{cases}\lambda e^{-\lambda x}, & x>0,\\0, & x\leqslant 0,\end{cases}$$

所以 $$P\{X>0\}=1.$$

$$\begin{aligned}F(x,y)&=P\{X\leqslant x,|X|\leqslant y\}\\&=P\{X\leqslant x,|X|\leqslant y,X>0\}=P\{X\leqslant x,X\leqslant y,X>0\}\\&=\begin{cases}0, & x\leqslant 0 \text{ 或 } y\leqslant 0\\P\{0<X\leqslant x\}, & 0<x\leqslant y\\P\{0<X\leqslant y\}, & 0<y<x\end{cases}=\begin{cases}0, & x\leqslant 0 \text{ 或 } y\leqslant 0,\\1-e^{-\lambda x}, & 0<x\leqslant y,\\1-e^{-\lambda y}, & 0<y<x.\end{cases}\end{aligned}$$

268 【答案】 a

【分析】
$$\begin{aligned}P\{\max(X,Y)>\mu\}&=P\{\{X>\mu\}\cup\{Y>\mu\}\}\\&=P\{X>\mu\}+P\{Y>\mu\}-P\{X>\mu,Y>\mu\}\\&=\frac{1}{2}+\frac{1}{2}-P\{\min(X,Y)>\mu\}\\&=P\{\min(X,Y)\leqslant\mu\}=a.\end{aligned}$$

我们也可以这样考虑，由于

$P\{\max(X,Y)>\mu\}=1-P\{\max(X,Y)\leqslant\mu\}=1-P\{X\leqslant\mu,Y\leqslant\mu\}\overset{\text{记}}{=\!=}1-P(AB)$，
其中 $A=\{X\leqslant\mu\},B=\{Y\leqslant\mu\}$.

已知 $X \sim N(\mu,\sigma^2)$，$Y \sim N(\mu,\sigma^2)$，所以 $P(A)=P(B)=\frac{1}{2}$.

$$\begin{aligned}P\{\min(X,Y)\leqslant\mu\}&=1-P\{\min(X,Y)>\mu\}=1-P\{X>\mu,Y>\mu\}\\&=1-P(\overline{A}\,\overline{B})=1-P(\overline{A\cup B})=P(A\cup B)\\&=P(A)+P(B)-P(AB)\\&=1-P(AB)=a.\end{aligned}$$

【评注】 本题可以有如下的变式：已知随机变量 X 与 Y 都服从正态分布 $N(\mu,\sigma^2)$，且 $P\{X>0,Y>2\mu\}=a$，则 $P\{X\leqslant 0,Y\leqslant 2\mu\}=$ ________.

【分析】 记 $A=\{X>0\}$，$B=\{Y>2\mu\}$，由题设知

$$P(AB)=a,$$

$$P(A)=P\{X>0\}=1-P\{X\leqslant 0\}=1-\Phi\left(\frac{-\mu}{\sigma}\right)=\Phi\left(\frac{\mu}{\sigma}\right),$$

$$P(B)=P\{Y>2\mu\}=1-P\{Y\leqslant 2\mu\}=1-\Phi\left(\frac{\mu}{\sigma}\right),$$

故
$$\begin{aligned}P\{X\leqslant 0,Y\leqslant 2\mu\}&=P(\overline{A}\,\overline{B})=P(\overline{A\cup B})=1-P(A\cup B)\\&=1-P(A)-P(B)+P(AB)=1-\Phi\left(\frac{\mu}{\sigma}\right)-1+\Phi\left(\frac{\mu}{\sigma}\right)+a=a.\end{aligned}$$

269 【答案】 $\frac{1}{\mathrm{e}}$

【分析】 某网站在时间间隔 $(0,t]$ 分钟内收到的访问次数为 X_t 次，$X_t=0,1,2,\cdots$. 显然 $X_t\sim P(t)$，即 $P\{X_t=k\}=\frac{t^k}{k!}\mathrm{e}^{-t}$，$k=0,1,2,\cdots$.

现考虑收到第一个访问时间大于 1 分钟，也就是在时间间隔 $(0,1]$ 分钟内没收到访问，$X_1=0$，其概率应为 $P\{X_1=0\}=\frac{1}{0!}\mathrm{e}^{-1}=\mathrm{e}^{-1}$.

270 【答案】 0

【分析】 已知 $X\sim f(x)=\begin{cases}\frac{1}{2}, & -1\leqslant x\leqslant 1,\\ 0, & \text{其他},\end{cases}$ $EX=0$，依题意 $Y=|X-a|$，a 应使 $E(XY)=EXEY=0$，其中

$$\begin{aligned}E(XY)&=EX|X-a|=\int_{-1}^{1}x|x-a|\cdot\frac{1}{2}\mathrm{d}x\\&=\frac{1}{2}\left[\int_{-1}^{a}x(a-x)\mathrm{d}x+\int_{a}^{1}x(x-a)\mathrm{d}x\right]\\&=\frac{1}{2}\left[\left(\frac{ax^2}{2}-\frac{x^3}{3}\right)\Big|_{-1}^{a}+\left(\frac{x^3}{3}-\frac{ax^2}{2}\right)\Big|_{a}^{1}\right]\\&=\frac{a}{6}(a^2-3).\end{aligned}$$

令 $E(XY)=\frac{a}{6}(a^2-3)=0$，解得 $a=0$（$a=\pm\sqrt{3}$ 舍去）.

271 【答案】 $1-\frac{3}{2}\ln 2$

【分析】 由题设条件 $X \sim U(1,2)$,即 $f_X(x)=\begin{cases}1, & 1<x<2,\\ 0, & 其他.\end{cases}$

而在 $X=x(1<x<2)$ 的条件下 Y 服从 $E(x)$,即在 $1<x<2$ 时,

$$f_{Y|X}(y\mid x)=\begin{cases}xe^{-xy}, & y>0,\\ 0, & y\leqslant 0.\end{cases}$$

已知,当 $f_X(x)>0$ 时,成立:$f_{Y|X}(y\mid x)=\dfrac{f(x,y)}{f_X(x)}$.所以,当 $1<x<2$ 时,

$$f(x,y)=f_X(x)f_{Y|X}(y\mid x)=\begin{cases}xe^{-xy}, & y>0,\\ 0, & y\leqslant 0.\end{cases}$$

现在得到 $f(x,y)=\begin{cases}xe^{-xy}, & 1<x<2,y>0,\\ 0, & 1<x<2,y\leqslant 0.\end{cases}$

为了求出 $-\infty<x<+\infty,-\infty<y<+\infty$ 上的 $f(x,y)$,考查

$$\int_1^2\int_{-\infty}^{+\infty}f(x,y)\mathrm{d}x\mathrm{d}y=\int_1^2\mathrm{d}x\int_0^{+\infty}xe^{-xy}\mathrm{d}y=\int_1^2 1\mathrm{d}x=1.$$

因 $f(x,y)$ 是概率密度,有性质$\int_{-\infty}^{+\infty}\int_{-\infty}^{+\infty}f(x,y)\mathrm{d}x\mathrm{d}y=1$ 和 $f(x,y)\geqslant 0$,因此推出 $x\leqslant 1$ 或 $x\geqslant 2$ 时,$f(x,y)=0$.

总之
$$f(x,y)=\begin{cases}xe^{-xy}, & 1<x<2,y>0,\\ 0, & 其他.\end{cases}$$

有了 $f(x,y)$ 就可以求出 $\mathrm{Cov}(X,Y)$.

$\mathrm{Cov}(X,Y)=E(XY)-EXEY$,

$EX=\int_{-\infty}^{+\infty}xf_X(x)\mathrm{d}x=\int_1^2 x\mathrm{d}x=\frac{3}{2}.$

$EY=\int_{-\infty}^{+\infty}yf_Y(y)\mathrm{d}y=\int_{-\infty}^{+\infty}\int_{-\infty}^{+\infty}yf(x,y)\mathrm{d}x\mathrm{d}y=\int_1^2\mathrm{d}x\int_0^{+\infty}yxe^{-xy}\mathrm{d}y=\ln 2.$

$E(XY)=\int_{-\infty}^{+\infty}\int_{-\infty}^{+\infty}xyf(x,y)\mathrm{d}x\mathrm{d}y=\int_1^2\mathrm{d}x\int_0^{+\infty}xyxe^{-xy}\mathrm{d}y=\int_1^2\mathrm{d}x\int_0^{+\infty}te^{-t}\mathrm{d}t=\int_1^2\mathrm{d}t=1.$

$\mathrm{Cov}(X,Y)=E(XY)-EXEY=1-\frac{3}{2}\ln 2.$

【评注】 在求 $f(x,y)$ 的过程中,我们不能直接表示为:

$$f(x,y)=f_X(x)f_{Y|X}(y\mid x)=\begin{cases}xe^{-xy}, & 1<x<2,y>0,\\ 0, & 其他.\end{cases}$$

因为 $f(x,y)=f_X(x)f_{Y|X}(y\mid x)$ 只有在 $f_X(x)>0$,即 $1<x<2$ 时成立.去除条件 $1<x<2$,$f_{Y|X}(y\mid x)$ 没有定义,而 $f(x,y)$ 去除条件 $1<x<2$ 是有意义的.

272 【答案】 $N(0,0;3,1;0)$

【分析】 (X,Y) 服从二维正态分布,当行列式$\begin{vmatrix}a & b\\ c & d\end{vmatrix}\neq 0$ 时,$(aX+bY,cX+dY)$ 也必服从二维正态分布.所以$(X+Y,X-Y)$ 服从二维正态分布 $N(\mu_1,\mu_2;\sigma_1^2,\sigma_2^2;\rho)$.

其中:$\mu_1=E(X+Y)=E(X)+E(Y)=0+0=0,$

$\mu_2=E(X-Y)=E(X)-E(Y)=0-0=0.$

$$\sigma_1^2 = D(X+Y) = D(X)+D(Y)+2\mathrm{Cov}(X,Y)$$
$$= D(X)+D(Y)+2\rho\sqrt{D(X)}\sqrt{D(Y)} = 1+1+2\cdot\frac{1}{2} = 3.$$
$$\sigma_2^2 = D(X-Y) = D(X)+D(Y)-2\mathrm{Cov}(X,Y)$$
$$= D(X)+D(Y)-2\rho\sqrt{D(X)}\sqrt{D(Y)} = 1+1-2\cdot\frac{1}{2} = 1.$$
$$\rho = \frac{\mathrm{Cov}(X+Y,X-Y)}{\sqrt{D(X+Y)}\sqrt{D(X-Y)}},$$

而 $\mathrm{Cov}(X+Y,X-Y) = \mathrm{Cov}(X,X)-\mathrm{Cov}(X,Y)+\mathrm{Cov}(Y,X)-\mathrm{Cov}(Y,Y)$
$$= D(X)-D(Y) = 0,$$
总之 $(X+Y,X-Y)\sim N(0,0;3,1;0)$.

273 【答案】 0.9984

【分析】 $X\sim B(n,p)$，则 $E(X)=np, D(X)=np(1-p)$.
现 $E(X)=3.2, D(X)=0.64$，则 $3.2(1-p)=0.64, 1-p=0.2, p=0.8$,
$E(X)=3.2=np=0.8n, n=4$.
$P\{X\neq 0\}=1-P\{X=0\}=1-(1-p)^4=1-0.2^4=0.9984$.

274 【答案】 期望存在

【分析】 辛钦大数定律的条件是 X_i 独立同分布，且期望存在.而切比雪夫大数定律的条件是 X_i 不相关且方差有界.

275 【答案】 $F(1,2n-2)$

【分析】 由于两个总体都服从正态分布 $N(0,\sigma^2)$，且样本又相互独立，因此容易求得 $\overline{X}-\overline{Y}$ 与 $S_X^2+S_Y^2$ 的分布，再应用典型模式确定 F 的分布.

由于 $X\sim N(0,\sigma^2), Y\sim N(0,\sigma^2)$，所以 $\overline{X}\sim N\left(0,\frac{\sigma^2}{n}\right), \overline{Y}\sim N(0,\frac{\sigma^2}{n})$，$\overline{X}$ 与 $\overline{Y}$ 相互独立，

故 $\overline{X}-\overline{Y}\sim N\left(0,\frac{2\sigma^2}{n}\right), \frac{\sqrt{n}(\overline{X}-\overline{Y})}{\sqrt{2}\sigma}\sim N(0,1), \frac{n(\overline{X}-\overline{Y})^2}{2\sigma^2}\sim\chi^2(1)$.

又 $\frac{(n-1)S_X^2}{\sigma^2}\sim\chi^2(n-1), \frac{(n-1)S_Y^2}{\sigma^2}\sim\chi^2(n-1)$，$S_X^2$ 与 S_Y^2 相互独立，由 χ^2 分布可加性，得
$$\frac{(n-1)S_X^2}{\sigma^2}+\frac{(n-1)S_Y^2}{\sigma^2}=\frac{(n-1)(S_X^2+S_Y^2)}{\sigma^2}\sim\chi^2(2n-2).$$
又 $\overline{X},\overline{Y},S_X^2,S_Y^2$ 相互独立，从而推出 $\overline{X}-\overline{Y}$ 与 $S_X^2+S_Y^2$ 相互独立，由 F 分布的典型模式，得
$$\frac{\frac{n(\overline{X}-\overline{Y})^2}{2\sigma^2}/1}{\frac{(n-1)(S_X^2+S_Y^2)}{\sigma^2}/2(n-1)}=\frac{n(\overline{X}-\overline{Y})^2}{S_X^2+S_Y^2}\sim F(1,2(n-1)).$$

276 【答案】 $F(1,1)$

【分析】 由题设知 (X,Y) 服从二维正态分布，且
$$f(x,y)=\frac{1}{2\pi\times 2\times 3}\mathrm{e}^{-\frac{1}{2}\left(\frac{x^2}{4}+\frac{y^2}{9}-\frac{2}{9}y+\frac{1}{9}\right)}=\frac{1}{2\pi\times 2\times 3}\mathrm{e}^{-\frac{1}{2}\left[\left(\frac{x}{2}\right)^2+\left(\frac{y-1}{3}\right)^2\right]},$$

故 $X \sim N(0,2^2)$，$Y \sim N(1,3^2)$，且 $\rho = 0$，所以 X 与 Y 独立，$\frac{X}{2} \sim N(0,1)$，$\frac{Y-1}{3} \sim N(0,1)$，

根据 F 分布典型模式知
$$\frac{\left(\frac{X}{2}\right)^2/1}{\left(\frac{Y-1}{3}\right)^2/1} = \frac{9X^2}{4(Y-1)^2} \sim F(1,1).$$

277 【答案】 $\frac{2\sigma^4}{n-1}$

【分析】 由性质：$\frac{(n-1)S^2}{\sigma^2} \sim \chi^2(n-1)$ 和 $D(\chi^2(n-1)) = 2(n-1)$，可知
$$D\left[\frac{(n-1)S^2}{\sigma^2}\right] = \frac{(n-1)^2}{\sigma^4}D(S^2) = D[\chi^2(n-1)] = 2(n-1),$$
所以
$$D(S^2) = \frac{2\sigma^4}{n-1}.$$

278 【答案】 -0.4383

【分析】 要由 $P\{\overline{X} > \mu + aS\} = P\left\{\frac{\overline{X}-\mu}{S} > a\right\} = 0.95$ 求 a，必须知道 $\frac{\overline{X}-\mu}{S}$ 的分布.

由于 $X \sim N(\mu,\sigma^2)$，故 $\overline{X} \sim N\left(\mu,\frac{\sigma^2}{16}\right)$，$\frac{4(\overline{X}-\mu)}{\sigma} \sim N(0,1)$，$\frac{15S^2}{\sigma^2} \sim \chi^2(15)$，$\overline{X}$ 与 S^2 独立，所以
$$\frac{4(\overline{X}-\mu)/\sigma}{\sqrt{\frac{15S^2}{\sigma^2}/15}} = \frac{4(\overline{X}-\mu)}{S} \sim t(15).$$

因此，由 $0.95 = P\{\overline{X} > \mu + aS\} = P\left\{\frac{4(\overline{X}-\mu)}{S} > 4a\right\}$ 知，$4a$ 是 $t(15)$ 分布上 $\alpha = 0.95$ 的分位点 $t_{0.95}(15)$，即 $4a = t_{0.95}(15)$，由于 t 分布的密度函数是关于 $x = 0$ 对称的，所以有
$$-t_\alpha = t_{1-\alpha}, 4a = t_{0.95}(15) = -t_{0.05}(15) = -1.7531 \Rightarrow a \approx -0.4383.$$

279 【答案】 10.2

【分析】 由于 μ 的双侧置信区间的上、下限，无论 σ^2 已知或者 σ^2 未知，都关于样本均值 $\overline{x}$ 是对称的，现置信下限为 7.8，则置信上限应为 $\overline{x} + (\overline{x} - 7.8) = 9.0 + (9.0 - 7.8) = 10.2$. 故置信上限应填 10.2.

280 【答案】 $\frac{Q^2}{\sigma_0^2}$

【分析】 $\chi^2 = \sum_{i=1}^{n}\left(\frac{X_i-\mu}{\sigma_0}\right)^2 = \frac{\sum_{i=1}^{n}(X_i-\mu)^2}{\sigma_0^2} = \frac{Q^2}{\sigma_0^2} \sim \chi^2(n).$

选 择 题

281 【答案】 C

【分析】 $P(A\mid B)=1$ 等价于 $P(\overline{A}\mid B)=0$，又等价于 $P(\overline{A}B)=0$，总之 $P(A\mid B)=1$ 的充要条件为 $P(\overline{A}B)=0$.

(A) $P(\overline{A}\mid\overline{B})=1$ 等价于 $P(A\overline{B})=0$.

(B) $P(B\mid A)=1$ 等价于 $P(\overline{B}A)=0$.

(C) $P(\overline{B}\mid\overline{A})=1$ 等价于 $P(B\overline{A})=0$，即 $P(\overline{A}B)=0$.

(D) $P(B\mid\overline{A})=1$ 等价于 $P(\overline{B}\,\overline{A})=0$.

答案选(C).

282 【答案】 D

【分析】 设A为取出n个球为同一种颜色；B为黑色的球.

则所求概率为 $P(B\mid A)=\dfrac{P(AB)}{P(A)}$.

$$P(A)=\frac{C_{2n-1}^{n}+C_{2n}^{n}}{C_{4n-1}^{n}},P(AB)=\frac{C_{2n}^{n}}{C_{4n-1}^{n}},$$

所以 $P(B\mid A)=\dfrac{\dfrac{C_{2n}^{n}}{C_{4n-1}^{n}}}{\dfrac{C_{2n-1}^{n}+C_{2n}^{n}}{C_{4n-1}^{n}}}=\dfrac{C_{2n}^{n}}{C_{2n-1}^{n}+C_{2n}^{n}}=\dfrac{\dfrac{(2n)!}{n!n!}}{\dfrac{(2n-1)!}{n!(n-1)!}+\dfrac{(2n)!}{n!n!}}$

$$=\frac{\dfrac{2n}{n}}{1+\dfrac{2n}{n}}=\frac{2n}{3n}=\frac{2}{3}.$$

【评注】 有的选择题中，问题是带有n的计算题，这时可用$n=1$或$n=2$的具体值代入计算.将计算结果与各选项对比，不难判断哪个选项是正确的.

本题令$n=1$，这时就有1个白球，2个黑球，一次取1个球，当然就一种颜色，该球为黑色的概率为$\dfrac{2}{3}$.

将$n=1$代入(A)和(B)，分别为$\dfrac{1}{3}$和$\dfrac{1}{2}$，所以选项(A)(B)和(C)均不可能.就可以判断必为(D)了.

283 【答案】 D

【分析】

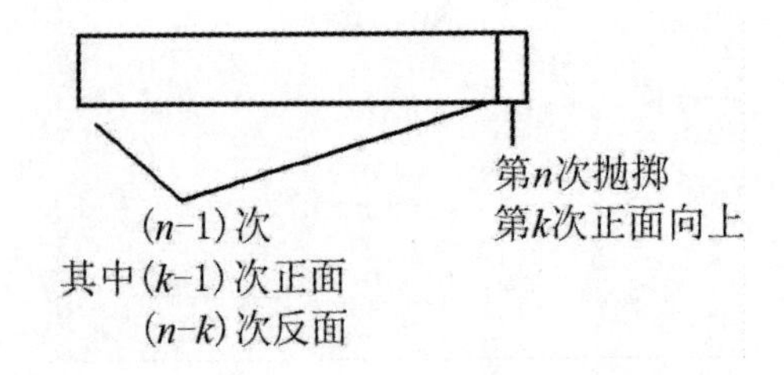

总共抛掷 n 次,其中有 k 次出现正面,余下的为 $n-k$ 次反面.

第 n 次必是正面向上,前 $n-1$ 次中有 $n-k$ 次反面,$k-1$ 次正面.

根据伯努利公式,所求概率为

$$C_{n-1}^{k-1}\left(\frac{1}{2}\right)^{k-1}\left(\frac{1}{2}\right)^{n-k}\cdot\frac{1}{2}=C_{n-1}^{k-1}\left(\frac{1}{2}\right)^{n}.$$

284 【答案】 C

【分析】 设事件 $M=\{$取出的是 A 类电子产品$\}$,则 $\overline{M}=\{$取出的是 B 类电子产品$\}$.

$P(M)=P(\overline{M})=\dfrac{1}{2}$.

记 X 的分布函数为 $F(x)$,则

$$F(x)=P\{X\leqslant x\}=P(M)P\{X\leqslant x\mid M\}+P(\overline{M})P\{X\leqslant x\mid\overline{M}\},$$

显然$F(x)=\begin{cases}\dfrac{1}{2}(1-e^{-x})+\dfrac{1}{2}(1-e^{-2x}), & x>0,\\ 0, & x\leqslant 0.\end{cases}$

$$f(x)=F'(x)=\begin{cases}\dfrac{1}{2}e^{-x}+e^{-2x}, & x>0,\\ 0, & \text{其他}.\end{cases}$$

选(C).

【评注】 本题也可以用$\int_{-\infty}^{+\infty}f(x)dx=1$来验证,只有(C) 满足条件.

285 【答案】 C

【分析】 应用分布函数的充要条件:单调不降;$F(-\infty)=0$;$F(+\infty)=1$;右连续.

概率密度函数的充要条件:$f(x)\geqslant 0$;$\int_{-\infty}^{+\infty}f(x)dx=1$,就可以确定正确的选项为(C).

事实上,由(C) 得到 $f_2(x)+a[f_1(x)-f_2(x)]=af_1(x)+(1-a)f_2(x)\geqslant 0$,

且$\int_{-\infty}^{+\infty}[af_1(x)+(1-a)f_2(x)]dx=a\int_{-\infty}^{+\infty}f_1(x)dx+(1-a)\int_{-\infty}^{+\infty}f_2(x)dx$

$$=a+(1-a)=1.$$

(C) 满足概率密度函数的充要条件,所以选(C).

其他选项均不正确.例如:选 $X_1\sim U(-1,0)$ 和 $X_2\sim U(0,1)$,

所以 $F_1(x)=\begin{cases}0, & x\leqslant -1,\\ x+1, & -1<x<0,\\ 1, & 0\leqslant x.\end{cases}$ 和 $F_2(x)=\begin{cases}0, & x\leqslant 0,\\ x, & 0<x<1,\\ 1, & 1\leqslant x.\end{cases}$

以及 $f_1(x)=\begin{cases}1, & -1<x<0,\\ 0, & \text{其他}.\end{cases}$ 和 $f_2(x)=\begin{cases}1, & 0<x<1,\\ 0, & \text{其他}.\end{cases}$

这时,(A) 得$(1+a)F_2(x)-aF_1(x)$,令 $x=-\dfrac{1}{2}$.

$$(1+a)F_2\left(-\frac{1}{2}\right)-aF_1\left(-\frac{1}{2}\right)=-\frac{a}{2}<0.$$

这时，(D) 得 $f_1(x)f_2(x)\equiv 0$，(A) 不成立，(D) 也不成立.

(B) 不成立，因为 $aF_1(+\infty)F_2(+\infty)=a<1$.

286 【答案】 C

【分析】 由(A) 知当 $F(+\infty)=1$ 时，$G(+\infty)=2$，而分布函数 $G(+\infty)=1$，故(A) 不成立.

同理，由(D) 得出 $G(+\infty)\geqslant 2F(+\infty)=2$，不可能. (D) 也不能选.

对选项(B)，考虑特例，当 $X_1=X_2$ 时，当然 X_1 与 X_2 有相同分布 $F(x)$，$G(2x)=P\{X\leqslant 2x\}=P\{X_1+X_2\leqslant 2x\}=P\{2X_1\leqslant 2x\}=P\{X_1\leqslant x\}=F(x)$，故(B) 不成立.

正确选项应为(C). 事实上，由于 $\{X>2x\}=\{X_1+X_2>2x\}\supset\{X_1>x\}\cap\{X_2>x\}$，故 $\{X\leqslant 2x\}\subset\{X_1\leqslant x\}\cup\{X_2\leqslant x\}$，即

$$G(2x)=P\{X\leqslant 2x\}\leqslant P\{X_1\leqslant x\}+P\{X_2\leqslant x\}=F(x)+F(x)=2F(x).$$

【评注】 以上选择题，我们都是应用分布的充要条件来确定正确选项的，必须记住：分布函数，密度函数，分布律的充要条件.

287 【答案】 B

【分析】 $X\sim N(0,2)$，$Y\sim N(-1,1)$，则有

$$2X\sim N(0,8),2X-Y\sim N(1,9),\frac{2X-Y-1}{3}\sim N(0,1),$$

所以 $P\{2X-Y<a\}=P\left\{\frac{2X-Y-1}{3}\leqslant\frac{a-1}{3}\right\}=\Phi\left(\frac{a-1}{3}\right)$.

又因 $(X-2Y)\sim N(2,6)$，所以

$$P\{X>2Y\}=P\{X-2Y>0\}=P\left\{\frac{X-2Y-2}{\sqrt{6}}>\frac{-2}{\sqrt{6}}\right\}$$

$$=1-P\left\{\frac{X-2Y-2}{\sqrt{6}}\leqslant\frac{-2}{\sqrt{6}}\right\}=\Phi\left(\frac{2}{\sqrt{6}}\right).$$

现 $P\{2X-Y<a\}=P\{X>2Y\}$，即有 $\Phi\left(\frac{a-1}{3}\right)=\Phi\left(\frac{2}{\sqrt{6}}\right)$，

$$\frac{a-1}{3}=\frac{2}{\sqrt{6}},a-1=\sqrt{6},a=\sqrt{6}+1.$$

288 【答案】 C

【分析】 概率 $P\{\lambda<X<\lambda+a\}(a>0)$，显然与 a 有关，固定 λ，概率随 a 的增大而增大，因而选择(C).

事实上，由于 $1=\int_{-\infty}^{+\infty}f(x)\mathrm{d}x=A\int_{\lambda}^{+\infty}\mathrm{e}^{-x}\mathrm{d}x=A\mathrm{e}^{-\lambda}$，解得 $A=\mathrm{e}^{\lambda}$. 概率

$$P\{\lambda<X<\lambda+a\}=A\int_{\lambda}^{\lambda+a}\mathrm{e}^{-x}\mathrm{d}x=\mathrm{e}^{\lambda}(\mathrm{e}^{-\lambda}-\mathrm{e}^{-\lambda-a})=1-\mathrm{e}^{-a},$$

与 λ 无关，随 a 的增大而增大.

289 【答案】 B

【分析】 $F(y)=P\{Y\leqslant y\}=P\{\min\{X,0\}\leqslant y\}=1-P\{\min\{X,0\}>y\}$

$=1-P\{X>y,0>y\}.$

当 $y<0$ 时，$P\{X>y,0>y\}=P\{X>y\}$，$F(y)=1-P\{X>y\}=P\{X\leqslant y\}=\Phi(y)$.

当 $y\geqslant 0$ 时，$P\{X>y,0>y\}=0$，$F(y)=1$.

290 【答案】 B

【分析】 $F(x)=\begin{cases}A+Be^{-\lambda x}, & x>0,\\ 0, & x\leqslant 0\end{cases}(\lambda>0)$. 先根据 $F(x)$ 为分布函数的性质定出常数 A,B.

$1=\lim\limits_{x\to+\infty}F(x)=A$，又根据右连续性，知 $\lim\limits_{x\to0^+}F(x)=A+B=F(0)=0$，得 $A=1,B=-1$.

$F(x)=\begin{cases}1-e^{-\lambda x}, & x>0,\\ 0, & x\leqslant 0\end{cases}$ 是一连续函数.

所以 $P\{-1\leqslant X<1\}=P\{-1<X\leqslant 1\}=F(1)-F(-1)=1-e^{-\lambda}$. 选(B).

291 【答案】 D

【分析】 $X_i\sim B\left(1,\frac{1}{2}\right)$，即

X_i	0	1
P	$\frac{1}{2}$	$\frac{1}{2}$

$(i=1,2,3,4)$.

显然

X_i^j	0	1
P	$\frac{1}{2}$	$\frac{1}{2}$

$(i,j=1,2,3,4)$. 故 X_1,X_2^2,X_3^3,X_4^4 同服从 $B\left(1,\frac{1}{2}\right)$ 分布.

至于(A)(B)(C) 均不正确，可以举反例如下：

设

$X_1 \backslash X_2$	0	1	
0	$\frac{1}{2}$	0	$\frac{1}{2}$
1	0	$\frac{1}{2}$	$\frac{1}{2}$
	$\frac{1}{2}$	$\frac{1}{2}$	

，

$X_3 \backslash X_4$	0	1	
0	0	$\frac{1}{2}$	$\frac{1}{2}$
1	$\frac{1}{2}$	0	$\frac{1}{2}$
	$\frac{1}{2}$	$\frac{1}{2}$	

，

显然 X_1,X_2,X_3,X_4 均服从 $B\left(1,\frac{1}{2}\right)$，但$(X_1,X_2)$与$(X_3,X_4)$不同分布.

X_1+X_2	0	2
P	$\frac{1}{2}$	$\frac{1}{2}$

，

X_3+X_4	1
P	1

，

即 X_1+X_2 与 X_3+X_4 不同分布.

X_1-X_2	0
P	1

，

X_3-X_4	-1	1
P	$\frac{1}{2}$	$\frac{1}{2}$

，

即 X_1-X_2 与 X_3-X_4 不同分布.

【评注】 事实上由边缘分布 X_1,X_2,X_3,X_4 不能决定联合分布 $(X_1,X_2),(X_3,X_4)$，从而进一步可知(A)(B)也一定不会成立.

本题中给出的反例恰巧是 $X_1=X_2,X_3=1-X_4$.

292 **【答案】** A

【分析】 $P\{X=1\mid X+Y=2\}=\dfrac{P\{X=1,X+Y=2\}}{P\{X+Y=2\}}$.

$$P\{X+Y=2\}=\sum_{k=0}^{2}P\{X=k,Y=2-k\}=\sum_{k=0}^{2}P\{X=k\}P\{Y=2-k\}$$

$$=\sum_{k=0}^{2}\frac{e^{-1}}{k!}\cdot\frac{e^{-1}}{(2-k)!}=e^{-2}\sum_{k=0}^{2}\frac{1}{k!(2-k)!}$$

$$=e^{-2}\left(\frac{1}{2}+1+\frac{1}{2}\right)=2\cdot e^{-2},$$

$$P\{X=1,X+Y=2\}=P\{X=1,Y=1\}=P\{X=1\}P\{Y=1\}$$

$$=e^{-1}\cdot e^{-1}=e^{-2},$$

所以 $P\{X=1\mid X+Y=2\}=\dfrac{e^{-2}}{2\cdot e^{-2}}=\dfrac{1}{2}$.

【评注】 可以证明：若相互独立的随机变量 X 和 Y 均服从 $P(\lambda)$ 分布，则 $X+Y\sim P(2\lambda)$，这时 $P\{X+Y=2\}=\dfrac{(2\lambda)^2}{2!}e^{-2\lambda}$.

293 **【答案】** B

【分析】 **方法一** $P\{X>Y\}=\sum\limits_{i>j}P\{X=i,Y=j\}=\sum\limits_{i>j}P\{X=i\}P\{Y=j\}$

$$=\sum_{j=1}^{\infty}\sum_{i=j+1}^{\infty}P\{X=i\}P\{Y=j\}$$

$$=\sum_{j=1}^{\infty}\sum_{i=j+1}^{\infty}p(1-p)^{i-1}\cdot p(1-p)^{j-1}$$

$$=\sum_{j=1}^{\infty}\left[p\cdot\frac{(1-p)^j}{1-(1-p)}\right]p\cdot(1-p)^{j-1}$$

$$=p\sum_{j=1}^{\infty}(1-p)^{2j-1}=p\,\frac{(1-p)}{1-(1-p)^2}$$

$$=p\cdot\frac{1-p}{p(2-p)}=\frac{1-p}{2-p}.$$

方法二 由对称性知 $P\{X>Y\}=P\{X<Y\}=\dfrac{1}{2}(1-P\{X=Y\})$.

而 $P\{X=Y\}=\sum_{k=1}^{\infty}P\{X=Y=k\}=\sum_{k=1}^{\infty}P\{X=k\}P\{Y=k\}$

$$=\sum_{k=1}^{\infty}p^2(1-p)^{2(k-1)}=p^2\frac{1}{1-(1-p)^2}=\frac{p}{2-p}.$$

所以 $P\{X>Y\}=\frac{1}{2}(1-P\{X=Y\})=\frac{1}{2}\left(1-\frac{p}{2-p}\right)=\frac{1-p}{2-p}$.

294 【答案】 A

【分析】 $p_1=P\{Y>4\}=P\left\{\frac{Y-2}{2}>1\right\}=\Phi(-1)$.

$p_2=P\{X<0\}=P\left\{\frac{X-1}{3}\leqslant\frac{-1}{3}\right\}=\Phi\left(-\frac{1}{3}\right)$.

$p_3=P\{Y<0\}=P\left\{\frac{Y-2}{2}<-1\right\}=\Phi(-1)$.

总之,$p_1=p_3=\Phi(-1)<\Phi\left(-\frac{1}{3}\right)=p_2$.

295 【答案】 B

【分析】 **方法一** X 的分布律为

X	6	9	12
P	$\frac{C_8^3}{C_{10}^3}$	$\frac{C_8^2C_2^1}{C_{10}^3}$	$\frac{C_8^1C_2^2}{C_{10}^3}$

,即

X	6	9	12
P	$\frac{7}{15}$	$\frac{7}{15}$	$\frac{1}{15}$

,

$$EX=6\times\frac{7}{15}+9\times\frac{7}{15}+12\times\frac{1}{15}=\frac{117}{15}=7.8.$$

方法二 设 X_i—— 第 i 次取得的奖金数,$i=1,2,3$.

$X=X_1+X_2+X_3$,

X_i	2	5
P	$\frac{8}{10}$	$\frac{2}{10}$

,$EX_i=2\times0.8+5\times0.2=2.6$.

$EX=EX_1+EX_2+EX_3=3\times2.6=7.8$.

296 【答案】 A

【分析】 $\rho=\frac{\mathrm{Cov}(X,Y)}{\sqrt{DX}\sqrt{DY}}$,$EX=EY=\frac{1}{2}$,$DX=DY=\frac{1}{4}$,所以

$$1=\frac{\mathrm{Cov}(X,Y)}{\frac{1}{2}\times\frac{1}{2}},\text{即 }\mathrm{Cov}(X,Y)=\frac{1}{4}.$$

但 $\mathrm{Cov}(X,Y)=E(XY)-EX\cdot EY$,即$\frac{1}{4}=E(XY)-\frac{1}{2}\times\frac{1}{2}$,所以

$$E(XY)=\frac{1}{2}.$$

由于 XY 的取值只有 0 和 1.因此,$P\{XY=1\}=\frac{1}{2}$,即 $P\{X=1,Y=1\}=\frac{1}{2}$,

$$P\{X=0,Y=1\}=P\{Y=1\}-P\{X=1,Y=1\}=\frac{1}{2}-\frac{1}{2}=0.$$

297 【答案】 D

【分析】 $\rho=\dfrac{\mathrm{Cov}(X,Y)}{\sqrt{DX}\sqrt{DY}}$,

由公式 $D(X+Y)=DX+DY+2\mathrm{Cov}(X,Y)$,因此

$D(X+Y)=(\sqrt{DX}+\sqrt{DY})^2$ 等价于

$DX+DY+2\mathrm{Cov}(X,Y)=DX+2\sqrt{DX}\sqrt{DY}+DY$,

也就等价于 $\mathrm{Cov}(X,Y)=\sqrt{DX}\sqrt{DY}$,即 $\rho=\dfrac{\mathrm{Cov}(X,Y)}{\sqrt{DX}\sqrt{DY}}=1$.

显然,选项(A)(B)是 $\rho=1$ 的充分条件但不是必要条件.

298 【答案】 C

【分析】 由于(X,Y)服从二维正态分布,故 $X\sim N(\mu,\sigma^2)$,$Y\sim N(\mu,\sigma^2)$,即 X 与 Y 有相同的分布,但是 $\rho\neq 0$,所以 X 与 Y 不独立,选择(C).

【评注】 本题可以有下面的变式:

(1) 已知(X,Y)服从二维正态分布,$EX=EY=\mu$,$DX=DY=\sigma^2$,X 与 Y 的相关系数 $\rho\neq 0$,则 $X+Y$ 与 $X-Y$

(A) 不相关且有相同的分布.　　(B) 不相关且有不同的分布.

(C) 相关且有相同的分布.　　(D) 相关且有不同的分布.

【答案】 B

【分析】 由于(X,Y)服从二维正态分布,故 $X+Y$ 与 $X-Y$ 都服从正态分布,但是

$$E(X+Y)=2\mu,E(X-Y)=0,$$

$$D(X+Y)=DX+DY+2\mathrm{Cov}(X,Y)=2\sigma^2+2\sigma^2\rho=2(1+\rho)\sigma^2,$$

$$D(X-Y)=DX+DY-2\mathrm{Cov}(X,Y)=2(1-\rho)\sigma^2,$$

所以 $X+Y$ 与 $X-Y$ 有不同的分布. 又 $\mathrm{Cov}(X+Y,X-Y)=\mathrm{Cov}(X,X)-\mathrm{Cov}(X,Y)+\mathrm{Cov}(Y,X)-\mathrm{Cov}(Y,Y)=DX-DY=0$,所以 $X+Y$ 与 $X-Y$ 不相关,选择(B).

(2) 已知随机变量 X 与 Y 不相关,$DX=DY>0$,则随机变量 $2X+Y$ 与 $2Y+1$

(A) 相关且相互独立.　　(B) 相关且相互不独立.

(C) 不相关且相互独立.　　(D) 不相关且相互不独立.

【答案】 B

【分析】 由题设知

$$\mathrm{Cov}(X,Y)=0,DX=DY>0,$$

故
$$\begin{aligned}\mathrm{Cov}(2X+Y,2Y+1)&=4\mathrm{Cov}(X,Y)+2\mathrm{Cov}(X,1)+2\mathrm{Cov}(Y,Y)+\mathrm{Cov}(Y,1)\\&=2DY>0,\end{aligned}$$

所以 $2X+Y$ 与 $2Y+1$ 相关,从而断言 $2X+Y$ 与 $2Y+1$ 不独立,选择(B).

本题可以改为:$2X+Y$ 与 $2Y+1$ 的相关系数 $\rho=$ ________.

【分析】 由于 $\mathrm{Cov}(X,Y)=0, DX=DY>0$，故 $\mathrm{Cov}(2X+Y,2Y+1)=2DY$，$\sqrt{D(2X+Y)}=\sqrt{4DX+DY}=\sqrt{5DY}, \sqrt{D(2Y+1)}=\sqrt{4DY}$，所以 $\rho=\dfrac{2DY}{\sqrt{5DY}\sqrt{4DY}}=\dfrac{1}{\sqrt{5}}$.

若将已知条件改为：X 与 Y 独立且有相同的分布 $P\{X=i\}=P\{Y=i\}=\dfrac{1}{2}, i=1,2$，则 $X+Y$ 与 $X-Y$ 不相关且相互不独立. 这是因为 $\mathrm{Cov}(X+Y,X-Y)=0, P\{X+Y=2,X-Y=0\}\neq P\{X+Y=2\}P\{X-Y=0\}$.

299 【答案】 B

【分析】 根据公式 $Y=g(X), EY=\int_{-\infty}^{+\infty}g(x)f(x)\mathrm{d}x$.

$$EY=\int_{-\infty}^{+\infty}[F(x)]^2f(x)\mathrm{d}x=\int_{-\infty}^{+\infty}[F(x)]^2\mathrm{d}F(x)=\frac{1}{3}[F(x)]^3\Big|_{-\infty}^{+\infty}=\frac{1}{3}.$$

【评注】 本题也可先求出 $F(x)$ 的分布，再求 $EY=E[F(X)]^2$. 计算量大得多. 如果记得：$X\sim f(x)$，分布为 $F(x)$，则 $F(X)\sim U[0,1]$，也可以计算 EY.

300 【答案】 C

【分析】 这是一道计算性选择题，由题设知 $X_n(n\geqslant 1)$ 独立同分布，且 $EX_n=0$. $DX_n=\dfrac{2^2}{12}=\dfrac{1}{3}$. 根据中心极限定理，对任意 $x\in\mathbf{R}$，有

$$\lim_{n\to\infty}P\left\{\frac{\sum\limits_{i=1}^{n}X_i-E\left(\sum\limits_{i=1}^{n}X_i\right)}{\sqrt{D\left(\sum\limits_{i=1}^{n}X_i\right)}}\leqslant x\right\}=\lim_{n\to\infty}P\left\{\frac{\sum\limits_{i=1}^{n}X_i}{\sqrt{\frac{n}{3}}}\leqslant x\right\}=\lim_{n\to\infty}P\left\{\sum_{i=1}^{n}X_i\leqslant\sqrt{\frac{n}{3}}x\right\}=\Phi(x),$$

取 $x=\sqrt{3}$，有 $\lim\limits_{n\to\infty}P\left\{\sum\limits_{i=1}^{n}X_i\leqslant\sqrt{n}\right\}=\Phi(\sqrt{3})$，故选择(C).

301 【答案】 D

【分析】 由于总体 $X\sim N(\mu,\sigma^2)$，故各选项的第二项 $\dfrac{(n-1)S^2}{\sigma^2}\sim\chi^2(n-1)$，又 $\overline{X}$ 与 S^2 独立，根据 χ^2 分布的可加性，我们仅需确定服从 $\chi^2(1)$ 分布的随机变量.

因为 $\overline{X}\sim N\left(\mu,\dfrac{\sigma^2}{n}\right)$，故 $\dfrac{\sqrt{n}(\overline{X}-\mu)}{\sigma}\sim N(0,1), \dfrac{n(\overline{X}-\mu)^2}{\sigma^2}\sim\chi^2(1)$. 选择(D).

【评注】 我们也可以应用数字特征来确定选项，如果 $Y\sim\chi^2(n)$，则 $EY=n$. 由于总体 $X\sim N(\mu,\sigma^2)$，故 $\overline{X}\sim N\left(\mu,\dfrac{\sigma^2}{n}\right), \overline{X}-\mu\sim N\left(0,\dfrac{\sigma^2}{n}\right)$，故 $E\overline{X}^2=\dfrac{\sigma^2}{n}+\mu^2, E(\overline{X}-\mu)^2=\dfrac{\sigma^2}{n}$，$ES^2=\sigma^2$，所以 $E\left(\dfrac{\overline{X}^2}{\sigma^2}\right)=\dfrac{1}{n}+\dfrac{\mu^2}{\sigma^2}, \dfrac{E(\overline{X}-\mu)^2}{\sigma^2}=\dfrac{1}{n}, \dfrac{E(n-1)S^2}{\sigma^2}=n-1$，由此可知正确选项为(D).

302 【答案】 B

【分析】 由于$\dfrac{\overline{X}}{\sigma/\sqrt{n}} \sim N(0,1)$,$\dfrac{nS_2^2}{\sigma^2} \sim \chi^2(n-1)$,且这两个随机变量相互独立,故

$$\frac{\overline{X}\Big/\frac{\sigma}{\sqrt{n}}}{\sqrt{\frac{nS_2^2}{\sigma^2}\Big/n-1}} = \frac{\overline{X}}{S_2/\sqrt{n-1}} \sim t(n-1),$$

因此选(B).而$\dfrac{\overline{X}}{S_1/\sqrt{n}} \sim t(n-1)$,故(A)不正确.

(C)和(D)也不正确,因为S_3或S_4与$\overline{X}$不独立.

303 【答案】 D

【分析】 这是一道概念性、理论性的选择题,应用已知结论即可确定正确选项.

事实上,由题设知$\overline{X},\overline{Y},S_X^2,S_Y^2$相互独立,且$\overline{X} \sim N\left(0,\dfrac{\sigma^2}{n}\right)$,$\overline{Y} \sim N\left(0,\dfrac{\sigma^2}{n}\right)$,$\dfrac{(n-1)S_X^2}{\sigma^2} \sim \chi^2(n-1)$,$\dfrac{(n-1)S_Y^2}{\sigma^2} \sim \chi^2(n-1)$,由此知$\overline{X}-\overline{Y} \sim N\left(0,\dfrac{2\sigma^2}{n}\right)$,选项(A)不正确;

$\dfrac{(n-1)}{\sigma^2}(S_X^2+S_Y^2) \sim \chi^2(2n-2)$,选项(B)不正确;

$$\frac{\sqrt{n}(\overline{X}-\overline{Y})/\sqrt{2}\sigma}{\sqrt{\frac{(n-1)}{\sigma^2}(S_X^2+S_Y^2)/2(n-1)}} = \frac{\sqrt{n}(\overline{X}-\overline{Y})}{\sqrt{S_X^2+S_Y^2}} \sim t(2n-2),$$选项(C)不正确;

$$\frac{\frac{(n-1)S_X^2}{\sigma^2}\Big/(n-1)}{\frac{(n-1)S_Y^2}{\sigma^2}\Big/(n-1)} = \frac{S_X^2}{S_Y^2} \sim F(n-1,n-1),$$选择(D).

由F分布典型模式知,若$aX \sim \chi^2(m)$,$bY \sim \chi^2(n)$,X与Y相互独立,则

$$\frac{aX/m}{bY/n} = \frac{anX}{bmY} \sim F(m,n).$$

304 【答案】 C

【分析】 由于$EX=0$,$DX=EX^2=\sigma^2$,故

$$E\left(\frac{1}{n}\sum_{i=1}^{n}X_i^2\right) = \frac{1}{n}\sum_{i=1}^{n}EX_i^2 = \frac{n\sigma^2}{n} = \sigma^2,$$

所以选择(C),其他选项都不是σ^2的无偏估计量,这是因为

$E\left(\dfrac{1}{n-1}\sum\limits_{i=1}^{n}(X_i-\overline{X})^2\right)=\sigma^2$,即$E\left(\dfrac{1}{n}\sum\limits_{i=1}^{n}(X_i-\overline{X})^2\right)=\dfrac{n-1}{n}\cdot\sigma^2 \neq \sigma^2$,(A)不正确;

(B)选项,$E\left(\dfrac{1}{n+1}\sum\limits_{i=1}^{n}(X_i-\overline{X})^2\right)=\dfrac{n-1}{n+1}\sigma^2$;

(D)选项,$E\left(\dfrac{1}{n+1}\sum\limits_{i=1}^{n}X_i^2\right)=\dfrac{n}{n+1}\sigma^2$,不是$\sigma^2$的无偏估计.

【评注】 在讨论统计量的数字特征时，只需假定总体的数字特征存在，无需对其分布作假设. 要记住样本均值 $\overline{X}$、样本方差 $S^2=\frac{1}{n-1}\sum_{i=1}^{n}(X_i-\overline{X})^2$ 分别为总体均值、方差的无偏估计.

305 【答案】 A

【分析】 $X\sim N(3,4^2)$，则 $\overline{X}\sim N\left(3,\frac{4^2}{n}\right)$，现 $n=16$，所以

$$\frac{\overline{X}-3}{\sqrt{\frac{4^2}{16}}}=(\overline{X}-3)\sim N(0,1),$$

选(A).

306 【答案】 B

【分析】 按各选项分布的典型模式来判断.

(A) 不可能，$\frac{X_1-X_2}{\sqrt{2}\sigma}\sim N(0,1)$. (C) 选项，$\chi^2(1)$ 要求一个标准正态的平方 X^2，不可能.

(D) 选项，$F(1,1)$ 要求两个相互独立的标准正态平方之比，不可能，故只能选(B).

307 【答案】 D

【分析】 $X\sim N(\mu,\sigma^2)$，μ 已知，求 σ^2 的最大似然估计量.

首先写出似然函数$L=\left(\frac{1}{\sqrt{2\pi}\sigma}\right)^n \mathrm{e}^{-\frac{1}{2\sigma^2}\sum\limits_{i=1}^{n}(X_i-\mu)^2}$.

$$\ln L=-\frac{n}{2}\ln\sigma^2-\frac{n}{2}\ln 2\pi-\frac{1}{2\sigma^2}\sum_{i=1}^{n}(X_i-\mu)^2.$$

令$\frac{\mathrm{d}\ln L}{\mathrm{d}\sigma^2}=-\frac{n}{2}\cdot\frac{1}{\sigma^2}+\frac{1}{2(\sigma^2)^2}\sum_{i=1}^{n}(X_i-\mu)^2=0$,

解得 $\hat{\sigma}^2=\frac{1}{n}\sum_{i=1}^{n}(X_i-\mu)^2$. 选(D).

308 【答案】 C

【分析】 应用无偏估计、一致估计的概念，通过简单计算便可选出正确选项，事实上已知

$$E\hat{\theta}=\theta,\hat{\theta}\xrightarrow{P}\theta,\text{所以 }\hat{\theta}^2\xrightarrow{P}\theta^2,$$

又 $E\hat{\theta}^2=D\hat{\theta}+(E\hat{\theta})^2=D\hat{\theta}+\theta^2>\theta^2$，所以 $\hat{\theta}^2$ 是 θ^2 的非无偏，一致估计，选择(C).

309 【答案】 A

【分析】 当 $T=\frac{1}{n}\sum_{i=1}^{n}X_i(X_i-1)$ 时，

$$E(T)=E\left[\frac{1}{n}\sum_{i=1}^{n}X_i^2-\frac{1}{n}\sum_{i=1}^{n}X_i\right]=\frac{1}{n}\sum_{i=1}^{n}E(X_i^2)-\frac{1}{n}\sum_{i=1}^{n}E(X_i)$$

$$=\frac{1}{n}\sum_{i=1}^{n}[DX_i+(EX_i)^2]-\frac{1}{n}\sum_{i=1}^{n}\lambda=\frac{1}{n}\sum_{i=1}^{n}(\lambda+\lambda^2)-\lambda=\lambda^2.$$

【评注】 很容易计算(B)(C)(D)各项：

(B), $E(T)=\frac{1}{n}\sum_{i=1}^{n}E(X_i^2)=\frac{1}{n}\sum_{i=1}^{n}[DX_i+(EX_i)^2]=\frac{1}{n}\sum_{i=1}^{n}(\lambda+\lambda^2)=\lambda+\lambda^2.$

(C), $E(T)=E\left(\frac{1}{n}\sum_{i=1}^{n}X_i\right)^2=D\left(\frac{1}{n}\sum_{i=1}^{n}X_i\right)+\left[E\left(\frac{1}{n}\sum_{i=1}^{n}X_i\right)\right]^2$

$$=\frac{1}{n^2}\sum_{i=1}^{n}DX_i+\left(\frac{1}{n}\sum_{i=1}^{n}EX_i\right)^2=\frac{\lambda}{n}+\lambda^2.$$

(D), $E(T)=E\left[\frac{1}{n-1}\sum_{i=1}^{n}\left(X_i-\frac{1}{n}\sum_{j=1}^{n}X_j\right)^2\right]=E(S^2)=D(X)=\lambda.$

310 【答案】 B

【分析】 $X\sim N(\mu,\sigma^2)$，当 $H_0:\mu=\mu_0$ 成立时，$\frac{\overline{X}-\mu_0}{S}\sqrt{n}\sim t(n-1)$. 选(B).

解　　答　　题

311 【解】 $X\sim N(0,1)$，记 X 的分布函数为 $\Phi(x)$，概率密度为 $\varphi(x)$.

(X,Y) 的密度函数为 $f(x,y)=f_X(x)f_Y(y)=\begin{cases}\varphi(x), & -\infty<x<+\infty,0\leqslant y\leqslant 1,\\ 0, & \text{其他}.\end{cases}$

方法一 用卷积公式：

$$f_Z(z)=\int_{-\infty}^{+\infty}f(x,z-x)\mathrm{d}x=\int_{-\infty}^{+\infty}f_X(x)f_Y(z-x)\mathrm{d}x=\int_{z-1}^{z}\varphi(x)\mathrm{d}x=\Phi(z)-\Phi(z-1).$$

方法二 $f_Z(z)=\int_{-\infty}^{+\infty}f(z-y,y)\mathrm{d}y=\int_{-\infty}^{+\infty}f_X(z-y)f_Y(y)\mathrm{d}y$

$$=\int_0^1\varphi(z-y)\mathrm{d}y=\int_z^{z-1}\varphi(t)\mathrm{d}(-t)$$

$$=\int_{z-1}^{z}\varphi(t)\mathrm{d}t=\Phi(z)-\Phi(z-1).$$

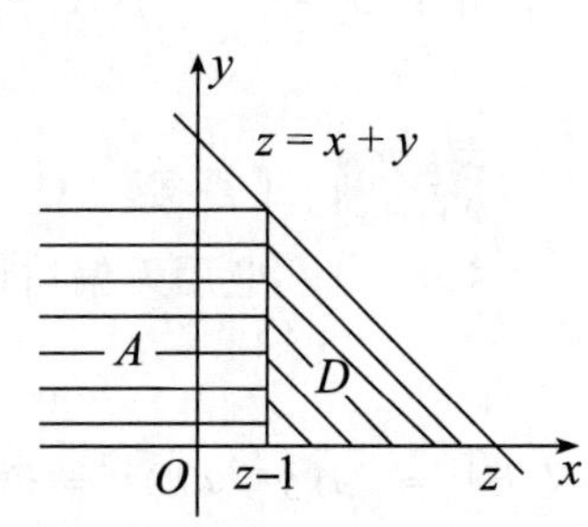

方法三 用定义法：

$Z\sim F_Z(z)=P\{Z\leqslant z\}=P\{X+Y\leqslant z\}$

$$=\iint\limits_{x+y\leqslant z}f_X(x)f_Y(y)\mathrm{d}x\mathrm{d}y$$

$$=\iint\limits_{A}f_X(x)f_Y(y)\mathrm{d}x\mathrm{d}y+\iint\limits_{D}f_X(x)f_Y(y)\mathrm{d}x\mathrm{d}y$$

$$= \int_{-\infty}^{z-1} \varphi(x)\,dx \int_0^1 dy + \int_{z-1}^{z} dx \int_0^{z-x} \varphi(x)\,dy$$

$$= \Phi(z-1) + \int_{z-1}^{z} (z-x)\varphi(x)\,dx,$$

$$f_Z(z) = F'_Z(z) = \varphi(z-1) - \varphi(z-1) + \int_{z-1}^{z} \varphi(x)\,dx = \Phi(z) - \Phi(z-1).$$

【评注】 求 $Z = X+Y$ 时，可用卷积公式，也可用定义法. 一般 X,Y 独立且 $Y \sim U(a, b)$ 时用卷积公式比较方便.

312 【解】 (1) **方法一** 二维正态分布 $(X,Y) \sim N(\mu_1,\mu_2;\sigma_1^2,\sigma_2^2;\rho)$ 的密度为

$$f(x,y) = \frac{1}{2\pi\sigma_1\sigma_2\sqrt{1-\rho^2}} e^{-\frac{1}{2(1-\rho^2)}\left[\frac{(x-\mu_1)^2}{\sigma_1^2} - \frac{2\rho(x-\mu_1)(y-\mu_2)}{\sigma_1\sigma_2} + \frac{(y-\mu_2)^2}{\sigma_2^2}\right]}, -\infty < x,y < +\infty.$$

对比本题所给密度 $f(x,y) = Ae^{-2x^2-y^2}$，不难看出题给分布为二维正态分布：

$$(X,Y) \sim N\left(0,0;\frac{1}{4},\frac{1}{2};0\right),$$

$$A = \frac{1}{2\pi\sigma_1\sigma_2\sqrt{1-\rho^2}} = \frac{1}{2\pi\sqrt{\frac{1}{4}}\sqrt{\frac{1}{2}}} = \frac{\sqrt{2}}{\pi}.$$

方法二 利用性质：$\int_{-\infty}^{+\infty}\int_{-\infty}^{+\infty} f(x,y)\,dx\,dy = 1$ 和公式：$\int_{-\infty}^{+\infty} e^{-t^2}\,dt = \sqrt{\pi}$.

$$1 = \int_{-\infty}^{+\infty}\int_{-\infty}^{+\infty} f(x,y)\,dx\,dy = A\int_{-\infty}^{+\infty} e^{-2x^2}\left(\int_{-\infty}^{+\infty} e^{-y^2}\,dy\right)dx$$

$$= A\sqrt{\pi}\int_{-\infty}^{+\infty} e^{-2x^2}\,dx = A\sqrt{\pi}\cdot\frac{1}{\sqrt{2}}\int_{-\infty}^{+\infty} e^{-t^2}\,dt = A\sqrt{\pi}\cdot\frac{1}{\sqrt{2}}\cdot\sqrt{\pi},$$

即 $1 = A\dfrac{\pi}{\sqrt{2}}, A = \dfrac{\sqrt{2}}{\pi}$.

【评注】 记住公式 $\int_{-\infty}^{+\infty} e^{-t^2}\,dt = \sqrt{\pi}$ 很有必要.

(2) 显然 X,Y 是相互独立的(因为 $\rho = 0$)，所以

$$X \sim N\left(0,\frac{1}{4}\right), Y \sim N\left(0,\frac{1}{2}\right), f(x,y) = f_X(x)f_Y(y),$$

$$f_X(x) = \sqrt{\frac{2}{\pi}}e^{-2x^2}, -\infty < x < +\infty,$$

$$f_Y(y) = \sqrt{\frac{1}{\pi}}e^{-y^2}, -\infty < y < +\infty,$$

$$f_{Y|X}(y \mid x) = \frac{f(x,y)}{f_X(x)} = \frac{f_X(x)f_Y(y)}{f_X(x)} = f_Y(y) = \frac{1}{\sqrt{\pi}}e^{-y^2}, -\infty < y < +\infty.$$

【评注】 由于 X 与 Y 相互独立，可以直接写出 $f_{Y|X}(y \mid x) = f_Y(y) = \dfrac{1}{\sqrt{\pi}}e^{-y^2}$.

313 【解】 当 $0<x<1$ 时，也就是 $f_X(x)>0$ 时，$f_{Y|X}(y\mid x)=\dfrac{f(x,y)}{f_X(x)}$.

当 $0<x<1$ 时，$f_X(x)=1$，所以 $f(x,y)=f_X(x)f_{Y|X}(y\mid x)=f_{Y|X}(y\mid x)$.

我们得到，当 $0<x<1$ 时，$f(x,y)=\begin{cases}\dfrac{1}{x}, & 0<y<x,\\ 0, & \text{其他}.\end{cases}$

但 $f(x,y)$ 应该是定义在全平面上，且 $\int_{-\infty}^{+\infty}\int_{-\infty}^{+\infty}f(x,y)\mathrm{d}x\mathrm{d}y=1$.

显然在 $0<x<1$ 时，$\int_0^1\mathrm{d}x\int_{-\infty}^{+\infty}f(x,y)\mathrm{d}y=\int_0^1\mathrm{d}x\int_0^x\dfrac{1}{x}\mathrm{d}y=\int_0^1\mathrm{d}x=1$.

所以，可以理解 $x<0$ 或 $x>1$ 时，$f(x,y)\equiv 0$.

即可将 $f(x,y)=\begin{cases}\dfrac{1}{x}, & 0<y<x,\\ 0, & \text{其他}\end{cases}\ 0<x<1.$

改写为

$$f(x,y)=\begin{cases}\dfrac{1}{x}, & 0<y<x<1,\\ 0, & \text{其他}.\end{cases}$$

314 【解】 $f(x,y)=\begin{cases}\dfrac{k}{2}xe^{-(x+y)}, & x>0,y>0,\\ 0, & \text{其他}.\end{cases}$

(1) $1=\int_{-\infty}^{+\infty}\int_{-\infty}^{+\infty}f(x,y)\mathrm{d}x\mathrm{d}y=\int_0^{+\infty}\mathrm{d}x\int_0^{+\infty}\dfrac{k}{2}xe^{-(x+y)}\mathrm{d}y=\int_0^{+\infty}\dfrac{k}{2}xe^{-x}\mathrm{d}x=\dfrac{k}{2}$，$k=2$.

(2) $f_X(x)=\int_{-\infty}^{+\infty}f(x,y)\mathrm{d}y=\int_0^{+\infty}xe^{-(x+y)}\mathrm{d}y=xe^{-x}(x>0)$，故 $f_X(x)=\begin{cases}xe^{-x}, x>0,\\ 0, \quad \text{其他}.\end{cases}$

$f_Y(y)=\int_{-\infty}^{+\infty}f(x,y)\mathrm{d}x=\int_0^{+\infty}e^{-y}\cdot xe^{-x}\mathrm{d}x=e^{-y}(y>0)$，故 $f_Y(y)=\begin{cases}e^{-y}, y>0,\\ 0, \quad \text{其他}.\end{cases}$

(3) 因为 $f(x,y)=f_X(x)\cdot f_Y(y)$，所以 X,Y 相互独立.

315 【解】

$$\begin{aligned}F_Z(z)&=P\{Z\leqslant z\}=P\{XY\leqslant z\}\\&=P\{X=-1\}P\{XY\leqslant z\mid X=-1\}+P\{X=1\}P\{XY\leqslant z\mid X=1\}\\&=\frac{1}{2}P\{-Y\leqslant z\mid X=-1\}+\frac{1}{2}P\{Y\leqslant z\mid X=1\}=\frac{1}{2}P\{Y\geqslant -z\}+\frac{1}{2}P\{Y\leqslant z\}\\&=\frac{1}{2}[1-P\{Y<-z\}]+\frac{1}{2}\Phi(z)=\frac{1}{2}[1-P\{Y\leqslant -z\}]+\frac{1}{2}\Phi(z)\\&=\frac{1}{2}[1-\Phi(-z)]+\frac{1}{2}\Phi(z)\\&=\frac{1}{2}[1-1+\Phi(z)]+\frac{1}{2}\Phi(z)=\Phi(z),\ \Phi(z)\text{ 为标准正态分布的分布函数}.\end{aligned}$$

【评注】 若注意到 $Y \sim N(0,1)$，则 $-Y \sim N(0,1)$. 马上有

$$\frac{1}{2}P\{-Y \leqslant z \mid X = -1\} + \frac{1}{2}P\{Y \leqslant z \mid X = 1\} = \frac{1}{2}P\{-Y \leqslant z\} + \frac{1}{2}P\{Y \leqslant z\}$$
$$= \frac{1}{2}\Phi(z) + \frac{1}{2}\Phi(z) = \Phi(z).$$

316 【解】 $Z = \min(X,Y) = \dfrac{X+Y-|X-Y|}{2}$.

$(X-Y) \sim N(0,2\sigma^2)$，$EX = EY = \mu$.

$$E|X-Y| = \int_{-\infty}^{+\infty} |t| \frac{1}{\sqrt{2\pi}\sqrt{2}\sigma} e^{-\frac{t^2}{4\sigma^2}} dt = 2\int_0^{+\infty} t \cdot \frac{1}{2\sigma\sqrt{\pi}} e^{-\frac{t^2}{4\sigma^2}} dt$$
$$= \frac{2\sigma}{\sqrt{\pi}}\int_0^{+\infty} e^{-\frac{t^2}{4\sigma^2}} d\frac{t^2}{4\sigma^2} = \frac{2\sigma}{\sqrt{\pi}}.$$

$$E(Z) = E(\min(X,Y)) = \frac{EX+EY-E|X-Y|}{2} = \frac{1}{2}\left(\mu+\mu-\frac{2\sigma}{\sqrt{\pi}}\right) = \mu - \frac{\sigma}{\sqrt{\pi}},$$

所以，$E(Z) = \mu - \dfrac{\sigma}{\sqrt{\pi}}$.

【评注】 本题也可以计算：

$$E(Z) = E(\min(X,Y)) = \int_{-\infty}^{+\infty}\int_{-\infty}^{+\infty} \min(x,y) f_X(x) f_Y(y) dx dy.$$

317 【解】 $\mathrm{Cov}(X,Z) = \mathrm{Cov}(X,XY) = E(X^2Y) - E(X)E(XY)$，

其中 $E(X^2Y) = E(X^2)E(Y) = \left[(-1)^2 \times \dfrac{1}{2} + 1^2 \times \dfrac{1}{2}\right]\lambda = \lambda$.

而
$$E(X)E(XY) = 0 \cdot E(XY) = 0,$$
所以
$$\mathrm{Cov}(X,Z) = \lambda.$$

318 【解】 (1)X,Y 的边缘密度分别为

$$f_X(x) = \int_{-\infty}^{+\infty} f(x,y)dy = \int_{-1}^{1} \frac{1}{4}e^{-|x|}dy = \frac{1}{2}e^{-|x|}, -\infty < x < +\infty,$$

$$f_Y(y) = \int_{-\infty}^{+\infty} f(x,y)dx = \begin{cases} \dfrac{1}{2}, & -1 < y < 1, \\ 0, & \text{其他}. \end{cases}$$

由于 $f(x,y) = f_X(x)f_Y(y)$，故 X 与 Y 相互独立.

(2) 设 $U = |X|$，$V = |Y|$，则 U 的分布函数为

$$F_U(u) = P\{U \leqslant u\} = P\{|X| \leqslant u\},$$

当 $u < 0$ 时，$F_U(u) = 0$；

当 $u \geqslant 0$ 时，$F_U(u) = P\{-u \leqslant X \leqslant u\} = \int_{-u}^{u} \dfrac{1}{2}e^{-|x|}dx = \int_0^u e^{-x}dx = 1 - e^{-u}$.

总之，$f_U(u)=F'_U(u)=\begin{cases}e^{-u}, & u\geqslant 0,\\ 0, & u<0.\end{cases}$

$V=|Y|$，因为 $Y\sim U(-1,1)$，所以 $V\sim U(0,1)$.

由于 X,Y 相互独立，故 U 与 V 相互独立，又 $Z=U+V$. 那么

$$f_Z(z)=\int_{-\infty}^{+\infty}f_U(z-v)f_V(v)\mathrm{d}v=\int_0^1 f_U(z-v)\mathrm{d}v,$$

当 $z\leqslant 0$ 时，$f_Z(z)=0$；

当 $0<z<1$ 时，$f_Z(z)=\int_0^z e^{-(z-v)}\mathrm{d}v=1-e^{-z}$；

当 $z\geqslant 1$ 时，$f_Z(z)=\int_0^1 e^{-(z-v)}\mathrm{d}v=(e-1)e^{-z}$.

总之，Z 的概率密度为 $f_Z(z)=\begin{cases}0, & z\leqslant 0,\\ 1-e^{-z}, & 0<z<1,\\ (e-1)e^{-z}, & 1\leqslant z.\end{cases}$

(3) 由(2) 可知 $\qquad EU=1,EV=\dfrac{1}{2},DU=1,DV=\dfrac{1}{12}$.

$Z=|X|+|Y|=U+V$，又因为 U 与 V 相互独立，所以

$$EZ=EU+EV=1+\frac{1}{2}=\frac{3}{2},$$

$$DZ=DU+DV=1+\frac{1}{12}=\frac{13}{12}.$$

319 【解】 (1)Y 的分布函数为

$$\begin{aligned}F_Y(y)&=P\{Y\leqslant y\}=P\{\min\{X_1,X_2\}\leqslant y\}=1-P\{\min\{X_1,X_2\}>y\}\\&=1-P\{X_1>y,X_2>y\}\\&=1-P\{X_1>y\}\cdot P\{X_2>y\}\\&=\begin{cases}1-e^{-y}e^{-\lambda y}, & y>0,\\ 0, & y\leqslant 0\end{cases}\\&=\begin{cases}1-e^{-(1+\lambda)y}, & y>0,\\ 0, & y\leqslant 0.\end{cases}\end{aligned}$$

故 $f_Y(y)=F'_Y(y)=\begin{cases}(1+\lambda)e^{-(1+\lambda)y}, & y>0,\\ 0, & y\leqslant 0.\end{cases}$

$$\begin{aligned}(2)P\{|X_1|>2\mid X_1>1\}&=P\{(X_1<-2)\cup(X_1>2)\mid X_1>1\}\\&=P\{X_1>2\mid X_1>1\}=P\{X_1>1\}=e^{-1}.\end{aligned}$$

$$\begin{aligned}(3)E(Z)=E(\max\{X_1,1\})&=\int_{-\infty}^{+\infty}\max\{x,1\}f_{X_1}(x)\mathrm{d}x=\int_0^{+\infty}\max\{x,1\}e^{-x}\mathrm{d}x\\&=\int_0^1 e^{-x}\mathrm{d}x+\int_1^{+\infty}xe^{-x}\mathrm{d}x=1+e^{-1}.\end{aligned}$$

320 【解】 (1) 由分布函数定义可得

$$F_X(x)=\int_{-\infty}^x f(t)\mathrm{d}t=\int_{-\infty}^x\frac{e^t}{(1+e^t)^2}\mathrm{d}t=\frac{e^x}{1+e^x},-\infty<x<+\infty.$$

(2)Y 的分布函数为 $F_Y(y)=P\{Y\leqslant y\}=P\{e^X\leqslant y\}$.

当 $y<0$ 时,$F_Y(y)=0$;

当 $y\geqslant 0$ 时,$F_Y(y)=P\{e^X\leqslant y\}=P\{X\leqslant \ln y\}=F_X(\ln y)=\dfrac{y}{1+y}$,故

$$f_Y(y)=F'_Y(y)=\frac{1}{(1+y)^2}.$$

总之,$f_Y(y)=\begin{cases}\dfrac{1}{(1+y)^2}, & y\geqslant 0,\\ 0, & \text{其他}.\end{cases}$

(3) 因为 $E(Y)=\displaystyle\int_0^{+\infty}\frac{y}{(1+y)^2}\mathrm{d}y$,该积分不收敛,故 Y 的期望不存在.

321 【解】 $\rho_{XY}=\dfrac{\mathrm{Cov}(X,Y)}{\sqrt{DX}\sqrt{DY}}$,$\mathrm{Cov}(X,Y)=E(XY)-EX\cdot EY$.

$EX=\displaystyle\int_{-\infty}^{+\infty}\int_{-\infty}^{+\infty}xf(x,y)\mathrm{d}x\mathrm{d}y=\iint\limits_{x^2+y^2\leqslant 1}x\cdot\frac{1}{\pi}\mathrm{d}x\mathrm{d}y$;

$EY=\displaystyle\int_{-\infty}^{+\infty}\int_{-\infty}^{+\infty}yf(x,y)\mathrm{d}x\mathrm{d}y=\iint\limits_{x^2+y^2\leqslant 1}y\cdot\frac{1}{\pi}\mathrm{d}x\mathrm{d}y$;

$E(XY)=\displaystyle\iint\limits_{x^2+y^2\leqslant 1}xy\cdot\frac{1}{\pi}\mathrm{d}x\mathrm{d}y$.

以上三个积分均为对称区域上奇函数的积分必为0.

故 $\mathrm{Cov}(X,Y)=0$,从而 $\rho_{XY}=0$.

322 【证明】 $X\sim N(0,1)$,当 k 为正奇数时,$E(X^k)=\displaystyle\int_{-\infty}^{+\infty}x^kf(x)\mathrm{d}x=0$,因为 $x^kf(x)$ 是奇函数.

当 k 为正偶数时,$x^kf(x)$ 是偶函数.故

$$\begin{aligned}E(X^k)&=\int_{-\infty}^{+\infty}x^kf(x)\mathrm{d}x=2\int_0^{+\infty}x^k\frac{1}{\sqrt{2\pi}}e^{-\frac{x^2}{2}}\mathrm{d}x=-\frac{2}{\sqrt{2\pi}}\int_0^{+\infty}x^{k-1}\mathrm{d}e^{-\frac{x^2}{2}}\\&=-\frac{2}{\sqrt{2\pi}}\left(x^{k-1}e^{-\frac{x^2}{2}}\Big|_0^{+\infty}-\int_0^{+\infty}(k-1)x^{k-2}e^{-\frac{x^2}{2}}\mathrm{d}x\right)\\&=\frac{2}{\sqrt{2\pi}}\int_0^{+\infty}(k-1)x^{k-2}e^{-\frac{x^2}{2}}\mathrm{d}x=(k-1)E(X^{k-2}).\end{aligned}$$

当 k 为正偶数时,得到递推公式 $E(X^k)=(k-1)E(X^{k-2})$,

由此得 $E(X^k)=(k-1)(k-3)\cdots 3\cdot E(X^2)=(k-1)(k-3)\cdots 3\cdot 1$,

总之 $E(X^k)=\begin{cases}(k-1)(k-3)\cdots 1, & k\text{ 为正偶数},\\ 0, & k\text{ 为正奇数}.\end{cases}$

323 【证明】

(1) $\displaystyle\sum_{i=1}^n(X_i-\mu)^2=\sum_{i=1}^n[(X_i-\overline{X})+(\overline{X}-\mu)]^2$

$$=\sum_{i=1}^{n}[(X_i-\overline{X})^2+2(X_i-\overline{X})(\overline{X}-\mu)+(\overline{X}-\mu)^2]$$

$$=\sum_{i=1}^{n}(X_i-\overline{X})^2+2(\overline{X}-\mu)\sum_{i=1}^{n}(X_i-\overline{X})+n(\overline{X}-\mu)^2$$

$$=\sum_{i=1}^{n}(X_i-\overline{X})^2+2(\overline{X}-\mu)(n\overline{X}-n\overline{X})+n(\overline{X}-\mu)^2$$

$$=\sum_{i=1}^{n}(X_i-\overline{X})^2+n(\overline{X}-\mu)^2.$$

(2) $\sum_{i=1}^{n}(X_i-\overline{X})^2=\sum_{i=1}^{n}(X_i^2-2X_i\overline{X}+\overline{X}^2)=\sum_{i=1}^{n}X_i^2-2\overline{X}\sum_{i=1}^{n}X_i+n\overline{X}^2$

$$=\sum_{i=1}^{n}X_i^2-2\overline{X}\cdot n\overline{X}+n\overline{X}^2=\sum_{i=1}^{n}X_i^2-n\overline{X}^2.$$

324 【证明】

(1) $E(Y)=E\left(\frac{1}{n}\sum_{i=1}^{n}|X_i-\mu|\right)=\frac{\sigma}{n}\sum_{i=1}^{n}E\left(\left|\frac{X_i-\mu}{\sigma}\right|\right)$

$$=\frac{\sigma}{n}\sum_{i=1}^{n}\int_{-\infty}^{+\infty}|t|\cdot\frac{1}{\sqrt{2\pi}}e^{-\frac{t^2}{2}}dt=\frac{\sigma}{n}\sum_{i=1}^{n}2\int_{0}^{+\infty}t\cdot\frac{1}{\sqrt{2\pi}}e^{-\frac{t^2}{2}}dt$$

$$=\frac{\sigma}{n}\sum_{i=1}^{n}\sqrt{\frac{2}{\pi}}=\sqrt{\frac{2}{\pi}}\sigma.$$

(2) $D(Y)=D\left(\frac{1}{n}\sum_{i=1}^{n}|X_i-\mu|\right)=\frac{\sigma^2}{n^2}\sum_{i=1}^{n}D\left(\left|\frac{X_i-\mu}{\sigma}\right|\right)$

$$=\frac{\sigma^2}{n^2}\sum_{i=1}^{n}\left[E\left|\frac{X_i-\mu}{\sigma}\right|^2-\left(E\left|\frac{X_i-\mu}{\sigma}\right|\right)^2\right]$$

$$=\frac{\sigma^2}{n^2}\sum_{i=1}^{n}\left[E\left(\frac{X_i-\mu}{\sigma}\right)^2-\left(\sqrt{\frac{2}{\pi}}\right)^2\right]$$

$$=\frac{\sigma^2}{n^2}\sum_{i=1}^{n}\left[D\left(\frac{X_i-\mu}{\sigma}\right)-\frac{2}{\pi}\right]$$

$$=\frac{\sigma^2}{n^2}\sum_{i=1}^{n}\left(1-\frac{2}{\pi}\right)=\left(1-\frac{2}{\pi}\right)\cdot\frac{\sigma^2}{n}.$$

325 【解】 设 $X\sim N(\mu,\sigma^2)$，μ,σ^2 未知，则

$$E(Y_1)=E(Y_2)=\mu,D(Y_1)=\frac{\sigma^2}{6},D(Y_2)=\frac{\sigma^2}{3},$$

由于 Y_1 和 Y_2 相互独立，故 $D(Y_1-Y_2)=\frac{\sigma^2}{6}+\frac{\sigma^2}{3}=\frac{\sigma^2}{2}$，所以 $U=\frac{Y_1-Y_2}{\frac{\sigma}{\sqrt{2}}}\sim N(0,1)$.

而 $\frac{2S^2}{\sigma^2}\sim\chi^2(2)$. Y_1 与 S^2 相互独立，Y_2 与 S^2 也相互独立，所以 Y_1-Y_2 与 S^2 相互独立.

总之，$Z=\dfrac{U}{\sqrt{\dfrac{2S^2}{\sigma^2}/2}}=\dfrac{\sqrt{2}(Y_1-Y_2)/\sigma}{S/\sigma}=\dfrac{\sqrt{2}(Y_1-Y_2)}{S}\sim t(2)$，

其中 ①$U\sim N(0,1)$；② $\dfrac{2S^2}{\sigma^2}\sim\chi^2(2)$；③$U$ 与$\dfrac{2S^2}{\sigma^2}$ 相互独立.

326 【解】 $X\sim U(a,b)$. 求两个未知参数 a 和 b 的矩估计量.

令$\begin{cases}E(X)=\overline{X},\\ E(X^2)=\dfrac{1}{n}\sum\limits_{i=1}^{n}X_i^2,\end{cases}$ $\begin{cases}E(X)=\dfrac{a+b}{2},\\ E(X^2)=D(X)+[E(X)]^2=\dfrac{(b-a)^2}{12}+\dfrac{(a+b)^2}{4},\end{cases}$

知 $$\begin{cases}\dfrac{a+b}{2}=\overline{X},\\ \dfrac{(b-a)^2}{12}+\dfrac{(a+b)^2}{4}=\dfrac{1}{n}\sum\limits_{i=1}^{n}X_i^2,\end{cases}$$

解得$\begin{cases}\hat{a}=\overline{X}-\sqrt{\dfrac{3}{n}\sum\limits_{i=1}^{n}(X_i-\overline{X})^2},\\ \hat{b}=\overline{X}+\sqrt{\dfrac{3}{n}\sum\limits_{i=1}^{n}(X_i-\overline{X})^2}.\end{cases}$

327 【解】 (1) 令 $E(X)=\overline{X},\overline{X}=\dfrac{1}{n}\sum\limits_{i=1}^{n}X_i$.

$$E(X)=\int_{-\infty}^{+\infty}xf(x)\mathrm{d}x=\int_0^\theta\frac{6x^2}{\theta^3}(\theta-x)\mathrm{d}x=\int_0^\theta\frac{6x^2}{\theta^2}\mathrm{d}x-\int_0^\theta\frac{6x^3}{\theta^3}\mathrm{d}x$$
$$=\frac{2x^3}{\theta^2}\Big|_0^\theta-\frac{6x^4}{4\theta^3}\Big|_0^\theta=2\theta-\frac{3}{2}\theta=\frac{1}{2}\theta,$$

$E(X)=\overline{X}$，即$\dfrac{\theta}{2}=\overline{X}$，$\hat{\theta}=2\overline{X}$.

(2)$D(\hat{\theta})=D(2\overline{X})=4D(\overline{X})=\dfrac{4}{n}D(X)$，

$$E(X^2)=\int_{-\infty}^{+\infty}x^2f(x)\mathrm{d}x=\int_0^\theta\frac{6x^3}{\theta^3}(\theta-x)\mathrm{d}x=\frac{3}{2}\theta^2-\frac{6}{5}\theta^2=\frac{3}{10}\theta^2,$$

$$D(X)=E(X^2)-[E(X)]^2=\frac{3}{10}\theta^2-\frac{1}{4}\theta^2=\frac{1}{20}\theta^2,$$

故 $D(\hat{\theta})=\dfrac{1}{5n}\theta^2$.

328 【解】 $EX=\displaystyle\int_{-\infty}^{+\infty}xf(x;\theta)\mathrm{d}x=\int_\theta^1\frac{x}{1-\theta}\mathrm{d}x=\frac{1}{1-\theta}\cdot\frac{x^2}{2}\Big|_\theta^1=\frac{1+\theta}{2}$，

令 $EX=\overline{X}$，即$\dfrac{1+\theta}{2}=\overline{X}$，$\theta=2\overline{X}-1$. 得 θ 的矩估计量为 $\hat{\theta}_1=2\overline{X}-1$，其中 $\overline{X}=\dfrac{1}{n}\sum\limits_{i=1}^{n}X_i$.

似然函数 $L(\theta)=\prod_{i=1}^{n}f(x_i;\theta)=\begin{cases}\left(\dfrac{1}{1-\theta}\right)^n, & \theta\leqslant x_1,\cdots,x_n\leqslant 1,\\ 0, & 其他,\end{cases}$

要使 $L(\theta)$ 最大，只有使 $1-\theta$ 尽量小，或者 θ 尽量接近于1.但 $\theta\leqslant x_1,\cdots,x_n$，故取

$$\theta=\min(x_1,\cdots,x_n)\text{ 或 }\theta=\min_{1\leqslant i\leqslant n}x_i,$$

θ 的最大似然估计量为 $\hat{\theta}_2=\min\limits_{1\leqslant i\leqslant n}X_i.$

329 【解】 $P\{X=K\}=\dfrac{1}{N+1},K=0,1,\cdots,N.$

$$L=\begin{cases}\left(\dfrac{1}{N+1}\right)^n, & X_i=0,1,\cdots,N,i=1,2,\cdots,n,\\ 0, & 其他.\end{cases}$$

L 关于 N 是单调减函数，L 最大就要求 N 尽量小，但对所有的 X_i 均有 $X_i\leqslant N,i=1,\cdots,n$.要取 N 尽量小，只有取 $\hat{N}=\max\limits_{1\leqslant i\leqslant n}X_i$.

330 【解】 总体 X 的期望为

$$E(X)=0\cdot\theta^2+1\cdot 2\theta(1-\theta)+2\cdot\theta^2+3\cdot(1-2\theta)=3-4\theta,$$

又样本均值为 $\bar{x}=\dfrac{1}{8}(3+1+3+0+3+1+2+3)=2.$

令 $E(X)=\bar{x}$，即 $3-4\theta=2$，解得 θ 的矩估计值为 $\hat{\theta}_1=\dfrac{1}{4}$.

下面求最大似然估计值.

对于给定的样本值，似然函数为 $L(\theta)=4\theta^6(1-\theta)^2(1-2\theta)^4$，取对数，得

$$\ln L(\theta)=\ln 4+6\ln\theta+2\ln(1-\theta)+4\ln(1-2\theta),$$

求导，有 $\dfrac{\mathrm{d}\ln L(\theta)}{\mathrm{d}\theta}=\dfrac{6}{\theta}-\dfrac{2}{1-\theta}-\dfrac{8}{1-2\theta}=\dfrac{6-28\theta+24\theta^2}{\theta(1-\theta)(1-2\theta)}.$

令 $\dfrac{\mathrm{d}\ln L(\theta)}{\mathrm{d}\theta}=0$，解得 $\theta_{1,2}=\dfrac{7\pm\sqrt{13}}{12}$，因 $\dfrac{7+\sqrt{13}}{12}>\dfrac{1}{2}$ 不合题意，舍去.

所以 θ 的最大似然估计值为 $\hat{\theta}_2=\dfrac{7-\sqrt{13}}{12}$.

金榜时代图书·书目

考研数学系列

书名	作者	预计上市时间
数学公式的奥秘	刘喜波等	2021 年 3 月
考研数学复习全书·基础篇(数学一、二、三通用)	李永乐等	2023 年 7 月
数学基础过关 660 题(数学一/数学二/数学三)	李永乐等	2023 年 7 月
考研数学真题真刷基础篇·考点分类详解版(数学一/数学二/数学三)	李永乐等	2023 年 8 月
考研数学复习全书·提高篇(数学一/数学二/数学三)	李永乐等	2024 年 3 月
考研数学真题真刷提高篇·考点分类详解版(数学一/数学二/数学三)	李永乐等	2024 年 3 月
数学强化通关 330 题(数学一/数学二/数学三)	李永乐等	2024 年 3 月
高等数学辅导讲义	刘喜波	2024 年 3 月
高等数学辅导讲义	武忠祥	2024 年 2 月
线性代数辅导讲义	李永乐	2024 年 3 月
概率论与数理统计辅导讲义	王式安	2024 年 3 月
考研数学经典易错题	吴紫云	2024 年 3 月
高等数学基础篇	武忠祥	2023 年 9 月
真题同源压轴 150	姜晓千	2024 年 10 月
数学核心知识点乱序高效记忆手册	宋浩	2023 年 12 月
数学决胜冲刺 6 套卷(数学一/数学二/数学三)	李永乐等	2024 年 9 月
数学临阵磨枪(数学一/数学二/数学三)	李永乐等	2024 年 9 月
考研数学最后 3 套卷·名校冲刺版(数学一/数学二/数学三)	武忠祥 刘喜波 宋浩等	2024 年 11 月
考研数学最后 3 套卷·过线急救版(数学一/数学二/数学三)	武忠祥 刘喜波 宋浩等	2024 年 11 月
经济类联考数学复习全书	李永乐等	2024 年 4 月
经济类联考数学通关无忧 985 题	李永乐等	2024 年 5 月
农学门类联考数学复习全书	李永乐等	2024 年 4 月
考研数学真题真刷(数学一/数学二/数学三)	金榜时代考研数学命题研究组	2024 年 3 月
高等数学考研高分领跑计划(十七堂课)	武忠祥	2024 年 7 月
线性代数考研高分领跑计划(九堂课)	宋浩	2024 年 7 月
概率论与数理统计考研高分领跑计划(七堂课)	薛威	2024 年 7 月
高等数学解题密码·选填题	武忠祥	2024 年 9 月
高等数学解题密码·解答题	武忠祥	2024 年 9 月

大学数学系列

书名	作者	预计上市时间
大学数学线性代数辅导	李永乐	2018 年 12 月
大学数学高等数学辅导	宋浩 刘喜波等	2024 年 8 月
大学数学概率论与数理统计辅导	刘喜波	2024 年 8 月

线性代数期末高效复习笔记	宋浩	2024 年 6 月
高等数学期末高效复习笔记	宋浩	2024 年 6 月
概率论期末高效复习笔记	宋浩	2024 年 6 月
统计学期末高效复习笔记	宋浩	2024 年 6 月

考研政治系列

书名	作者	预计上市时间
考研政治闪学:图谱+笔记	金榜时代考研政治教研中心	2024 年 5 月
考研政治高分字帖	金榜时代考研政治教研中心	2024 年 5 月
考研政治高分模板	金榜时代考研政治教研中心	2024 年 10 月
考研政治秒背掌中宝	金榜时代考研政治教研中心	2024 年 10 月
考研政治密押十页纸	金榜时代考研政治教研中心	2024 年 11 月

考研英语系列

书名	作者	预计上市时间
考研英语核心词汇源来如此	金榜时代考研英语教研中心	已上市
考研英语语法和长难句快速突破 18 讲	金榜时代考研英语教研中心	已上市
英语语法二十五页	靳行凡	已上市
考研英语翻译四步法	别凡英语团队	已上市
考研英语阅读新思维	靳行凡	已上市
考研英语(一)真题真刷	金榜时代考研英语教研中心	2024 年 2 月
考研英语(二)真题真刷	金榜时代考研英语教研中心	2024 年 2 月
考研英语(一)真题真刷详解版(三)	金榜时代考研英语教研中心	2024 年 3 月
大雁带你记单词	金榜晓艳英语研究组	已上市
大雁教你语法长难句	金榜晓艳英语研究组	已上市
大雁精讲 58 篇基础阅读	金榜晓艳英语研究组	2024 年 3 月
大雁带你刷真题·英语一	金榜晓艳英语研究组	2024 年 6 月
大雁带你刷真题·英语二	金榜晓艳英语研究组	2024 年 6 月
大雁带你写高分作文	金榜晓艳英语研究组	2024 年 5 月

英语考试系列

书名	作者	预计上市时间
大雁趣讲专升本单词	金榜晓艳英语研究组	2024 年 1 月
大雁趣讲专升本语法	金榜晓艳英语研究组	2024 年 8 月
大雁带你刷四级真题	金榜晓艳英语研究组	2024 年 2 月
大雁带你刷六级真题	金榜晓艳英语研究组	2024 年 2 月
大雁带你记六级单词	金榜晓艳英语研究组	2024 年 2 月

以上图书书名及预计上市时间仅供参考,以实际出版物为准,均属金榜时代(北京)教育科技有限公司!